食品安全专业化职业化队伍建设检查员学习用书

食品生产企业食品安全检查指南

深圳市市场监督管理局许可审查中心　编著

中国质量标准出版传媒有限公司
中国标准出版社
北京

图书在版编目（CIP）数据

食品生产企业食品安全检查指南 / 深圳市市场监督管理局许可
审查中心编著 . —北京：中国质量标准出版传媒有限公司，2023.8
ISBN 978-7-5026-5048-3

Ⅰ. ①食… Ⅱ. ①深… Ⅲ. ①食品安全—食品检验—指南
Ⅳ. ① TS207.3–62

中国版本图书馆 CIP 数据核字（2022）第 010335 号

中国质量标准出版传媒有限公司
中 国 标 准 出 版 社 出版发行
北京市朝阳区和平里西街甲 2 号（100029）
北京市西城区三里河北街 16 号（100045）

网址：www.spc.net.cn

总编室：（010）68533533 发行中心：（010）51780238
读者服务部：（010）68523946
中国标准出版社秦皇岛印刷厂印刷
各地新华书店经销

＊

开本 710×1000 1/16 印张 17.25 字数 272 千字
2023 年 8 月第一版 2023 年 8 月第一次印刷

＊

定价：88.00 元

编委会

总 顾 问：李　忠

高级顾问：陈建民

总 策 划：叶仲明

执行策划：毛颖新　　肖文晖

主　　编：戴　劲

副 主 编：伍发兴　　詹松坤　　赖芳华

编　　委：刘奕雯　　朱柳枫　　欧阳静　　傅燕群

　　　　　杨运花　　王　舒　　李成甲

序言

民以食为天，食以安为先，安以治为要，治以责在前。党的十八大以来，习近平总书记就食品安全作出一系列重要论述，为我们做好工作指明了方向、提供了根本遵循。党中央、国务院出台一系列重大政策措施，推动食品安全工作取得明显成效，法律法规不断健全，监管力度不断加大，全国食品安全状况持续稳定向好。

食品安全是重大民生工程、民心工程。食品生产企业安全检查是保障食品安全的首道"关口"，只有严把食品"入口关"，才能确保食品安全源头"不掉链"。

《食品生产企业食品安全检查指南》一书由深圳市市场监督管理局许可审查中心编著。该中心成立于2007年，是全国最早成立的专职从事食品生产许可审核的机构之一，十多年来秉承"专业、严谨、公正"的原则，开展深圳市食品生产许可现场核查工作，积极参与国家市场监督管理总局、广东省市场监督管理局开展的各项飞行检查、监督检查、体系检查等工作，其专业技术团队在食品生产企业检查等领域具有丰富的理论知识和一线检查经验。

《食品生产企业食品安全检查指南》重点围绕食品生产企业食品安全检查的各个环节和内容，依据现行食品安全法律法规、部门规章、规范性文件、食品安全标准等规定，对涉及的检查理论知识进行归整、延伸，结合食品生产企业检查的众多鲜活案例，对检查要点和方法进行深入浅出的解析，为食品检查员提供有益的实用性参考，进一步提升食品检查员的专业素养和现场检查能力，助推深圳市食品安全检查队伍专业化职业化建设高质量发展。同时，为食品生产企业防范食品安全风险提供技术性的指导借鉴，助力企业解决专业技术问题，提升质量管理水平，将为促进食品产业高质量发展起到积极作用！

深圳市市场监督管理局二级巡视员

2023 年 7 月

一、食品生产企业食品安全检查背景

食品安全关系人民健康和国计民生。实行严格的检查制度、精准辅助食品安全监管是提升食品安全水平的有力手段，寻求有效的监管或检查模式一直以来也是我国食品安全相关立法和政府职能改革的内在逻辑和突破重点。就食品生产监管而言，建立适合我国国情的食品生产检查体系是完善我国食品安全治理体系的重要一环。2002 年，担负食品生产环节监督管理职能的国家质量监督检验检疫总局（以下简称"质检总局"）探索建立"事前、事中、事后"的监督管理体制，借鉴工业产品的管理模式建立食品生产许可制度，并分三批对食品实施生产许可管理。截至 2020 年 3 月，完成了对 32 类食品的生产许可工作。随后为进一步加强事中、事后监管，先后颁布了《食品生产加工企业质量安全监督管理办法》（质检总局第 52 号令，2003 年7 月实施）、《食品生产加工企业质量安全监督管理实施细则（试行）》（质检总局第 79 号令，2005 年 9 月实施）和《关于食品生产加工企业落实质量安全主体责任监督检查规定的公告》（质检总局公告 2009 年第 119 号）等一系列部门规章，其中《食品生产加工企业质量安全监督管理实施细则（试行）》明确规定：各级质量技术监督部门定期或者不定期地对食品质量安全和卫生状况、对食品生产加工企业持续保证食品质量安全必备条件的情况进行监督检查。

随着机构改革和职能转变，原食品药品监督管理总局在总结前期食品安全监管工作的基础上，为进一步提升监管工作的规范化和专业化，于 2016 年3 月和 9 月先后颁布实施了《食品生产经营日常监督检查管理办法》（食药监总局第 23 号令）和《食品生产经营风险分级管理办法（试行）》（食药监食监一〔2016〕115号）。一方面将原来的定期或不定期的检查明确和固化为日常监督检查，通过细化对食品生产经营活动的监督管理，规范监督检查工作要求，强化了法律的可操作性，进一步督促食品生产经营者规范食品生产经营活动，从生产源头防范和控制风险隐患，保障消费者的食品安全。另一方面，通过从产品分类和企业分级两个维度进行评价，综合分析确定企业的风险等级，从而确定对企业的监管频次和监管重点，合理分配监管资源，提高监管效率。同时进一步强化生产经营主体的风险意识、安全意识和责任意识，有针对性地加强整改和控制，提升食品生产经营者风险防控和安全保障能力。

食品生产经营风险分级管理，不仅能优化监管资源分配、提升监管效能，同时可实现与食品生产经营许可制度、信用监管制度和日常监督检查制度的有效衔接。

一是与食品生产经营许可制度的衔接。新开办食品生产经营者的风险等级，既可按照其静态风险分值确定，也可按照《食品、食品添加剂生产许可现场核查评分记录表》折算的风险值确定。而后根据年度监管记录情况动态调整。

二是与企业信用监管制度的衔接。要求每年根据当年食品生产经营者日常监督检查、监督抽检、违法行为查处、食品安全事故应对、不安全食品召回等食品安全监管记录情况调整下一年度风险等级。年度监管记录充分体现了企业信用的好与差，是风险分级的重要输入。

三是与食品生产经营日常监督检查制度的衔接。食品药品监督管理部门按照风险分级确定对辖区食品生产经营企业的监督检查频次，并列入年度日常监督检查计划。日常监督检查结果又影响到食品生产经营者风险等级的动态调整。两项制度相互影响、相互促进，对于加强食品安全监管具有重要意义。

2021年12月31日，国家市场监督管理总局（以下简称"市场监管总局"）对《食品生产经营监督检查管理办法》进行修订，并更名为《食品生产经营监督检查管理办法》，于2022年3月15日实施，同时出台配套检查表格《食品生产经营监督检查要点表》和《食品生产经营监督检查结果记录表》。《食品生产经营监督检查管理办法》将飞行检查和体系检查纳入其中。并进一步强化食品安全风险管理，结合食品生产经营者的食品类别、业态规模、风险控制能力、信用状况、监督检查等情况，将食品生产经营者的风险等级从低到高分为 A、B、C、D 四个等级，对高风险者实施重点监督检查，根据实际情况增加检查频次。检查的主体是市、县级食品安全监督管理部门，检查的对象是属地所有食品生产企业，检查的内容是食品生产者的生产环境条件、进货查验、生产过程控制、产品检验、贮存及交付控制、不合格品管理和食品召回、从业人员管理、食品安全事故处置等。检查的原则是属地负责、全面覆盖、风险管理、信息公开。检查的依据是以风险分级确定的监督检查计划。检查的载体是检查要点表、检查结果记录表等。

可以看到，经过二十多年的探索和实践，我国的食品安全监督检查的法律法规及配套措施越来越完善，检查工作也越来越规范。下一步将朝着更加专业化和职业化的方向发展，使食品安全检查工作日趋科学规范，促进食品安全水平的进一步提升。

二、食品安全专业化职业化检查员队伍

食品安全监督检查工作要取得预期的成效，检查人员的专业素质非常关键。近些年有关部门一直都在探讨和摸索建立一支专业化职业化的检查员队伍。所谓专业化是指一个群体在从事食品、药品、医疗器械、化妆品等产品研究、生产、流通、使用的行政监督和技术监督工作中，学习和掌握与行政监督和技术监督相关的专业知识和技能，树立公正、服务、奉献的伦理道德，逐步成为监督管理专业群体的过程。而职业化是指通过一定的制度安排，包括职业资格制度、职业培训制度、薪酬保障制度和职业道德制度等为这个群体的职业行为提供有效保障，并明确相应的法律和道德方面的约束规范，对群体成员实行分类分级管理，使群体形成独特的技能、工作方法和专业思维，将岗位职责落实到最佳，逐步成为从事专职工作群体的过程。当一支检查员队伍专业化职业化之后，检查工作将更科学、权威，工作效率也将大幅度提升。

实际上，美国、欧盟、加拿大等食品大国或地区都建立了自己的检查员队伍。美国食品药品检查员队伍以专职为主，有专门的职业代码，完成了队伍的职业化。此外还聘用了大量相关领域专家作为兼职检查力量，辅助开展工作。欧盟与美国类似，在法律层面对检查员的权责进行了明确的划分，实行专职化制度，资格准入门槛较高。除此之外，欧盟还对检查员进行了分级，譬如资深检查员执行难度较大的检查内容，带教新检查员并传授经验，薪资也更高。加拿大检查员队伍的不同之处在于对食品检查署的管理企业化，常规检查费用由政府承担，设立非常规检查收费项目，创造了经济效益，解决了经费来源问题。

我国近年在法律层面正式提出了相关概念。我国国民经济和社会发展"十三五"规划在"健康中国行动计划"专栏中提出"要建立食品药品职业化检查员队伍"，国务院印发的《"十三五"国家食品安全规划》也提出"加快建立职业化检查员队伍""到2020年，职业化检查员队伍基本建成"。《中华人民共和国食品安全法实施条例》（以下简称《食品安全法实施条例》）也提出"国家建立食品安全检查员制度，依托现有资源加强职业化检查员队伍建设，强化考核培训，提高检查员专业化水平"。2019年4月市场监管总局发布的《关于加强食品检查队伍专业化职业化建设的指导意见》（国市监人〔2019〕73号）和2019年7月国务院办公厅印发的《关于建立职业化专业化药品检查员队伍的意见》（国办发〔2019〕36号）均对专业化职业化检查员队伍的建设提出了相关意见。2019年12月1日修订施行的《中华人民共和国药品管理法》和《食品安全法实施条例》，以及2021年6月1日实施的《医疗器械监督管理条例》也正式在法律层面提出：国家建立专业化职业化食品药品检查员队伍，依托现有资源加强职业化检查员队伍建设，强化考核培训，提高检查员专业化水平。

国内在实践层面也紧随其后。重庆市、上海市、深圳市、湖北省等地陆续出台了检查员管理办法。在药品检查队伍建设方面，重庆市、上海市均成立了药品检查员队伍，卓有成效。重庆市依托药品技术审评认证中心对检查员队伍的建设进行了探索。该中心以专职检查员为主，兼职检查员为辅，通过系统内选调、公开招录等方式引进专业人才，精简兼职检查员数量以提高可利用率，新增系统外专家检查员模式，并设立收费项目，完成的审评检查件数在3年内增加10倍，每年向市财政上缴药品医疗器械注册收费1000万元以上，创造了良好的社会效益和经济效益。上海药品审评核查中心也成立了一支由80人组成的"专兼结合"的药品检查员队伍。

在食品检查员队伍建设方面，深圳市市场监督管理局于2021年5月正式印发了《深圳市市场监督管理局关于推进食品安全检查队伍专业化职业化建设的实施意见》（深市监〔2021〕233号），按照分类分步的方式，"成熟一个推进一个"的原则，依托深圳市市场监督管理局许可审查中心开展首批食品安全检查队伍专业化职业化建设试点工作。深圳市市场监督管理局许可审查中心是深圳市市场监管局直属事业单位，负责市场监管许可前的各类前置审查事务性工作，包括食品生产许可、食品经营许可、药品零售许可及第三类医疗器械经营许可相关申请材料的技术审查和现场核查工作，其固有的专业技术团队和职业化特点，具备组建专业化职业化食品安全检查队伍的先天优势。2021 年 12 月，以许可审查中心专业技术力量为基础，充分利用社会资源，采取专兼结合的方式，通过公开遴选、自愿报名、资格审查、择优培训、集中考核、推荐认定等流程，正式聘任 136 名食品安全检查员，成立深圳市首批专业化职业化食品安全检查队伍，开展食品安全监管领域的专业检查工作。首批食品检查队伍坚持问题导向，聚焦食品重点企业、重点（敏感）食品、重点条款、重大舆情、社会热点、突出问题的深挖检查，为食品安全监管提供专业技术支撑，解决食品监管环节的难点堵点问题，发挥食品安全检查队伍在基层监管中的协同效应，形成具备技术保障的监管合力。

开展专业化职业化食品安全检查队伍建设是大势所趋，本书汲取了深圳市市场监督管理局许可审查中心数名资深食品生产检查员的理论和实践经验，从食品基础知识入手，围绕 GB 14881—2013《食品安全国家标准 食品生产通用卫生规范》《食品生产经营监督检查管理办法》《广东省食品生产企业食品安全审计工作指南》，以及相关检查表格等检查员常备资料，将食品生产现场检查划分为十三大板块进行分析解读，每一板块列出了相关背景知识、检查依据、检查要点、检查方式、常见问题，也将自身丰富的检查经验浓缩成一个个经典案例进行分析，旨在为越来越庞大的食品生产安全检查队伍提供理论参考，也可作为检查员食品生产安全检查的入门手册。本书暂不涉及特殊食品检查，期望能有后续成果推出。同时，笔者也希望本书可作为深圳市市场监督管理局许可审查中心与外界探讨食品生产检查工作的桥梁，若有错误之处，敬请指正。

本书编委会

2023 年 5 月

CONTENTS **目录**

第一章 食品安全基础知识

第一节 食品安全基础法律

一、我国的食品安全法律体系

法律是以规定当事人权利和义务为内容的具有普遍约束力的社会规范。我国的法律法规体系的构成包括法律、行政法规、地方性法规、部门规章、地方政府规章、民族自治地方自治条例和单行条例等，此外还有政府及其部门依据法定程序制发的规范性文件。

我国在食品安全方面制定实施的法律有《中华人民共和国食品安全法》《中华人民共和国农产品质量安全法》《中华人民共和国动物防疫法》等，行政法规有《食品安全法实施条例》《国务院关于加强食品等产品安全监督管理的特别规定》《乳品质量安全监督管理条例》《生猪屠宰管理条例》等。市场监管总局、卫生健康委、农业农村部颁布的与食品安全有关的部门规章有《食品生产许可管理办法》《新食品原料安全性审查管理办法》《农产品包装和标识管理办法》等。下面对我国食品安全方面的法律、行政法规作简要介绍，并对食品安全方面的部门规章、规范性文件予以列举。对于各地根据《中华人民共和国立法法》的规定制定的食品安全方面的地方性法规、地方政府规章、民族自治地方自治条例和单行条例，由于其仅适用于特定的行政区域，在此不列举说明，读者可以通过官方渠道获知所在地食品安全相关的地方性法规、地方政府规章和民族自治地方自治条例和单行条例信息。

二、食品安全相关法律

（一）食品安全法

我国食品安全的法治化管理始于 20 世纪 50 年代，卫生部发布了一些单项规章和标准对食品进行监督管理，国务院于 1965 年颁布了《食品卫生管理试行条例》，1983 年 7 月 1 日开始试行《食品卫生法（试行）》，使我国的食品卫生管理工作更加规范。由于食品监管职能的调整，质监部门引入了《中华人民共和国产品质量法》《工业产品生产许可证管理条例》对食品生产企业实行食品质量安全市场准入制度。2009 年在总结各部门对食品监管的经验基础上，制定出台了食品安全法，食品安全法分别于 2015 年、2018 年和 2021 年做了三次修订。

现行食品安全法共 10 章 154 条，围绕预防为主、风险管理、全程控制、社会共治，建立科学、严格的监督管理制度的食品安全工作原则，明确了我国食品安全监督管理体制、制度措施和法律责任。突出预防为主，设立了食品生产经营许可制度、食品安全自查报告制度、责任约谈制度等事前保障制度；加强风险管理，完善了食品安全风险监测、风险评估和食品安全标准等基础性制度和不安全食品召回、风险分级管理等制度；实施全程控制，将原来分属于质监部门负责监督管理的食品生产环节、食药监部门负责的餐饮环节和工商行政部门负责监督管理的食品流通环节统一划归市场监督管理部门负责监督管理，并将食用农产品的市场销售也纳入食品监督管理部门的职责范围，进一步强化了原料控制、过程管理、出厂检验等方面的规定，增设了食品安全全程追溯制度，补充了保障特殊食品、网络食品交易、餐饮具集中消毒服务、仓储和运输环节食品安全的制度；引导社会共治，除进一步明确食品生产经营者及其法定代表人、负责食品安全的主管人员和其他人员的义务和法律责任外，还鼓励食品协会、社会团体、消费者组织和新闻媒体等参与食品安全监督，鼓励开展食品安全基础研究、应用研究，设立了食品安全表彰奖励制度和有奖举报制度。食品安全法以法律形式固定了 2013 年食品安全监督管理体制改革的成果，完善了"从农田到餐桌"全过程的监督管理制度，为食品生产经营新业态和为特殊人群提供的特殊食品设计了有针对性的管理措施，为科学、有效地保证我国食品安全提供了有力的法律制度保障。

（二）农产品质量安全法

食用农产品既是食品的一种，也是食品原料的重要来源。食用农产品的质量安全直接关系到食品安全。农产品质量安全法自 2006 年 11 月 1 日起施行，历经 2018 年修正，2022 年修订，为保障我国农产品质量安全，维护公众健康，促进农业和农村经济发展具有重要意义。这部法律共 8 章 81 条，在总则一章明确了农产品和农产品质量安全的定义，"农产品，是指来源于种植业、林业、畜牧业和渔业等的初级产品，即在农业活动中获得的植物、动物、微生物及其产品"。"农产品质量安全，是指农产品质量达到农产品质量安全标准，符合保障人的健康、安全的要求"。为了保障农产品质量安全，这部法律明确了农业行政主管部门的监督管理职责，设立了农产品质量安全风险评估制度和鼓励农业标准化、支持农产品质量安全科学技术研究等制度，强化了农产品质量安全标准体系建设、农产品产地管理、农产品生产环节监督、农产品包装和标识管理、打击违法行为等措施。这部法律是目前食用农产品种植养殖环节食品安全监督管理的主要法律依据。

（三）动物防疫法

动物和动物产品是食品原料的主要来源之一，未经检疫、检疫不合格，未经检验、检验不合格的动物、动物产品可能引发重大食品安全事故。瘦肉精事件、金华火腿事件、福喜事件等均与动物和动物产品有关。我国自 2008 年 1 月 1 日起施行的动物防疫法对预防、控制和扑灭动物疫病，保护人体健康，维护公共卫生安全具有重要意义。该法对动物产品的检疫作出了明确规定，要求：屠宰、出售或者运输动物以及出售或者运输动物产品前，货主应当按照国务院兽医主管部门的规定向当地动物卫生监督机构申报检疫。动物卫生监督机构接到检疫申报后，应当及时指派官方兽医对动物、动物产品实施现场检疫；检疫合格的，出具检疫证明、加施检疫标志。为保障动物产品的安全，该法还明确禁止生产、经营、加工、贮藏、运输封锁疫区内与所发生动物疫病有关的、疫区内易感染的、依法应当检疫而未经检疫或者检疫不合格的、染疫或者疑似染疫的、病死或者死因不明的和其他不符合国务院兽医主管部门有关动物防疫规定的动物产品。食品生产企业的生产经营活动涉及动物、动物产品的，除应当遵守食品安全法中有关原料验收方面的规定外，还应当依照动物防疫法的要求，防止可能影响食品安全的动物、动物产品进入食品加工过程。

三、行政法规

（一）《食品安全法实施条例》

党中央、国务院高度重视食品安全。2015 年新修订的食品安全法的实施，有力推动了我国食品安全整体水平提升。同时，食品安全工作仍面临不少困难和挑战，监管实践中一些有效做法也需要总结、上升为法律规范。为进一步细化和落实新修订的食品安全法，解决实践中仍存在的问题，国务院组织相关部门制定了《食品安全法实施条例》，并经过修订后于 2019 年 3 月 26 日国务院第 42 次常务会议通过，自 2019 年 12 月 1 日起施行，全文共 10 章 86 条。

《食品安全法实施条例》强化了食品安全监管，要求县级以上人民政府建立统一权威的监管体制，加强监管能力建设，补充规定了随机监督检查、异地监督检查等监管手段，完善举报奖励制度，并建立严重违法生产经营者黑名单制度和失信联合惩戒机制。

《食品安全法实施条例》完善了食品安全风险监测、食品安全标准等基础性制度，强化食品安全风险监测结果的运用，规范食品安全地方标准的制定，明确企业标准的备案范围，切实提高食品安全工作的科学性。

《食品安全法实施条例》进一步落实了生产经营者的食品安全主体责任，细化企业主要负责人的责任，规范食品的贮存、运输，禁止对食品进行虚假宣传，并完善了特殊食品的管理制度。

《食品安全法实施条例》完善了食品安全违法行为的法律责任，规定对存在故意实施违法行为等情形单位的法定代表人、主要负责人、直接负责的主管人员和其他直接责任人员处以罚款，并对新增的义务性规定设定严格的法律责任。

（二）《国务院关于加强食品等产品安全监督管理的特别规定》

2007 年 7 月 25 日，国务院第 186 次常务会议通过《国务院关于加强食品等产品安全监督管理的特别规定》，自 2007 年 7 月 26 日起施行。这部行政法规是针对一段时间以来国内外对我国的产品安全问题反应强烈的情况制定的，立法目的是解决现行法律、行政法规执行不够好，对生产经营者的违法行为处罚不到位，监督管理部门的监督管理不得力等问题，主要内容是对法律、行政法规有关产品安全监督管理的规定加以重申、明确、补充，使有关产品安全监督管理的规定更具有针对性和可操作性。该行政法规规定：对产品安全监督管理，法律有规定的，适用法律规定；法律没有规定或者规定不明确的，适用本规定。《国务院关于加强食品等产品安全监督管理的特别规定》不仅在 2007 年施行之后至 2009 年食品安全法施行之前在保障我国食品安全方面发挥了重要作用，2009 年之后在处理一些特殊食品监督管理、特定食品安全问题方面也发挥了不可替代的作用。

（三）《乳品质量安全监督管理条例》

众所周知的"三鹿婴幼儿奶粉事件"给婴幼儿的生命健康造成很大危害，给我国乳制品行业带来了严重影响。这一事件暴露出我国乳制品行业生产流通秩序混乱，一些企业诚信缺失，市场监督管理存在缺位，有关部门配合不够等突出问题。为此，国务院于2008年10月6日审议通过了《乳品质量安全监督管理条例》，自2008年10月9日起施行。该行政法规明确了"奶畜养殖者、生鲜乳收购者、乳制品生产企业和销售者对其生产、收购、运输、销售的乳品质量安全负责，是乳品质量安全的第一责任者""县级以上地方人民政府对本行政区域内的乳品质量安全监督管理负总责"的责任制度，并且从奶畜养殖、生鲜乳收购到乳制品生产、乳制品销售等全过程完善了乳品质量安全管理制度，强化了各相关部门的监督管理职责，加大了对违法生产经营行为的处罚力度，加重了监督管理部门不依法履行职责的法律责任。该行政法规施行后，对促进我国乳制品行业能力提升、保障乳品质量安全发挥了积极作用。

四、部门规章

市场监管总局颁布或实施的与食品安全有关的部门规章有《食品安全抽样检验管理办法》《食品召回管理办法》《食品生产许可管理办法》《食品经营许可管理办法》《食用农产品市场销售质量安全监督管理办法》《食品药品投诉举报管理办法》《保健食品注册与备案管理办法》《食品生产经营监督检查管理办法》《特殊医学用途配方食品注册管理办法》《婴幼儿配方乳粉产品配方注册管理办法》《网络食品安全违法行为查处办法》等。原国家卫生和计划生育委员会颁布的与食品安全有关的部门规章有《新食品原料安全性审查管理办法》等。原农业部颁布的与食品安全有关的部门规章有《农产品质量安全监测管理办法》《农产品包装和标识管理办法》《绿色食品标志管理办法》等。以下重点介绍与日常监管工作相关的部门规章。

（一）《食品生产经营监督检查管理办法》

为加强和规范对食品生产经营活动的监督检查，督促食品生产经营者落实主体责任，市场监管总局组织对原《食品生产经营日常监督检查管理办法》进行了修订，形成《食品生产经营监督检查管理办法》（以下简称《办法》)。《办法》是食品安全监督管理部门对相关生产经营主体单位实施日常监督管理的主要部门规章，经2021年11月3日市场监管总局第15次局务会议通过，自2022年3月15日起施行。《办法》强化监管部门监管责任，构建检查体系，确定检查要点，充实检查内容，明确检查要求，严格落实食品生产经营主体责任，切实把全面从严贯穿于食品安全工作始终。《办法》共7章55条，重点内容包括：

一是落实"四个最严"要求，实施"全覆盖"检查。规定县级以上地方市场监督管理部门应当每两年对本行政区域内所有食品生产经营者至少进行一次监督检查。检查结果对消费者有重要影响的，要求食品生产经营者按照规定在食品生产经营场所醒目位置张贴或者公开展示监督检查结果记录表。发现食品生产经营者有食品安全法实施条例规定的情节严重情形的，依法从严处理；对情节严重的违法行为处以罚款时，依法从重从严。同时，将监督检查情况记入食品生产经营者食品安全信用档案；对存在严重违法失信行为的，按照规定实施联合惩戒。

二是划分风险等级，强化食品安全风险管理。结合食品生产经营者的食品类别、业态规模、风险控制能力、信用状况、监督检查等情况，将食品生产经营者的风险等级从低到高分为A、B、C、D四个等级，并对特殊食品生产者以及中央厨房、集体用餐配送单位等高风险食品生产经营者实施重点监督检查，根据实际情况增加日常监督检查频次。同时，按照风险管理的原则，制定《食品生产经营监督检查要点表》，并综合考虑食品类别、企业规模、管理水平、食品安全状况、风险等级、信用档案记录等因素，编制年度监督检查计划。

三是落实"六稳""六保"，营造法治化营商环境。针对监管实践中对食品安全法规定的"标签瑕疵"认定难题，细化食品安全法的规定，综合考虑标注内容与食品安全的关联性、当事人的主观过错、消费者对食品安全的理解和选择等因素，统一瑕疵认定情形和认定规则。同时，落实新修订的行政处罚法，完善监督检查结果认定标准，依据是否影响食品安全并结合监督检查要点表确定的一般项目、重点项目，依法启动执法调查处理程序或者责令整改。对属于初次违法且危害后果轻微并及时改正的，可以不予行政处罚；对当事人有证据足以证明没有主观过错的，不予行政处罚。

四是强化法治保障，以制度力量压实监管责任。落实党中央、国务院《关于深化改革加强食品安全工作的意见》，将飞行检查、体系检查的监督检查方式纳入法治轨道，规定市场监督管理部门可以根据工作需要，对通过食品安全抽样检验等发现问题线索的食品生产经营者实施飞行检查，对特殊食品、高风险大宗消费食品生产企业和大型食品经营企业等的质量管理体系运行情况实施体系检查。同时，落实食品安全法及其实施条例，进一步完善了监督检查的程序性规定以及责任约谈、风险控制等方面的管理要求。

市场监督管理部门将以实施《办法》为契机，强化食品安全风险意识，进一步加大监督检查力度，压实监管部门责任，督促问题隐患整改到位，坚决筑牢食品安全防线，坚决守护人民群众"舌尖上的安全"。

（二）《食品生产许可管理办法》

市场监管总局第 24 号令《食品生产许可管理办法》2020 版于 2020 年 3 月 1 日施行，共 61 条。与 2015 版相比，删掉 4 条，新增 3 条，具体变化如下。

1. 食品生产许可全面推进网络信息化

第九条规定，加快信息化建设，推进许可申请、受理、审查、发证、查询等全流程网上办理，并在行政机关的网站上公布生产许可事项，提高办事效率。全流程网上办理，代表发放食品生产许可证书电子化，故不存在证书因遗失或损坏需要补办的情况，因此，2020 版《食品生产许可管理办法》删除了对补办许可证的相关规定。全流程网上办理，代表食品生产企业可不到现场办理，故 2020 版《食品生产许可管理办法》删除了委托他人办理的相关规定。第四十四条增加食品生产者食品安全信用档案通过国家企业信用信息公示系统向社会公示；原发证部门依法办理食品生产许可注销手续应当在网站进行公示。这两条规定体现了全面网络信息化的要求。同时新增第六十条，明确食品生产许可电子证书与印制的食品生产许可证书具有同等法律效力。

2. 简化生产许可证申请、变更、延续与注销材料

第十三条、第十六条对食品生产、食品添加剂生产申请许可的材料进行了调整，删除营业执照复印件、食品生产加工场所及其周围环境平面图、各功能区间布局平面图等（其中食品添加剂的生产许可增加了工艺流程），增加专职或者兼职的食品安全专业技术人员、食品安全管理人员信息，简化了相关办事流程。

因生产许可证书电子化，故变更、延续与注销材料中不再要求提交生产许可证正副本。

3. 简化生产许可证书的载明信息

第二十九条食品生产许可证载明信息：删除日常监督管理机构、日常监

督管理人员、投诉举报电话、签发人；副本载明信息删除外设仓库（包括自有和租赁）具体地址；特殊食品应载明的"产品注册批准文号或者备案登记号"修改为"产品或者产品配方的注册号或者备案登记号"。

4.缩短现场核查、作出许可决定、发证和办理注销等时限

第二十一条、第二十二条、第二十三条的内容：缩短了现场核查、作出许可决定、发证和办理注销等时限。要求核查人员完成现场核查的时间由原来的10个工作日内缩短至5个工作日内。对作出是否准予行政许可决定的时间由20个工作日内缩短为10个工作日内，因特殊原因需要延长期限的，由10个工作日缩短为5个工作日。颁发食品生产许可证的时间，由作出决定后10个工作日内缩短为5个工作日内。食品生产者申请办理注销手续的时间由30个工作日内缩短为20个工作日内。

5.现场审核人员调整

第二十一条明确现场核查由食品安全监管人员进行，根据需要可以聘请专业技术人员共同参加现场核查。修改了现场审核需要符合要求的核查人员进行的要求。

6.明确各级监管部门的职责

第七条新增了婴幼儿辅助食品、食盐等食品的生产许可由省、自治区、直辖市市场监督管理部门负责，同时第二十一条规定特殊食品生产许可的现场核查原则上不得委托下级市场监督管理部门实施。第十八条新增申请生产多个类别时选择受理部门的原则。申请生产多个类别食品的申请人按照省级市场监督管理部门确定的食品生产许可管理权限，可自主选择其中一个受理部门提交申请，由受理部门告知相关部门并组织联合审查。最大程度上体现了便民、高效原则，为企业带来了便利。

五、规范性文件

规范性文件是指行政机关依据法定职权或者法律、法规授权，制定的涉及公民、法人和其他组织权利义务，具有普遍约束力，在一定期限内可以反复适用的文件。可以依法制定规范性文件的行政机关包括各级人民政府，县级以上人民政府所属工作部门，省、市人民政府派出机关，法律、法规授权的组织，以及按照法定职责可以行使行政权力的其他机关。规范性文件的制定必须依法进行，且经过审查、公布、备案等程序方可生效。县级以上人民政府食品安全监督管理部门可以制发食品安全方面的规范性文件，任何单位

和个人都能够通过登录制发机关官方网站等方式查询。

机构改革后，原国家食品药品监督管理总局、原国家卫生和计划生育委员会和原农业部颁发的食品安全规范性文件，未废除的仍然有效，如原国家食品药品监督管理总局公布的与食品安全相关的规范性文件有《国家食品药品监督管理总局关于贯彻落实〈食品召回管理办法〉的实施意见》《国家食品药品监督管理总局关于贯彻实施〈食品生产许可管理办法〉有关问题的通知》《关于保健食品注册变更流程有关问题的复函》《国家食品药品监督管理总局办公厅关于食品添加剂明矾在粉皮中使用有关问题的复函》《国家食品药品监督管理总局办公厅关于进一步加强食品添加剂生产监管工作的通知》《国家食品药品监督管理总局关于实施〈保健食品注册与备案管理办法〉有关事项的通知》《国家食品药品监督管理总局关于印发食品生产许可审查通则的通知》《国家食品药品监督管理总局关于印发食品安全信用信息管理办法的通知》等。原国家卫生和计划生育委员会颁布的与食品安全有关的规范性文件有《国家卫生计生委关于印发〈新食品原料申报与受理规定〉和〈新食品原料安全性审查规程〉的通知》《国家卫生计生委关于加强食品安全标准工作的指导意见》《国家卫生计生委关于进一步加强食品安全风险监测工作的通知》《卫生部关于印发〈食品安全企业标准备案办法〉的通知》等。原农业部制发的与食品安全有关的规范性文件有《农业部关于加快推进农产品质量安全追溯体系建设的意见》等。此外还有国务院部委联合制发的规范性文件，如原农业部与原食品药品监督管理总局联合制发的《关于加强食用农产品质量安全监督管理工作的意见》等。

六、地方性法规

《广东省食品安全条例》（以下称：《广东条例》）是为了保证食品安全，保障公众身体健康和生命安全，根据食品安全法及其实施条例和农产品质量安全法等有关法律、行政法规，结合实际而制定的条例。2016年5月25日，广东省第十二届人民代表大会常务委员会公告（第61号），公布修订后的《广东条例》，共6章80条，自2016年9月1日起施行。

《广东条例》是全国首部修订通过的食品安全地方性法规，食品安全"吹哨人"制度地方立法等多种做法均为国内首创。新修订《广东条例》的颁布实施是广东省食品安全监管法治建设的一件大事，将为对食品安全监管工作和社会公众的生活带来深远影响。

《广东条例》具有五大特点：

一是调整适用范围，实现食品安全与农产品质量安全监管有效衔接。《广东条例》将食用农产品的市场销售纳入调整范围，首次以农产品质量安全法为立法依据，将食用农产品的市场销售纳入条例规范。

二是明确各方责任，形成齐抓共管的食品安全工作格局。《广东条例》进一步巩固了地方政府负属地责任、监管部门履行食品安全监管职责和食品生产经营者承担食品安全主体责任三位一体的食品安全监管工作模式。

三是创新监管方式，实现食品安全监管制度的改革和进步。《广东条例》按照"四个最严"的监管原则，结合省内的食品安全监管现状，建立了过程控制、部门合作、责任约谈、信用管理、资源整合等创新监管模式。

四是促进社会共治，形成"食品安全人人有责"的良好社会氛围。实现社会共治是我国实践经验的总结和新要求。食品安全治理的主体不仅仅是政府监管部门，还应该包括食品的生产经营者、食品的消费者、媒体、其他社会组织和检测机构等。通过整体的社会行为改善产生问题的社会背景，提升道德约束力，形成良好社会氛围。在此背景下，《广东条例》增加了体现社会共治元素的相关规定，进一步强化了食品安全社会共治格局。

五是严格法律责任，综合运用各种手段实施严厉处罚。为与新修订食品安全法从严监管精神相一致，《广东条例》采取多种手段实施处罚，并增设了相关食品经营主体的法律责任，食品安全监督管理部门主要负责人应当引咎辞职的规定。

七、食品生产企业的法律主体责任

（一）食品生产企业应当遵守的基本要求

食品安全法第二条规定：食品生产企业在中华人民共和国境内从事食品生产和加工（食品生产）、使用食品添加剂、食品相关产品，食品的贮存和运输以及对食品、食品添加剂、食品相关产品的安全管理需遵守食品安全法。第四条规定：食品生产经营者对其生产经营食品的安全负责。食品生产经营者应当依照法律、法规和食品安全标准从事生产经营活动，保证食品安全，诚信自律，对社会和公众负责，接受社会监督，承担社会责任。第三十五条规定：从事食品生产、食品销售、餐饮服务，应当依法取得许可（食用农产品除外）。第四十四条规定：食品生产经营企业应当建立健全食品安全管理制度，对职工进行食品安全知识培训，加强食品检验工作，依法从事生产经营活动。

市场监管总局 2022 年 9 月发布的《企业落实食品安全主体责任监督管理规定》，在健全企业责任体系方面，规定要求食品生产企业建立健全食品安全管理制度，落实食品安全责任制，具有一定规模的食品生产企业在配备食品安全员的同时，应当依法配备食品安全总监；建立企业主要负责人负总责、食品安全总监、食品安全员分级负责的食品安全责任体系。在完善风险防控机制方面，规定要求企业建立基于食品安全风险防控的动态管理机制，制定食品安全风险管控清单，建立健全日管控、周排查、月调度工作机制。同时，规定还完善了相关法律责任，依法明确企业未落实食品安全责任制以及未按规定配备、培训、考核食品安全总监、食品安全员等的法律责任。

（二）食品生产企业应当符合的基本条件

食品安全法第三十三条规定，食品生产经营应当符合食品安全标准，并符合下列要求：

（1）具有与生产经营的食品品种、数量相适应的食品原料处理和食品加工、包装、贮存等场所，保持该场所环境整洁，并与有毒、有害场所以及其他污染源保持规定的距离；

（2）具有与生产经营的食品品种、数量相适应的生产经营设备或者设施，有相应的消毒、更衣、盥洗、采光、照明、通风、防腐、防尘、防蝇、防鼠、防虫、洗涤以及处理废水、存放垃圾和废弃物的设备或者设施；

（3）有专职或者兼职的食品安全专业技术人员、食品安全管理人员和保证食品安全的规章制度；

（4）具有合理的设备布局和工艺流程，防止待加工食品与直接入口食品、原料与成品交叉污染，避免食品接触有毒物、不洁物；

（5）餐具、饮具和盛放直接入口食品的容器，使用前应当洗净、消毒，炊具、用具用后应当洗净，保持清洁；

（6）贮存、运输和装卸食品的容器、工具和设备应当安全、无害，保持清洁，防止食品污染，并符合保证食品安全所需的温度、湿度等特殊要求，不得将食品与有毒、有害物品一同贮存、运输；

（7）直接入口的食品应当使用无毒、清洁的包装材料、餐具、饮具和容器；

（8）食品生产经营人员应当保持个人卫生，生产经营食品时，应当将手洗净，穿戴清洁的工作衣、帽等；销售无包装的直接入口食品时，应当使用无毒、清洁的容器、售货工具和设备；

（9）用水应当符合国家规定的生活饮用水卫生标准；

（10）使用的洗涤剂、消毒剂应当对人体安全、无害；

（11）法律、法规规定的其他要求。

（三）食品生产企业禁止生产经营的食品、食品添加剂、食品相关产品

食品安全法第三十四条规定，禁止生产经营下列食品、食品添加剂、食品相关产品：

（1）用非食品原料生产的食品或者添加食品添加剂以外的化学物质和其他可能危害人体健康物质的食品，或者用回收食品作为原料生产的食品；

（2）致病性微生物，农药残留、兽药残留、生物毒素、重金属等污染物质以及其他危害人体健康的物质含量超过食品安全标准限量的食品、食品添加剂、食品相关产品；

（3）用超过保质期的食品原料、食品添加剂生产的食品、食品添加剂；

（4）超范围、超限量使用食品添加剂的食品；

（5）营养成分不符合食品安全标准的专供婴幼儿和其他特定人群的主辅食品；

（6）腐败变质、油脂酸败、霉变生虫、污秽不洁、混有异物、掺假掺杂或者感官性状异常的食品、食品添加剂；

（7）病死、毒死或者死因不明的禽、畜、兽、水产动物肉类及其制品；

（8）未按规定进行检疫或者检疫不合格的肉类，或者未经检验或者检验不合格的肉类制品；

（9）被包装材料、容器、运输工具等污染的食品、食品添加剂；

（10）标注虚假生产日期、保质期或者超过保质期的食品、食品添加剂；

（11）无标签的预包装食品、食品添加剂；

（12）国家为防病等特殊需要明令禁止生产经营的食品；

（13）其他不符合法律、法规或者食品安全标准的食品、食品添加剂、食品相关产品。

此外，食品安全法第三十八条规定：食品中不得添加药品，但是可以添加按照传统既是食品又是中药材的物质。

（四）食品生产企业应当建立并落实保证食品安全的制度措施

食品安全法第四十四条规定：食品生产经营企业应当建立健全食品安全管理制度，对职工进行食品安全知识培训，加强食品检验工作，依法从事生

产经营活动。

1. 建立进货查验记录制度

食品安全法第五十条规定：食品生产企业应当建立食品原料、食品添加剂、食品相关产品进货查验记录制度，如实记录食品原料、食品添加剂、食品相关产品的名称、规格、数量、生产日期或者生产批号、保质期、进货日期以及供货者名称、地址、联系方式等内容，并保存相关凭证。记录和凭证保存期限不得少于产品保质期满后六个月；没有明确保质期的，保存期限不得少于二年。

食品生产者采购食品原料、食品添加剂、食品相关产品，应当查验供货者的许可证和产品合格证明；对无法提供合格证明的食品原料，应当按照食品安全标准进行检验；不得采购或者使用不符合食品安全标准的食品原料、食品添加剂、食品相关产品。

2. 建立生产过程控制制度

食品安全法第四十六条规定：食品生产企业应当就下列事项制定并实施控制要求，保证所生产的食品符合食品安全标准：

（1）原料采购、原料验收、投料等原料控制；

（2）生产工序、设备、贮存、包装等生产关键环节控制；

（3）原料检验、半成品检验、成品出厂检验等检验控制；

（4）运输和交付控制。

3. 建立出厂检验记录制度

食品安全法第五十一条规定：食品生产企业应当建立食品出厂检验记录制度，查验出厂食品的检验合格证和安全状况，如实记录食品的名称、规格、数量、生产日期或者生产批号、保质期、检验合格证号、销售日期以及购货者名称、地址、联系方式等内容，并保存相关凭证。记录和凭证保存期限应当符合本法第五十条第二款的规定。第五十二条规定：食品、食品添加剂、食品相关产品的生产者，应当按照食品安全标准对所生产的食品、食品添加剂、食品相关产品进行检验，检验合格后方可出厂或者销售。

4. 建立不安全食品召回制度

食品安全法第六十三条规定：国家建立食品召回制度。食品生产者发现其生产的食品不符合食品安全标准或者有证据证明可能危害人体健康的，应当立即停止生产，召回已经上市销售的食品，通知相关生产经营者和消费者，并记录召回和通知情况。

食品经营者发现其经营的食品有前款规定情形的，应当立即停止经营，通知相关生产经营者和消费者，并记录停止经营和通知情况。食品生产者认为应当召回的，应当立即召回。由于食品经营者的原因造成其经营的食品有前款规定情形的，食品经营者应当召回。

食品生产经营者应当对召回的食品采取无害化处理、销毁等措施，防止其再次流入市场。但是，对因标签、标志或者说明书不符合食品安全标准而被召回的食品，食品生产者在采取补救措施且能保证食品安全的情况下可以继续销售；销售时应当向消费者明示补救措施。

食品生产经营者应当将食品召回和处理情况向所在地县级人民政府食品药品监督管理部门报告；需要对召回的食品进行无害化处理、销毁的，应当提前报告时间、地点。市场监督管理部门认为必要的，可以实施现场监督。

食品生产经营者未依照本条规定召回或者停止经营的，县级以上人民政府市场监督管理部门可以责令其召回或者停止经营。

5. 建立食品安全自查制度

食品安全法第四十七条规定：食品生产经营者应当建立食品安全自查制度，定期对食品安全状况进行检查评价。生产经营条件发生变化，不再符合食品安全要求的，食品生产经营者应当立即采取整改措施；有发生食品安全事故潜在风险的，应当立即停止食品生产经营活动，并向所在地县级人民政府市场监督管理部门报告。第八十三条规定：生产保健食品，特殊医学用途配方食品、婴幼儿配方食品和其他专供特定人群的主辅食品的企业，应当按照良好生产规范的要求建立与所生产食品相适应的生产质量管理体系，定期对该体系的运行情况进行自查，保证其有效运行，并向所在地县级人民政府市场监督管理部门提交自查报告。

6. 建立食品安全事故处置方案

食品安全法第一百零二条规定：国务院组织制定国家食品安全事故应急预案。县级以上地方人民政府应当根据有关法律、法规的规定和上级人民政府的食品安全事故应急预案以及本行政区域的实际情况，制定本行政区域的食品安全事故应急预案，并报上一级人民政府备案。食品生产经营企业应当制定食品安全事故处置方案，定期检查本企业各项食品安全防范措施的落实情况，及时消除事故隐患。

7. 建立从业人员管理制度

食品安全法第三十三条规定：食品生产企业应有专职或者兼职的食品安全专业技术人员、食品安全管理人员和保证食品安全的规章制度。第四十五条规定：食品生产经营者应当建立并执行从业人员健康管理制度。患有国务院卫生行政部门规定的有碍食品安全疾病的人员，不得从事接触直接入口食品的工作。从事接触直接入口食品工作的食品生产经营人员应当每年进行健康检查，取得健康证明后方可上岗工作。

8. 罚则

食品安全法第一百二十六条第二款和第三款规定：违反本法规定，有下列情形之一的，由县级以上人民政府食品药品监督管理部门责令改正，给予警告；拒不改正的，处五千元以上五万元以下罚款；情节严重的，责令停产停业，直至吊销许可证。……（2）食品生产经营企业未按规定建立食品安全管理制度，或者未按规定配备或者培训、考核食品安全管理人员；（3）食品、食品添加剂生产经营者进货时未查验许可证和相关证明文件，或者未按规定建立并遵守进货查验记录、出厂检验记录和销售记录制度……

（五）食品标签、说明书和广告应当真实、合法

食品和食品添加剂的标签、说明书的基本要求是真实和准确。不得以虚假、夸大、使消费者误解或欺骗性的文字、图形等方式介绍食品，也不得利用字号大小或色差误导消费者。不应直接或以暗示性的语言、图形、符号，误导消费者将购买的食品或食品的某一性质与另一产品混淆。

食品广告不能进行任何形式的虚假、夸大宣传，也不能滥用艺术夸张而违背真实性原则。食品广告使用数据、统计资料、调查结果、文摘、引用语等引证内容的，应当真实、准确，并表明出处。生产经营者应当对食品、食品添加剂标签、说明书、广告内容的真实性负责。生产经营者如果在食品、食品添加剂的标签、说明书、广告中对产品的品质、服务等作出保证或者承诺，也应当对这些保证或者承诺负责。

（六）食品生产经营企业应当配合食品安全监督管理部门开展食品安全工作

食品安全监督管理部门履行食品安全监督管理职责，有权进入生产经营场所实施现场检查；对生产经营的食品、食品添加剂、食品相关产品进行抽样检验；查阅、复制有关合同、票据、账簿以及其他有关资料；查封、扣押有证据证明不符合食品安全标准或者有证据证明存在安全隐患以及用于违法生产经营的食品、食品添加剂、食品相关产品；查封违法从事生产经营活动的场所。

食品安全事故调查部门有权向有关单位和个人了解与事故有关的情况，

并要求提供相关资料和样品。有关单位和个人应当予以配合，按照要求提供相关资料和样品，不得拒绝。任何单位和个人不得阻挠、干涉食品安全事故的调查处理。此外，食品安全风险监测工作人员有权进入相关食用农产品种植养殖、食品生产经营场所采集样品、收集相关数据。

在食品安全监督管理部门履行其监督管理职责时，食品生产经营企业应当配合。对拒绝、阻挠、干涉有关部门、机构及其工作人员依法开展食品安全监督检查、事故调查处理、风险监测和风险评估的，由有关主管部门按照各自职责分工责令停产停业，并处二千元以上五万元以下罚款；情节严重的，吊销许可证；构成违反治安管理行为的，由公安机关依法给予治安管理处罚。

第二节 食品安全基本概念

一、食品

食品安全法第一百五十条规定：食品，指各种供人食用或者饮用的成品和原料以及按照传统既是食品又是中药材的物品，但是不包括以治疗为目的的物品。"各种供人食用或者饮用的成品和原料"表明，食品既包括经加工、半加工的成品，也包括未经加工的原料。在《农业部 食品药品监督管理总局关于加强食用农产品质量安全监督管理工作的意见》中对食用农产品作出了规定：食用农产品是指来源于农业活动的初级产品，即在农业活动获得的、供人食用的植物、动物、微生物及其产品。"农业活动"既包括传统的种植、养殖、采摘、捕捞等农业活动，也包括设施农业、生物工程等现代化农业活动。"植物、动物、微生物及其产品"是指在农业活动中直接获得的以及经过分拣、去皮、剥壳、粉碎、清洗、切割、冷冻、打蜡、分级、包装等加工，但未改变其基本自然性状和化学性质的产品。

食品安全法第三十八条规定：按照传统既是食品又是中药材的物质目录由国务院卫生行政部门会同国务院食品药品监督管理部门制定、公布。"生产经营的食品中不得添加药品"，未列入"按照传统既是食品又是中药材物质目录"的中药材不得作为食品原料使用，如违规使用，将按照食品安全法第一百二十三条进行处罚。表1-1列举了部分既是食品又是药品的物品名单。

表 1-1　部分既是食品又是药品的物品名单

年份	物品名称	备注
2002	丁香、八角茴香、刀豆、小茴香、小蓟、山药、山楂、马齿苋、乌梢蛇、乌梅、木瓜、火麻仁、代代花、玉竹、甘草、白芷、白果、白扁豆、白扁豆花、龙眼肉（桂圆）、决明子、百合、肉豆蔻、肉桂、余甘子、佛手、杏仁（甜、苦）、沙棘、牡蛎、芡实、花椒、赤小豆、阿胶、鸡内金、麦芽、昆布、枣（大枣、黑枣、酸枣）、罗汉果、郁李仁、金银花、青果、鱼腥草、姜（生姜、干姜）、枳椇子、枸杞子、栀子、砂仁、胖大海、茯苓、香橼、香薷、桃仁、桑叶、桑葚、桔红、桔梗、益智仁、荷叶、莱菔子、莲子、高良姜、淡竹叶、淡豆豉、菊花、菊苣、黄芥子、黄精、紫苏、紫苏籽、葛根、黑芝麻、黑胡椒、槐米、槐花、蒲公英、蜂蜜、榧子、酸枣仁、鲜白茅根、鲜芦根、蝮蛇、橘皮、薄荷、薏苡仁、薤白、覆盆子、藿香	87 种
2019	当归、山奈、西红花、草果、姜黄、荜茇	6 种，在限定使用范围和剂量内作为药食两用

除了普通食品之外，还包括保健食品、特殊医学用途配方食品和婴幼儿配方食品，食品安全法也对这 3 种产品明确了管理措施。由于这 3 种食品是专供特殊人群使用的，其安全性对该类人群的健康影响较大，所以这些特殊食品生产经营者除了要求遵守普通食品的管理规定外，还应遵守注册、备案、逐批次检验、生产质量管理体系等特殊管理规定。

二、食品安全

食品安全法规定：食品安全，指食品无毒、无害，符合应当有的营养要求，对人体健康不造成任何急性、亚急性或者慢性危害。

"无毒、无害"是保证食品安全最低限度的要求。食品安全风险主要来自违规使用的农业投入品，食品中含有的有害细菌、病毒、寄生虫，违规添加的化学物质，自然产生的毒素和环境污染物等。为了保证食品无毒、无害，食品安全法对农药、肥料、兽药、饲料和饲料添加剂等农业投入品的使用，食品添加剂的生产、经营和使用，致病性微生物，农药残留、兽药残留、生物毒素、重金属等污染物质以及其他危害人体健康物质的限量要求等均作出了具体规定。应该注意的是，食品安全是相对的，"无毒、无害"指的是食品在常规食用情况下不会对正常人造成损害。有的人认为食品中不应当有细菌，有细菌就不安全，事实上有些细菌对人体是有益的，人们经常食用的酸奶等食品就是靠细菌发酵制成的；有的人认为食品添加剂是有害的，应当禁止使用食品添加剂，事实上食品添加剂在防止食品腐败本质、保证食品供应、满足人们对食品色、香、味的追求等方面都发挥着积极作用。此外，由于食品原料本身的自然特性和食品在生产、运输、仓储、销售和使用过程中受到环境等因素影响，我们在对人体有害物质的控制上也做不到绝对为"零"，所以科学家们着力研究的是对有毒有害物质设置限量值，以及控制有毒有害物质的方法。一般而言，我们在日常生活所食用和饮用的食品中只要符合食品安全标准，就可以判定为安全的。

人体维持生理活动所需要的营养物质主要从食品中摄取，碳水化合物、脂肪、蛋白质以及水、矿物质、维生素等均是人体必需的营养物质，食物不足和饮食不当造成的营养不良严重影响人的生命质量。我国 2013 年 1 月 1 日起实施的 GB 28050—2011《食品安全国家标准　预包装食品营养标签通则》要求将营养标签作为预包装食品标签的一部分，向消费者提供。能量和蛋白质、脂肪、碳水化合物、钠等核心营养素的含量值及其占营养素参考值的百分比均为强制标示内容。食品安全法第六十七条规定：专供婴幼儿和其他特定人群的主辅食品，其标签还应当标明主要营养成分及其含量。在选购食品时，消费者可以通过查看营养标签来了解食品中所含营养成分的情况。

不安全的食品对人体健康产生的危害有的是快速显现的，如食用受病原微生物污染的食品或者食用含有生物毒素的食品所引起的食物中毒；有的是因连续摄入含有有害物质的食品，导致身体机能在一段时间后出现异常，如长期食用农药残留超标的食品，虽未发生急性中毒，但可能后续会出现亚急性中毒的症状；有的是因食用含有有害物质的食品导致慢性中毒或者致畸致癌等慢性危害，如食用含有铅、砷、汞等过量重金属物质的食品或者食用含有黄曲霉毒素的食品等导致组织器官病变。保证食品安全，不仅要求不发生"吃坏肚子"这样的问题，还要避免对人体造成其他急性、亚急性或者慢性危害的发生。为了最大限度地减少食品安全风险，我国建立了食品安全风险监测制度，对食源性疾病、食品污染以及食品中的有害因素开展监测。食品安全风险监测结果表明可能存在食品安全隐患的，有关部门要组织开展进一步的调查处理。国家组织医学、农业、食品营养、生物、环境等方面的专家成立食品安全风险评估专家委员会，通过研究分析食品安全风险监测信息、科学数据以及其他有关信息，对食品、食品添加剂、食品相关产品中生物性、化学性和物理性危害因素进行风险评估。食品安全风险评估结果是制定、修订食品安全标准和实施食品安全监督管理的科学依据。

三、食品产品污染

（一）污染

在食品生产过程中发生的生物、化学、物理污染因素传入的过程。

（二）生物性污染

食品的生物性污染包括微生物、寄生虫和昆虫的污染，以微生物污染为主，危害较大，主要为细菌和细菌毒素、霉菌和霉菌毒素。

在虫害控制方面，食品生产企业常见的虫害一般包括老鼠、苍蝇、蟑螂等，其活体、尸体、碎片、排泄物及携带的微生物会引起食品污染，导致食源性疾病传播，因此食品企业应建立相应的虫害控制措施和管理制度。在降低微生物污染风险方面，通过清洁和消毒能使生产环境中的微生物始终保持在受控状态，降低微生物污染的风险。应根据原料、产品和工艺的特点，选择有效的清洁和消毒方式。例如，考虑原料是否容易腐败变质，是否需要清洗或解冻处理，产品的类型、加工方式、包装形式及贮藏方式，加工流程和方法等；同时，通过监控措施，验证所采取的清洁、消毒方法是否行之有效。微生物是造成食品污染、腐败变质的重要原因。企业应依据食品安全法规和标准，结合生产实际情况确定微生物监控指标限值、监控时点和监控频次。应通过清洁、消毒措施做好食品加工过程微生物控制，还应通过对微生物监控的方式验证和确认所采取的清洁、消毒措施是否能够有效达到控制微生物的目的。

（三）化学性污染

食品的化学性污染来源复杂，种类繁多。主要有：（1）来自生产、生活和环境中的污染物，如农药、有害金属、多环芳烃化合物、N-亚硝基化合物、二噁英等。（2）从生产加工、运输、储存和销售工具、容器、包装材料及涂料等溶入食品中的原料材质、单体及助剂等物质。（3）在食品加工储存中产生的物质，如酒类中有害的醇类、醛类等。（4）滥用食品添加剂等。

在控制化学污染方面，应对可能污染食品的原料带入、加工过程中使用污染或产生的化学物质等因素进行分析，如重金属、农兽药残留、持续性有机污染物、卫生清洁用化学品和实验室化学试剂等，并针对产品加工过程的特点制定化学污染控制计划和控制程序，如对清洁消毒剂等专人管理，定点放置，清晰标识，做好领用记录等。GB 14881—2013《食品安全国家标准 食品生产通用卫生规范》中8.3.1规定，应建立防止化学污染的管理制度，分析可能的污染源和污染途径，制定适当的控制计划和控制程序。应当建立食品添加剂和食品工业用加工助剂的使用制度，按照GB 2760—2014《食品安全国家标准 食品添加剂使用标准》的要求使用食品添加剂。不得在食品加工中添加食品添加剂以外的非食用化学物质和其他可能危害人体健康的物质。生产设备上可能直接或间接接触食品的活动部件若需润滑，应当使用食用油脂或能保证食品安全要求的其他油脂。建立清洁剂、消毒剂等化学品的使用制度。除清洁消毒必需和工艺需要外，不应在生产场所使用和存放可能污染食品的化学制剂。食品添加剂、清洁剂、消毒剂等均应采用适宜的容器妥善保存，且应明显标示、分类贮存；领用时应准确计量、做好使用记录。应当关注食品在加工过程中可能产生有害物质的情况，鼓励采取有效措施减低其风险。

（四）物理性污染

物理性污染指在食品中混入了物理性有害外来物，食用后有可能导致伤害或不利于健康的情形；同时也包括由于辐照食品等引致的放射性污染。

在控制物理污染方面，应注重异物管理，如玻璃、金属、砂石、毛发、木屑、塑料等，并建立防止异物污染的管理制度，制定控制计划和程序，如工作服穿着、灯具防护、门窗管理、虫害控制等。GB 14881—2013《食品安全国家标准 食品生产通用卫生规范》中6.3.2规定，进入食品生产场所前应整理个人卫生，防止污染食品。进入作业区域应规范穿着洁净的工作服，并按要求洗手、消毒；头发应藏于工作帽内或使用发网约束。进入作业区域不应佩戴饰物、手表，不应化妆、染指甲、喷洒香水；不得携带或存放与食品生产无关的个人用品。8.4.1规定，应建立防止异物污染的管理制度，分析可能的污染源和污染途径，并制定相应的控制计划和控制程序。应通过采取设备维护、卫生管理、现场管理、外来人员管理及加工过程监督等措施，最大程度地降低食品受到玻璃、金属、塑胶等异物污染的风险。应采取设置筛网、捕集器、磁铁、金属检查器等有效措施降低金属或其他异物污染食品的风险。当进行现场维修、维护及施工等工作时，应采取适当措施避免异物、异味、碎屑等污染食品。6.6.4 规定，工作服的设计、选材和制作应适应不同作业区的要求，降低交叉污染食品的风险；应合理选择工作服口袋的位置、使用的连接扣件等，降低内容物或扣件掉落污染食品的风险。

图 1-1 为食品产品污染图例。

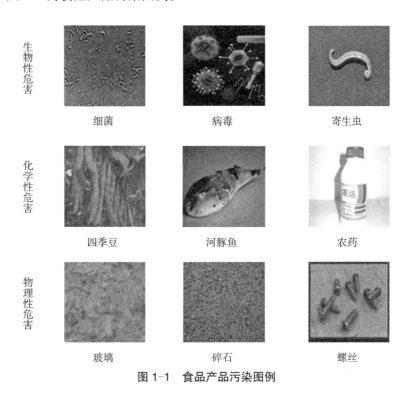

生物性危害　细菌　病毒　寄生虫

化学性危害　四季豆　河豚鱼　农药

物理性危害　玻璃　碎石　螺丝

图 1-1　食品产品污染图例

四、其他术语或定义

（一）食品加工人员

直接接触包装或未包装的食品、食品设备和器具、食品接触面的操作人员。

（二）分离

通过在物品、设施、区域之间留有一定空间，而非通过设置物理阻断的方式进行隔离。

（三）分隔

通过设置物理阻断如墙壁、卫生屏障、遮罩或独立房间等进行隔离。

第三节　食品安全标准体系

一、我国食品安全标准的发展

我国食品卫生标准的发展历史可以追溯到 20 世纪 50 年代。20 世纪 50 年代到 60 年代是中华人民共和国成立后我国经济的恢复和建设时期，这一时期的食品卫生标准主要是各种单项标准或规定。1974 年，卫生部下属的中国医学科学院卫生研究所负责并组织全国卫生系统制定出了 14 类 54 项食品卫生标准和 12 项卫生管理办法，并于 1978 年 5 月开始在全国试行。20 世纪 80 年代，《食品卫生法》得以颁布执行，卫生部成立了全国卫生标准技术委员会，并开始研制包括污染物、生物毒素限量标准、食品添加剂使用卫生标准、营养强化剂使用卫生标准、食品容器及包装材料卫生标准、辐照食品卫生标准、食物中毒诊断标准以及理化和微生物检验方法等在内的食品卫生标准。2003 年，卫生部结合监督执法和加入世界贸易组织（World Trade Organization，WTO）后急需的食品卫生标准，又将"食品中真菌毒素限量""特殊医用食品""食品中农药残留""食品容器、包装材料用助剂"等列入了标准研制项目。

我国加入 WTO 后，食品卫生标准受到了空前的关注。2001 年和 2004 年，卫生部组织对我国的食品卫生标准进行了两次全面的清理整顿，删除了无卫生学意义的指标和规定，提高了标准的覆盖率，增强了食品卫生标准与产品质量标准的对应性，提高了与国际食品法典委员会（Codex Alimentarius Commission，CAC）标准的协调一致性。

除了食品卫生标准外，食用农产品质量安全标准、食品质量标准和有关食品的行业标准分别由我国相应政府主管部门管理，经过若干年的发展，基本形成了相对独立的体系。据国务院新闻办 2007 年发布的《中国的食品质量安全状况》白皮书统计，我国已发布涉及食品安全的食用农产品质量安全标准、食品卫生标准、食品质量标准等国家标准 1800 余项，食品行业标准

2900 余项，其中出现了不同部门制定的标准之间不协调，存在交叉，甚至相互矛盾等问题。

为解决一种食品同时对应食品卫生标准、食品质量标准以及食用农产品质量安全标准等多项标准的问题，从制度上确保食品安全标准的统一，2009 年 6 月 1 日颁布的食品安全法要求：国务院卫生行政部门应当对现行的食用农产品质量安全标准、食品卫生标准、食品质量标准和有关食品的行业标准中强制执行的标准予以整合，统一公布为食品安全国家标准。

食品安全法的颁布实施，原国家卫生计生委按照有关要求对我国现行相关食品标准予以清理整合，截至 2016 年 10 月，经食品安全国家标准审评委员会审议通过、国家卫生计生委（或国家卫生计生委和农业部联合）制定公布的食品安全国家标准共 926 项（其中有 29 项已废止），包括污染物、真菌毒素、农药残留、食品添加剂、营养强化剂、预包装食品标签和营养标签通则等基础标准，乳品、酒类、食品相关产品、卫生规范、检验方法等专项标准，并对其余的现行食用农产品质量安全标准、食品卫生标准、食品质量标准和相关行业标准进行全面清理，已基本实现以"检验方法与限量标准相配套、操作规范与产品标准相配套、基础标准与专项标准相协调"为原则构建食品安全标准体系。

二、食品安全标准体系

我国的食品安全标准体系包括通用标准、产品标准、生产经营规范标准、方法标准等标准类别。截至 2016 年 10 月，现行有效的食品安全标准有 897 项。

（1）通用标准主要包括食品中的环境污染物、农药残留、兽药残留、真菌毒素、致病菌等影响人体健康的各类物质的允许限量，食品添加剂、营养强化剂的使用标准，以及食品标签等 9 项食品安全标准。这些通用标准对具有普遍性的食品安全危害和措施进行了规定，涉及的食品类别多、范围广，标准的通用性强。比如，GB 2761—2017《食品安全国家标准　食品中真菌毒素限量》规定了 6 种真菌毒素至少在十大类食品中的限量。

（2）产品标准包括食品、食品添加剂和食品相关产品的标准。例如，乳制品、蛋制品、焙烤食品、肉制品、饮料等食品的产品标准 50 项；婴儿配方食品、特殊医学用途配方食品通则等特殊膳食食品标准 9 项；苋菜红、苯甲酸、乳酸锌等各种食品添加剂、营养强化剂质量规格标准 604 项；各类食品包装材料、洗涤剂和消毒剂等食品相关产品标准 8 项。如果这些标准涉及通用标准已经规定的内容，就引用通用标准。由于一些产品有其特殊性，可能存在其他的风险，就在相应产品标准中制定相应的指标、限量（或措施）和其他必要的技术要求等。

（3）生产经营规范标准是对食品生产和经营过程中的卫生和食品安全内容进行规定，主要包括企业的设计与设施的卫生要求、机构与人员要求、卫生管理要求、生产过程管理要求，以及产品的追溯和召回要求等。例如，《食品生产通用卫生规范》《乳制品良好生产规范》等 6 项生产经营规范标准。

（4）方法标准规定了理化检验、微生物检验、兽药残留检测方法和毒理学检验规程等内容，其中理化检验方法标准 132 项，微生物检验方法标准 24 项，兽药残留检测方法标准 29 项，主要与通用标准、产品标准的各项指标相配套，服务于食品安全监管和食品生产经营者自我管理要求。毒理学检验规程 26 项，一般规定各项限量指标检验所使用的方法及其基本原理、仪器和设备，以及相应的规格要求、操作步骤、结果判定和报告内容等。

三、食品安全标准的分类

食品安全标准关系人民群众身体健康和生命安全，是强制性标准，除食品安全标准外，不得制定其他食品强制性标准。食品安全标准包括食品安全国家标准和地方标准。企业标准是食品生产企业自己制定的，作为企业组织生产的依据，在企业内部适用的食品标准，应当严于食品安全国家标准或者地方标准。

（一）食品安全国家标准

食品安全国家标准由国务院卫生行政部门会同国务院市场监督管理部门制定、公布，国务院标准化行政部门提供国家标准编号。食品中农药残留、兽药残留的限量规定及其检验方法与规程由国务院卫生行政部门、国务院农业行政部门会同国务院市场监督管理部门制定。屠宰畜、禽的检验规程由国务院农业行政部门会同国务院卫生行政部门制定。

食品安全国家标准的解释以卫生部发文形式公布，与食品安全国家标准具有同等效力。

2017 年 2 月 3 日，国务院标准化协调推进部际联席会议办公室印发《推进国家标准公开工作实施方案》（国标委信办〔2017〕14 号）的通知要求，到 2020 年，强制性国家标准和非采标推荐性国家标准全部免费在线查阅。

为进一步加快推进国家标准公开工作，满足社会各界便捷地查阅国家标准文本的迫切需求，国家标准委于 2017 年 3 月 17 日官网发布一则要闻——《"国家标准全文公开系统"正式上线运行》。用户进入"国家标准全文公开系统"（http：//www.gb688.cn/bzgk/gb/index），输入标准编号或者标准名称，可以查阅相关的国家标准，见图 1-2。

图 1-2　国家标准全文公开系统

（二）食品安全地方标准

对没有食品安全国家标准规范的地方特色食品，省、自治区、直辖市人民政府卫生行政部门可以制定并公布食品安全地方标准，报国务院卫生行政部门备案。食品安全国家标准制定后，该地方标准即行废止。对于非地方特色食品的其他食品或者食品添加剂、食品相关产品、专供婴幼儿和其他特定人群的主辅食品、保健食品等其他食品安全标准内容，不能制定地方标准。

（三）食品安全企业标准

企业标准应当严于食品安全国家标准或者地方标准。国家标准或者地方标准由于要考虑到全国或者全省的平均水平，是保障食品安全的底线。为了增强市场竞争力，企业可以制定严于国家标准或地方标准的企业标准。企业标准应当报省级卫生行政部门备案。

企业标准一般以"Q/"作为企业标准代号的开头。

集团公司所属企业适用统一的企业标准的，可以由集团公司总部或者其所属任一生产企业向所在地省级卫生行政部门备案。该企业标准备案时，应当注明适用的各企业名称及地址。

委托加工或者授权制造的食品，委托方或者授权方已经备案的企业标准，受托方或者被授权方无须重复备案。但委托方或者授权方在备案时，应当注明受托方或者被授权方的名称及地址。委托方或者授权方无相关企业标准的，以及受托方或者被授权方不执行委托方或者授权方标准的，受托方或者被授权方应当制定企业标准，并按照规定备案。

企业标准备案有效期一般为五年。

第二章　生产主体资格检查

第一节　生产主体资格介绍

食品生产包括食品生产和加工，是指把食品原料通过生产加工程序，形成一种新形式的可直接食用的产品。食品生产主体资格是指企业从事食品生产行为所应当具备的资质。食品安全法明确规定国家对食品和食品添加剂生产实行许可制度，从事食品或食品添加剂生产的，应当依法取得生产许可。从事保健食品、特殊医学用途配方食品、婴幼儿配方乳粉等特殊食品生产的企业实行严格监督管理，应当按要求经国务院食品安全监督管理部门注册或备案。

特殊医学用途配方食品注册时，应当提交产品配方、生产工艺、标签、说明书以及表明产品安全性、营养充足性和特殊医学用途临床效果的材料。婴幼儿配方食品生产企业应当将食品原料、食品添加剂、产品配方及标签等事项向省、自治区、直辖市人民政府食品安全监督管理部门备案。婴幼儿配方乳粉的产品配方应当经国务院食品安全监督管理部门注册。注册时，应当提交配方研发报告和其他表明配方科学性、安全性的材料。注册人或者备案人应当对其提交材料的真实性负责。

市场监管总局 2020 年 1 月 2 日发布了《食品生产许可管理办法》。该管理办法明确了食品生产许可的申请、受理、审查、决定及其监督检查的相关要求。

申请食品生产许可的，应当先行取得营业执照等合法主体资格。企业法人、合伙企业、个人独资企业、个体工商户、农民专业合作组织等，以营业执照载明的主体作为申请人。取得合法主体资格并具备相应产品生产许可条件后可向申请人所在地县级以上地方市场监督管理部门提出食品生产许可申请，除可以当场作出行政许可决定外的申请人，县级以上地方市场监督管理部门一般自受理申请之日起 10 个工作日内作出是否准予行政许可的决定。因特殊原因需要延长期限的，经该行政机关负责人批准，可以延长 5 个工作日，并应当将延长期限的理由告知申请人。县级以上地方市场监督管理部门根据申请材料审查和现场核查等情况，对符合条件的，作出准予生产许可的决定，并自作出决定之日起 5 个工作日内向申请人颁发食品生产许可证；对不符合条件的，县级以上地方市场监督管理部门会及时作出不予许可的书面决定并说明理由，同时告知申请人依法享有申请行政复议或者提起行政诉讼的权利。

在食品生产许可证有效期内，食品生产企业应持续满足生产条件。生产条件发生变化，不再符合食品生产要求的，食品生产者应当立即采取相应措施。食品生产者名称、现有设备布局和工艺流程、主要生产设备设施、食品类别等事项发生变化，需要变更食品生产许可证载明的许可事项的，食品生产者应当在变化后 10 个工作日内向原发证的市场监督管理部门提出变更申请。食品生产者的生产场所迁址的，应当重新申请食品生产许可。食品生产许可证副本载明的同一食品类别内的事项发生变化的，食品生产者应当在变化后 10 个工作日内向原发证的市场监督管理部门报告。食品生产者的生产条件发生变化，不再符合食品生产要求，需要重新办理许可手续的，应当依法办理。

食品生产许可实行一企一证原则，即同一个食品生产者从事食品生产活动，应当取得一个食品生产许可证。食品生产许可证分为正本、副本，正本、副本具有同等法律效力。食品生产许可证的有效期为 5 年。

食品生产许可证应当载明：生产者名称、社会信用代码、法定代表人（负责人）、住所、生产地址、食品类别、许可证编号、有效期、发证机关、发证日期和二维码。

副本还应当载明食品明细。生产保健食品、特殊医学用途配方食品、婴幼儿配方食品的，还应当载明产品或者产品配方的注册号或者备案登记号；接受委托生产保健食品的，还应当载明委托企业名称及住所等相关信息。

食品生产许可证式样见图 2-1。

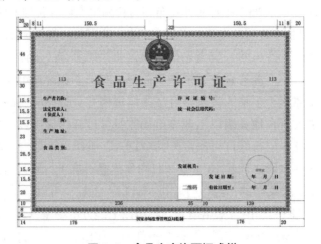

图 2-1 食品生产许可证式样

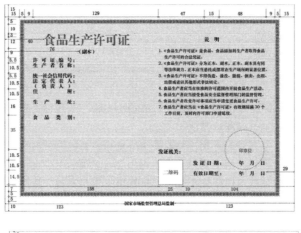

图 2-1（续）

国家市场监督管理部门按照食品的风险程度，结合食品原料、生产工艺等因素，对食品生产实施分类许可，制定了《食品生产许可分类目录》，并于 2020 年进行了修订。将食品生产许可分为粮食加工品，食用油、油脂及其制品，调味品，肉制品，乳制品，饮料，方便食品，饼干，罐头，冷冻饮品，速冻食品，薯类和膨化食品，糖果制品，茶叶及相关制品，酒类，蔬菜制品，水果制品，炒货食品及坚果制品，蛋制品，可可及焙烤咖啡产品，食糖，水产制品，淀粉及淀粉制品，糕点，豆制品，蜂产品，保健食品，特殊医学用途配方食品，婴幼儿配方食品，特殊膳食食品，其他食品，食品添加剂共 32 个类别。具体内容见表 2-1。

表 2-1　食品生产许可分类目录

食品、食品添加剂类别	类别编号	类别名称	品种明细	备注
粮食加工品	0101	小麦粉	1.通用：特制一等小麦粉、特制二等小麦粉、标准粉、普通粉、高筋小麦粉、低筋小麦粉、全麦粉、其他 2.专用：营养强化小麦粉、面包用小麦粉、面条用小麦粉、饺子用小麦粉、馒头用小麦粉、发酵饼干用小麦粉、酥性饼干用小麦粉、蛋糕用小麦粉、糕点用小麦粉、自发小麦粉、专用全麦粉、小麦胚（胚片、胚粉）、其他	
	0102	大米	大米、糙米类产品（糙米、留胚米等）、特殊大米（免淘米、蒸谷米、发芽糙米等）、其他	
	0103	挂面	1.普通挂面 2.花色挂面 3.手工面	
	0104	其他粮食加工品	1.谷物加工品：高粱米、黍米、稷米、小米、黑米、紫米、红线米、小麦米、大麦米、裸大麦米、莜麦米（燕麦米）、荞麦米、薏仁米、八宝米类、混合杂粮类、其他 2.谷物碾磨加工品：玉米碴、玉米粉、燕麦片、汤圆粉（糯米粉）、莜麦粉、玉米自发粉、小米粉、高粱粉、荞麦粉、大麦粉、青稞粉、杂面粉、大米粉、绿豆粉、黄豆粉、红豆粉、黑豆粉、豌豆粉、芸豆粉、蚕豆粉、黍米粉（大黄米粉）、稷米粉（糜子面）、混合杂粮粉、其他 3.谷物粉类制成品：生湿面制品、生干面制品、米粉制品、其他	
食用油、油脂及其制品	0201	食用植物油	菜籽油、大豆油、花生油、葵花籽油、棉籽油、亚麻籽油、油茶籽油、玉米油、米糠油、芝麻油、棕榈油、橄榄油、食用植物调和油、其他	
	0202	食用油脂制品	食用氢化油、人造奶油（人造黄油）、起酥油、代可可脂、植脂奶油、粉末油脂、植脂末、其他	
	0203	食用动物油脂	猪油、牛油、羊油、鸡油、鸭油、鹅油、骨髓油、水生动物油脂、其他	

表 2-1（续）

食品、食品添加剂类别	类别编号	类别名称	品种明细	备注
调味品	0301	酱油	酱油	
	0302	食醋	1. 食醋 2. 甜醋	
	0303	味精	1. 谷氨酸钠（99%味精） 2. 加盐味精 3. 增鲜味精	
	0304	酱类	稀甜面酱、甜面酱、大豆酱（黄酱）、蚕豆酱、豆瓣酱、大酱、其他	
	0305	调味料	1. 液体调味料：鸡汁调味料、牛肉汁调味料、烧烤汁、鲍鱼汁、香辛料调味汁、糟卤、调味料酒、液态复合调味料、其他 2. 半固体（酱）调味料：花生酱、芝麻酱、辣椒酱、番茄酱、风味酱、芥末酱、咖喱卤、油辣椒、火锅蘸料、火锅底料、排骨酱、叉烧酱、香辛料酱（泥）、复合调味酱、其他 3. 固体调味料：鸡精调味料、鸡粉调味料、畜（禽）粉调味料、风味汤料、酱油粉、食醋粉、酱粉、咖喱粉、香辛料粉、复合调味粉、其他 4. 食用调味油：香辛料调味油、复合调味油、其他 5. 水产调味品：蚝油、鱼露、虾酱、鱼子酱、虾油、其他	
	0306	食盐	1. 食用盐：普通食用盐（加碘）、普通食用盐（未加碘）、低钠食用盐（加碘）、低钠食用盐（未加碘）、风味食用盐（加碘）、风味食用盐（未加碘）、特殊工艺食用盐（加碘）、特殊工艺食用盐（未加碘） 2. 食品生产加工用盐	
肉制品	0401	热加工熟肉制品	1. 酱卤肉制品：酱卤肉类、糟肉类、白煮类、其他 2. 熏烧烤肉制品 3. 肉灌制品：灌肠类、西式火腿、其他 4. 油炸肉制品 5. 熟肉干制品：肉松类、肉干类、肉脯、其他 6. 其他熟肉制品	

表 2-1（续）

食品、食品添加剂类别	类别编号	类别名称	品种明细	备注
肉制品	0402	发酵肉制品	1. 发酵灌制品 2. 发酵火腿制品	
	0403	预制调理肉制品	1. 冷藏预制调理肉类 2. 冷冻预制调理肉类	
	0404	腌腊肉制品	1. 肉灌制品 2. 腊肉制品 3. 火腿制品 4. 其他肉制品	
乳制品	0501	液体乳	1. 巴氏杀菌乳 2. 高温杀菌乳 3. 调制乳 4. 灭菌乳 5. 发酵乳	《食品安全国家标准 高温杀菌乳》发布前可按经备案的企业标准许可
	0502	乳粉	1. 全脂乳粉 2. 脱脂乳粉 3. 部分脱脂乳粉 4. 调制乳粉 5. 乳清粉	
	0503	其他乳制品	1. 炼乳 2. 奶油 3. 稀奶油 4. 无水奶油 5. 干酪 6. 再制干酪 7. 特色乳制品 8. 浓缩乳	
饮料	0601	包装饮用水	1. 饮用天然矿泉水 2. 饮用纯净水 3. 饮用天然泉水 4. 饮用天然水 5. 其他饮用水	

表 2-1（续）

食品、食品添加剂类别	类别编号	类别名称	品种明细	备注
饮料	0602	碳酸饮料（汽水）	果汁型碳酸饮料、果味型碳酸饮料、可乐型碳酸饮料、其他型碳酸饮料	
	0603	茶类饮料	1. 原茶汁：茶汤/纯茶饮料 2. 茶浓缩液 3. 茶饮料 4. 果汁茶饮料 5. 奶茶饮料 6. 复合茶饮料 7. 混合茶饮料 8. 其他茶（类）饮料	
	0604	果蔬汁类及其饮料	1. 果蔬汁（浆）：果汁、蔬菜汁、果浆、蔬菜浆、复合果蔬汁、复合果蔬浆、其他 2. 浓缩果蔬汁（浆） 3. 果蔬汁（浆）类饮料：果蔬汁饮料、果肉饮料、果浆饮料、复合果蔬汁饮料、果蔬汁饮料浓浆、发酵果蔬汁饮料、水果饮料、其他	
	0605	蛋白饮料	1. 含乳饮料 2. 植物蛋白饮料 3. 复合蛋白饮料	
	0606	固体饮料	1. 风味固体饮料 2. 蛋白固体饮料 3. 果蔬固体饮料 4. 茶固体饮料 5. 咖啡固体饮料 6. 可可粉固体饮料 7. 其他固体饮料：植物固体饮料、谷物固体饮料、食用菌固体饮料、其他	
	0607	其他饮料	1. 咖啡（类）饮料 2. 植物饮料 3. 风味饮料 4. 运动饮料 5. 营养素饮料 6. 能量饮料 7. 电解质饮料 8. 饮料浓浆 9. 其他类饮料	

表 2-1（续）

食品、食品添加剂类别	类别编号	类别名称	品种明细	备注
方便食品	0701	方便面	1. 油炸方便面 2. 热风干燥方便面 3. 其他方便面	
	0702	其他方便食品	1. 主食类：方便米饭、方便粥、方便米粉、方便米线、方便粉丝、方便湿米粉、方便豆花、方便湿面、凉粉、其他 2. 冲调类：麦片、黑芝麻糊、红枣羹、油茶、即食谷物粉、其他	
	0703	调味面制品	调味面制品	
饼干	0801	饼干	酥性饼干、韧性饼干、发酵饼干、压缩饼干、曲奇饼干、夹心（注心）饼干、威化饼干、蛋圆饼干、蛋卷、煎饼、装饰饼干、水泡饼干、其他	
罐头	0901	畜禽水产罐头	火腿类罐头、肉类罐头、牛肉罐头、羊肉罐头、鱼类罐头、禽类罐头、肉酱类罐头、其他	
	0902	果蔬罐头	1. 水果罐头：桃罐头、橘子罐头、菠萝罐头、荔枝罐头、梨罐头、其他 2. 蔬菜罐头：食用菌罐头、竹笋罐头、莲藕罐头、番茄罐头、豆类罐头、其他	
	0903	其他罐头	其他罐头：果仁类罐头、八宝粥罐头、其他	
冷冻饮品	1001	冷冻饮品	1. 冰淇淋 2. 雪糕 3. 雪泥 4. 冰棍 5. 食用冰 6. 甜味冰 7. 其他冷冻饮品	
速冻食品	1101	速冻面米制品	1. 生制品：速冻饺子、速冻包子、速冻汤圆、速冻粽子、速冻面点、速冻其他面米制品、其他 2. 熟制品：速冻饺子、速冻包子、速冻粽子、速冻其他面米制品、其他	

表 2-1（续）

食品、食品添加剂类别	类别编号	类别名称	品种明细	备注
速冻食品	1102	速冻调制食品	1. 生制品（具体品种明细） 2. 熟制品（具体品种明细）	
	1103	速冻其他食品	速冻其他食品	
薯类和膨化食品	1201	膨化食品	1. 焙烤型 2. 油炸型 3. 直接挤压型 4. 花色型	
	1202	薯类食品	1. 干制薯类 2. 冷冻薯类 3. 薯泥（酱）类 4. 薯粉类 5. 其他薯类	
糖果制品	1301	糖果	1. 硬质糖果 2. 奶糖糖果 3. 夹心糖果 4. 酥质糖果 5. 焦香糖果（太妃糖果） 6. 充气糖果 7. 凝胶糖果 8. 胶基糖果 9. 压片糖果 10. 流质糖果 11. 膜片糖果 12. 花式糖果 13. 其他糖果	
	1302	巧克力及巧克力制品	1. 巧克力 2. 巧克力制品	
	1303	代可可脂巧克力及代可可脂巧克力制品	1. 代可可脂巧克力 2. 代可可脂巧克力制品	
	1304	果冻	果汁型果冻、果肉型果冻、果味型果冻、含乳型果冻、其他型果冻	

表 2-1（续）

食品、食品添加剂类别	类别编号	类别名称	品种明细	备注
茶叶及相关制品	1401	茶叶	1.绿茶：龙井茶、珠茶、黄山毛峰、都匀毛尖、其他 2.红茶：祁门工夫红茶、小种红茶、红碎茶、其他 3.乌龙茶：铁观音茶、武夷岩茶、凤凰单枞茶、其他 4.白茶：白毫银针茶、白牡丹茶、贡眉茶、其他 5.黄茶：蒙顶黄芽茶、霍山黄芽茶、君山银针茶、其他 6.黑茶：普洱茶（熟茶）散茶、六堡茶散茶、其他 7.花茶：茉莉花茶、珠兰花茶、桂花茶、其他 8.袋泡茶：绿茶袋泡茶、红茶袋泡茶、花茶袋泡茶、其他 9.紧压茶：普洱茶（生茶）紧压茶、普洱茶（熟茶）紧压茶、六堡茶紧压茶、白茶紧压茶、花砖茶、黑砖茶、茯砖茶、康砖茶、沱茶、紧茶、金尖茶、米砖茶、青砖茶、其他紧压茶	
	1402	茶制品	1.茶粉：绿茶粉、红茶粉、其他 2.固态速溶茶：速溶红茶、速溶绿茶、其他 3.茶浓缩液：红茶浓缩液、绿茶浓缩液、其他 4.茶膏：普洱茶膏、黑茶膏、其他 5.调味茶制品：调味茶粉、调味速溶茶、调味茶浓缩液、调味茶膏、其他 6.其他茶制品：表没食子儿茶素没食子酸酯、绿茶茶氨酸、其他	
	1403	调味茶	1.加料调味茶：八宝茶、三泡台、枸杞绿茶、玄米绿茶、其他 2.加香调味茶：柠檬红茶、草莓绿茶、其他 3.混合调味茶：柠檬枸杞茶、其他 4.袋泡调味茶：玫瑰袋泡红茶、其他 5.紧压调味茶：荷叶茯砖茶、其他	
	1404	代用茶	1.叶类代用茶：荷叶、桑叶、薄荷叶、苦丁茶、其他 2.花类代用茶：杭白菊、金银花、重瓣红玫瑰、其他 3.果实类代用茶：大麦茶、枸杞子、决明子、苦瓜片、罗汉果、柠檬片、其他	

表 2-1（续）

食品、食品添加剂类别	类别编号	类别名称	品种明细	备注
茶叶及相关制品	1404	代用茶	4. 根茎类代用茶：甘草、牛蒡根、人参（人工种植）、其他 5. 混合类代用茶：荷叶玫瑰茶、枸杞菊花茶、其他 6. 袋泡代用茶：荷叶袋泡茶、桑叶袋泡茶、其他 7. 紧压代用茶：紧压菊花、其他	
酒类	1501	白酒	1. 白酒 2. 白酒（液态） 3. 白酒（原酒）	
	1502	葡萄酒及果酒	1. 葡萄酒：原酒、加工灌装 2. 冰葡萄酒：原酒、加工灌装 3. 其他特种葡萄酒：原酒、加工灌装 4. 发酵型果酒：原酒、加工灌装	
	1503	啤酒	1. 熟啤酒 2. 生啤酒 3. 鲜啤酒 4. 特种啤酒	
	1504	黄酒	黄酒：原酒、加工灌装	
	1505	其他酒	1. 配制酒：露酒、枸杞酒、枇杷酒、其他 2. 其他蒸馏酒：白兰地、威士忌、俄得克、朗姆酒、水果白兰地、水果蒸馏酒、其他 3. 其他发酵酒：清酒、米酒（醪糟）、奶酒、其他	
	1506	食用酒精	食用酒精	
蔬菜制品	1601	酱腌菜	调味榨菜、腌萝卜、腌豇豆、酱渍菜、虾油渍菜、盐水渍菜、其他	
	1602	蔬菜干制品	1. 自然干制蔬菜 2. 热风干燥蔬菜 3. 冷冻干燥蔬菜 4. 蔬菜脆片 5. 蔬菜粉及制品	
	1603	食用菌制品	1. 干制食用菌 2. 腌渍食用菌	
	1604	其他蔬菜制品	其他蔬菜制品	

表 2-1（续）

食品、食品添加剂类别	类别编号	类别名称	品种明细	备注
水果制品	1701	蜜饯	1.蜜饯类 2.凉果类 3.果脯类 4.话化类 5.果丹（饼）类 6.果糕类	
	1702	水果制品	1.水果干制品：葡萄干、水果脆片、荔枝干、桂圆、椰干、大枣干制品、其他 2.果酱：苹果酱、草莓酱、蓝莓酱、其他	
炒货食品及坚果制品	1801	炒货食品及坚果制品	1.烘炒类：炒瓜子、炒花生、炒豌豆、其他 2.油炸类：油炸青豆、油炸琥珀桃仁、其他 3.其他类：水煮花生、糖炒花生、糖炒瓜子仁、裹衣花生、咸干花生、其他	
蛋制品	1901	蛋制品	1.再制蛋类：皮蛋、咸蛋、糟蛋、卤蛋、咸蛋黄、其他 2.干蛋类：巴氏杀菌鸡全蛋粉、鸡蛋黄粉、鸡蛋白片、其他 3.冰蛋类：巴氏杀菌冻鸡全蛋、冻鸡蛋黄、冰鸡蛋白、其他 4.其他类：热凝固蛋制品、其他	
可可及焙烤咖啡产品	2001	可可制品	可可粉、可可脂、可可液块、可可饼块、其他	
	2002	焙炒咖啡	焙炒咖啡豆、咖啡粉、其他	
食糖	2101	糖	1.白砂糖 2.绵白糖 3.赤砂糖 4.冰糖：单晶体冰糖、多晶体冰糖 5.方糖 6.冰片糖 7.红糖 8.其他糖：具体品种明细	
水产制品	2201	干制水产品	虾米、虾皮、干贝、鱼干、干燥裙带菜、干海带、干紫菜、干海参、其他	

表2-1（续）

食品、食品添加剂类别	类别编号	类别名称	品种明细	备注
水产制品	2202	盐渍水产品	盐渍藻类、盐渍海蜇、盐渍鱼、盐渍海参、其他	
	2203	鱼糜及鱼糜制品	冷冻鱼糜、冷冻鱼糜制品	
	2204	冷冻水产制品	冷冻调理制品、冷冻挂浆制品、冻煮制品、冻油炸制品、冻烧烤制品、其他	
	2205	熟制水产品	烤鱼片、鱿鱼丝、烤虾、海苔、鱼松、鱼肠、鱼饼、调味鱼（鱿鱼）、即食海参（鲍鱼）、调味海带（裙带菜）、其他	
	2206	生食水产品	腌制生食水产品、非腌制生食水产品	
	2207	其他水产品	其他水产品	
淀粉及淀粉制品	2301	淀粉及淀粉制品	1.淀粉：谷类淀粉（大米、玉米、高粱、麦、其他）、薯类淀粉（木薯、马铃薯、甘薯、芋头、其他）、豆类淀粉（绿豆、蚕豆、豇豆、豌豆、其他）、其他淀粉（藕、荸荠、百合、蕨根、其他） 2.淀粉制品：粉丝、粉条、粉皮、虾味片、凉粉、其他	
	2302	淀粉糖	葡萄糖、饴糖、麦芽糖、异构化糖、低聚异麦芽糖、果葡糖浆、麦芽糊精、葡萄糖浆、其他	
糕点	2401	热加工糕点	1.烘烤类糕点：酥类、松酥类、松脆类、酥层类、酥皮类、松酥皮类、糖浆皮类、硬皮类、水油皮类、发酵类、烤蛋糕类、烘糕类、烫面类、其他类 2.油炸类糕点：酥皮类、水油皮类、松酥类、酥层类、水调类、发酵类、其他类 3.蒸煮类糕点：蒸蛋糕类、印模糕类、韧糕类、发糕类、松糕类、粽子类、水油皮类、片糕类、其他类 4.炒制类糕点 5.其他类：发酵面制品（馒头、花卷、包子、豆包、饺子、发糕、馅饼、其他）、油炸面制品（油条、油饼、炸糕、其他）、非发酵面米制品（窝头、烙饼、其他）、其他	

表 2-1（续）

食品、食品添加剂类别	类别编号	类别名称	品种明细	备注
糕点	2402	冷加工糕点	1.熟粉糕点：热调软糕类、冷调韧糕类、冷调松糕类、印模糕类、其他类 2.西式装饰蛋糕类 3.上糖浆类 4.夹心（注心）类 5.糕团类 6.其他类	
	2403	食品馅料	月饼馅料、其他	
豆制品	2501	豆制品	1.发酵豆制品：腐乳（红腐乳、酱腐乳、白腐乳、青腐乳）、豆豉、纳豆、豆汁、其他 2.非发酵豆制品：豆浆、豆腐、豆腐泡、熏干、豆腐脑、豆腐干、腐竹、豆腐皮、其他 3.其他豆制品：素肉、大豆组织蛋白、膨化豆制品、其他	
蜂产品	2601	蜂蜜	蜂蜜	
	2602	蜂王浆（含蜂王浆冻干品）	蜂王浆、蜂王浆冻干品	
	2603	蜂花粉	蜂花粉	
	2604	蜂产品制品	蜂产品制品	
保健食品	2701	片剂	具体品种	
	2702	粉剂	具体品种	
	2703	颗粒剂	具体品种	
	2704	茶剂	具体品种	
	2705	硬胶囊剂	具体品种	
	2706	软胶囊剂	具体品种	
	2707	口服液	具体品种	

表 2-1（续）

食品、食品添加剂类别	类别编号	类别名称	品种明细	备注
保健食品	2708	丸剂	具体品种	
	2709	膏剂	具体品种	
	2710	饮料	具体品种	
	2711	酒剂	具体品种	
	2712	饼干类	具体品种	
	2713	糖果类	具体品种	
	2714	糕点类	具体品种	
	2715	液体乳类	具体品种	
	2716	原料提取物	具体品种	
	2717	复配营养素	具体品种	
	2718	其他类别	具体品种	
特殊医学用途配方食品	2801	特殊医学用途配方食品	1. 全营养配方食品 2. 特定全营养配方食品：糖尿病全营养配方食品，呼吸系统病全营养配方食品，肾病全营养配方食品，肿瘤全营养配方食品，肝病全营养配方食品，肌肉衰减综合征全营养配方食品，创伤、感染、手术及其他应激状态全营养配方食品，炎性肠病全营养配方食品，食物蛋白过敏全营养配方食品，难治性癫痫全营养配方食品，胃肠道吸收障碍、胰腺炎全营养配方食品，脂肪酸代谢异常全营养配方食品，肥胖、减脂手术全营养配方食品，其他 3. 非全营养配方食品：营养素组件配方食品、电解质配方食品、增稠组件配方食品、流质配方食品、氨基酸代谢障碍配方食品、其他	产品（注册批准文号）
	2802	特殊医学用途婴儿配方食品	特殊医学用途婴儿配方食品：无乳糖配方或低乳糖配方食品、乳蛋白部分水解配方食品、乳蛋白深度水解配方或氨基酸配方食品、早产/低出生体重婴儿配方食品、氨基酸代谢障碍配方食品、婴儿营养补充剂、其他	产品（注册批准文号）

表 2-1（续）

食品、食品添加剂类别	类别编号	类别名称	品种明细	备注
婴幼儿配方食品	2901	婴幼儿配方乳粉	1. 婴儿配方乳粉：湿法工艺、干法工艺、干湿法复合工艺 2. 较大婴儿配方乳粉：湿法工艺、干法工艺、干湿法复合工艺 3. 幼儿配方乳粉：湿法工艺、干法工艺、干湿法复合工艺	产品（配方注册批准文号）
特殊膳食食品	3001	婴幼儿谷类辅助食品	1. 婴幼儿谷物辅助食品：婴幼儿米粉、婴幼儿小米米粉、其他 2. 婴幼儿高蛋白谷物辅助食品：高蛋白婴幼儿米粉、高蛋白婴幼儿小米米粉、其他 3. 婴幼儿生制类谷物辅助食品：婴幼儿面条、婴幼儿颗粒面、其他 4. 婴幼儿饼干或其他婴幼儿谷物辅助食品：婴幼儿饼干、婴幼儿米饼、婴幼儿磨牙棒、其他	
	3002	婴幼儿罐装辅助食品	1. 泥（糊）状罐装食品：婴幼儿果蔬泥、婴幼儿肉泥、婴幼儿鱼泥、其他 2. 颗粒状罐装食品：婴幼儿颗粒果蔬泥、婴幼儿颗粒肉泥、婴幼儿颗粒鱼泥、其他 3. 汁类罐装食品：婴幼儿水果汁、婴幼儿蔬菜汁、其他	
	3003	其他特殊膳食食品	其他特殊膳食食品：辅助营养补充品、运动营养补充品、孕妇及乳母营养补充食品、其他	
其他食品	3101	其他食品	其他食品：具体品种明细	
食品添加剂	3201	食品添加剂	食品添加剂产品名称：使用 GB 2760、GB 14880 或卫生健康委（原卫生计生委）公告规定的食品添加剂名称；标准中对不同工艺有明确规定的应当在括号中标明；不包括食品用香精和复配食品添加剂	
	3202	食品用香精	食品用香精：液体、乳化、浆（膏）状、粉末（拌和、胶囊）	
	3203	复配食品添加剂	复配食品添加剂明细（使用 GB 26687 规定的名称）	

企业应严格按照表 2-1 分类要求申请并取得相应类别许可资质。企业生产的食品不属于其食品生产许可证上载明的食品类别的，可视为未取得食品生产许可从事食品生产活动，依照食品安全法规定，未取得食品生产许可从事食品、食品添加剂生产活动的，由县级以上人民政府食品安全监督管理部门没收违法所得和违法生产经营的食品、食品添加剂以及用于违法生产经营的工具、设备、原料等物品；违法生产经营的食品、食品添加剂货值金额不足一万元的，并处五万元以上十万元以下罚款；货值金额一万元以上的，并处货值金额十倍以上二十倍以下罚款。

第二节　实施主体资格检查

上一节讲到国家对食品和食品添加剂生产实行许可制度，企业应当依法取得相关许可后方可从事食品和食品添加剂生产。同时，市场监管总局出台的《食品生产经营监督检查管理办法》对获证后企业食品生产的事中、事后监管提出了具体的检查要求。《食品生产监督检查要点表》中的 1.1 "具有合法主体资质，生产许可证在有效期内"、1.2 "生产的食品、食品添加剂在许可范围内"，《广东省食品生产企业食品安全审计评价表》编号 1 "食品生产许可证"、编号 2 "生产许可范围"也对企业主体资格提出了检查要求。本节将讨论如何对企业开展实施主体资格的检查。

一、检查依据

实施主体资格检查依据见表 2-2。

表 2-2　实施主体资格检查依据

检查依据	依据内容
食品安全法	第三十五条　国家对食品生产经营实行许可制度。
	第三十九条　国家对食品添加剂生产实行许可制度。
食品生产许可管理办法	第三十一条　食品生产者应当妥善保管食品生产许可证，不得伪造、涂改、倒卖、出租、出借、转让。 食品生产者应当在生产场所的显著位置悬挂或者摆放食品生产许可证正本。

表 2-2（续）

检查依据	依据内容
食品生产许可管理办法	第三十二条 食品生产许可证有效期内，食品生产者名称、现有设备布局和工艺流程、主要生产设备设施、食品类别等事项发生变化，需要变更食品生产许可证载明的许可事项的，食品生产者应当在变化后 10 个工作日内向原发证的市场监督管理部门提出变更申请。 食品生产者的生产场所迁址的，应当重新申请食品生产许可。 食品生产许可证副本载明的同一食品类别内的事项发生变化的，食品生产者应当在变化后 10 个工作日内向原发证的市场监督管理部门报告。 食品生产者的生产条件发生变化，不再符合食品生产要求，需要重新办理许可手续的，应当依法办理。

二、检查要点

（1）企业的营业执照及食品生产许可证是否在有效期内。

（2）企业实际生产食品的场所、生产食品的范围等与营业执照、食品生产许可档案、食品生产许可证所载明生产地址及许可范围是否一致。

三、检查方式

（1）查看资料前调阅企业食品生产许可档案资料。

（2）查阅企业食品生产许可证、营业执照及场所使用证明或租赁合同原件，查看房屋编码等信息，核对企业名称、住所与生产地址是否与许可档案一致。

（3）检查组可对照生产许可档案中的生产加工场所及其周边环境平面图、生产设备设施布局图查看企业周边环境、生产场所及加工车间：一方面确认图纸资料是否与实际的环境及设备布局情况一致；另一方面可通过现场询问企业相关负责人和生产操作人员，对产品品种及生产工艺有一定的了解。

（4）检查组可抽取几种车间现场生产的产品，以及车间和仓库中的成品，查阅企业生产记录，核对产品工艺流程、所生产的食品类别及品种明细等与食品生产许可档案及食品生产许可证许可范围是否一致。

四、常见问题

（1）企业超范围生产。

（2）食品生产工艺设备布局和工艺流程、主要生产设备设施、食品类别等事项发生重大变化未及时向原发证市场监督管理部门报告，需要变更食品生产许可证载明的许可事项的，未提出相应的变更申请。

五、案例分析

案例 1 在检查时发现某糕点生产企业扩大了生产场所，增加了冷加工糕点（西式装饰蛋糕类）、饼干产品的生产经营，与已获得的食品生产许可证的生产地址和生产食品的范围（糕点｛热加工糕点［烘烤类糕点（烤蛋糕类）、其他类（面包）］｝）不一致，且未向原发证市场监督管理部门提出变更申请。

案例 2 某糕点企业获得的食品生产许可证范围为：糕点｛热加工糕点［蒸煮类糕点（小麦粉馒头）］｝，查看企业仓库内成品及生产记录发现企业有生产红糖馒头、杂粮馒头、花卷等产品，与获证食品范围不符。

分析：《食品生产许可管理办法》第三十二条规定：食品生产者名称、现有设备布局和工艺流程、主要生产设备设施、食品类别等事项发生变化，需要变更食品生产许可证载明的许可事项的，食品生产者应当在变化后 10个工作日内向原发证的市场监督管理部门提出变更申请。另外，食品生产许可证副本载明的同一食品类别内的事项发生变化的，食品生产者应当在变化后 10 个工作日内向原发证的市场监督管理部门报告，食品类别及品种明细依据《食品生产许可分类目录》所划定。案例 1 的生产企业扩大生产场所，增加冷加工糕点和饼干类别产品生产，需要变更食品生产许可证载明的生产地址、食品类别等许可事项，应按要求在变化后及时向原发证部门提出变更申请，重新获得许可后才可开展新产品的生产活动。案例 2 生产企业生产红糖馒头、杂粮馒头、花卷等产品与小麦粉馒头同属于蒸煮类糕点，但产品配方、生产工艺及执行标准均不同，应依据实际生产条件及工艺流程等情况，及时向原发证部门报告或提出变更申请，更新食品生产许可范围。

第三章　厂区环境检查

合适的厂区环境可以有效规避食品生产加工过程中的交叉污染，利于控制食品安全风险，降低食品安全管理的难度与成本。厂区环境包括厂区周边环境和厂区内部环境。厂区周边环境取决于工厂所在地的地理条件和环境条件，地理条件要能长期保证食品生产的安全性，环境条件要能保证食品生产远离和有效防范潜在的污染源，合适的厂区周边环境取决于食品工厂建设时选址适当以及建成后周边环境的保持。厂区内部环境是否合适取决于食品工厂的设计规划，包括工厂基础设施的设计建造，厂区布局规划，场区设施、路面、绿化、排水以及厂区的环境和设施的后期维护、清洁、管理等方面。

GB 14881—2013《食品安全国家标准　食品生产通用卫生规范》对食品工厂厂区环境提出了最基本的食品安全要求，企业须遵照执行，是否执行到位，取决于企业对厂区布局、厂区卫生等影响厂区环境的主要因素是否管控到位。食品安全监管部门依法对食品工厂进行相关监督检查，督促企业落实食品安全主体责任，《食品生产监督检查要点表》中第二部分"生产环境条件"以及《广东省食品生产企业食品安全审计评价表》"（二）选址和厂区环境"列出了具体的检查要求。

第一节　选址和厂区布局检查

一、背景知识

食品工厂的选址和厂区环境总体布局设计是食品工厂是否具有合适生产环境的关键。为了防止食品在生产加工过程中受到污染，食品工厂选址时须考虑周边的环境，尽可能避开对食品有显著污染的区域，厂区周围不宜有虫害大量孳生的潜在场所，有害废弃物以及粉尘、有害气体、放射性物质和其他扩散性污染源不能有效清除的地址，否则不应选择作为食品企业生产地。

（1）显著污染的区域包括：天然污染源，如正在活动的火山、有放射性的矿山等；工业污染源，如煤矿、钢铁厂、水泥厂、炼铝厂、有色金属冶炼厂、硝酸厂、硫酸厂、石油化工厂、化学纤维厂等重污染工厂；农业污染源，如不合理使用化肥或农药的农场，定期喷洒防治虫害的森林地带，大片沙漠覆盖区域，其他土壤、水质、环境遭受污染的场所；运输污染源，如大型货运中转站等车辆来往密集的场所；生活污染源，如城市垃圾填埋场所、污水处理厂、人口密集且卫生条件极差的生活集聚区。需要指出的是，食品工厂因生产需要配套的污水、垃圾、污染物处理设施，锅炉房、员工食堂、大型制冷装置等可能导致污染的设施，原料验货、装卸、运输发货等产生粉尘的区域，以及其他与食品生产经营相关的可能产生污染的区域或设施不属于选址要求避开的有"显著污染的区域"。

（2）虫害大量孳生的潜在场所，通常包括：垃圾中转站、厕所、粪场、湿地、动物养殖场、非流动的湖泊等。靠近动物集聚区的场所，也可能是虫害大量孳生的潜在场所。有害废弃物主要包括工业生产中产生的各种废弃物，废水、废气处理过程中产生的污泥、废渣以及除危险废物外的各种工业和生活源电子废物等。有害气体包括有毒气体、可燃性气体和窒息性气体，如大气中的二氧化硫、氯化氢、氟、二氧化氮，室内的甲醛、苯、甲苯、乙苯的挥发性有机化合物，以及不当燃烧等情况下可能产生的一氧化碳等。其他扩散性污染源通常包括畜禽饲养场、畜禽交易场所、医疗垃圾场、开放式污水沟等可能产生扩散性气体或挥发性物质的区域。

厂区环境总体布局设计时，基于防止交叉污染，厂区内各功能区布局应合理，厂区内各功能区一般设有生产车间、库房、生活休息区、辅助区域（如行政办公区、实验室、机修房）、动力区（如变电设施、锅炉房）、废弃物存放区（如垃圾站、污水处理站等）。宿舍、食堂、职工娱乐设施等生活区应与生产区保持适当距离或分隔，生产过程中产生的大量烟尘或者废气，污水处理站和垃圾存放场所，在布局时应尽量考虑厂区的边缘或者常年的下风方向。

食品厂建厂前应先了解有利和不利的因素，厂址的选择应考虑食品工厂对环境因素的要求和对环境的影响，只有良好的生产环境才能有效避免原料和食品的二次污染。做好选址和厂区布局设计不仅可以降低食品生产过程中受到污染的风险，也关系到生产各环节有效运行，更大地发挥厂区内各功能区效能。设计和布局不合理、不完善，就会造成生产过程中的交叉污染、物流和人流混乱、功能区混杂等。

所选厂址附近应有良好的卫生条件，避免有害气体、放射性源、粉尘和其他扩散性的污染源，特别是对于上风向地区的工矿企业、附近医院的处理物、垃圾处理厂等，要考虑其是否会对食品工厂的生产产生危害。厂区应尽量设置在地势较高位置，以防止下雨而导致的洪涝对厂区造成影响。对于生产过程中产生的大量烟尘或者废气，污水处理站和垃圾存放场所，在布局时应尽量考虑厂区的边缘或者常年的下风方向。

生产车间是食品厂的主体，所以食品厂总体设计时一般围绕生产车间展开。对于多层建筑中的某一层平面内设立食品厂，厂内的空间较紧凑，在这种情况下除了考虑功能设施不能影响食品安全外，也应考虑生产物料和产品运输方向的便捷性，以及生产操作人员的流动方向。

以下是两个比较好的厂区布局示例。一个是大型食品企业，有自己独立的厂区，见图3-1；另一个是小型食品企业，位于某工业区厂房内两层，见图3-2。两个厂区各功能区设计布局合理，功能区域划分明显，并有适当的分离或分隔措施，工艺流程顺畅，较好地考虑了交叉污染风险，并尽可能避免了迂回和往返运输。

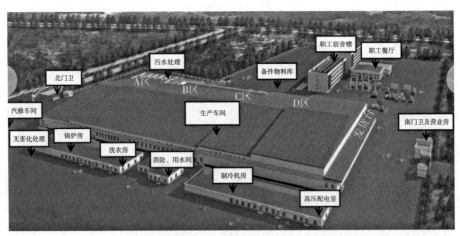

图 3-1　某大型食品生产企业厂区布局图

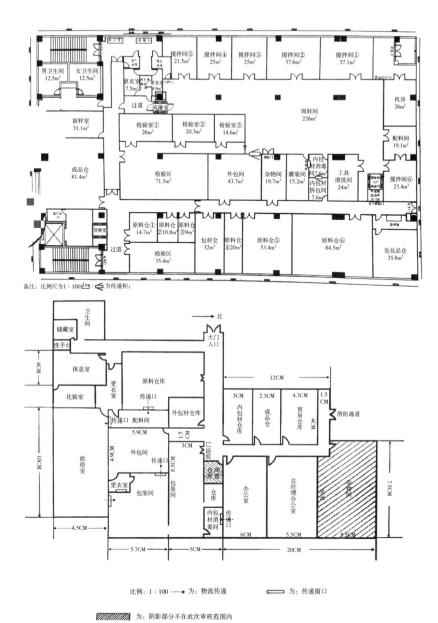

图 3-2　某小型食品添加剂及焙炒咖啡生产企业厂区布局图

二、检查依据

选址和厂区布局检查依据见表 3-1。

表 3-1 选址和厂区布局检查依据

检查依据	依据内容
GB 14881 《食品安全国家标准 食品生产通用卫生规范》	3.1 选址 3.1.1 厂区不应选择对食品有显著污染的区域。如某地对食品安全和食品宜食用性存在明显的不利影响，且无法通过采取措施加以改善，应避免在该地址建厂。 3.1.2 厂区不应选择有害废弃物以及粉尘、有害气体、放射性物质和其他扩散性污染源不能有效清除的地址。 3.1.3 厂区不宜择易发生洪涝灾害的地区，难以避开时应设计必要的防范措施。 3.1.4 厂区周围不宜有虫害大量孳生的潜在场所，难以避开时应设计必要的防范措施。 3.2.2 厂区应合理布局，各功能区域划分明显，并有适当的分离或分隔措施，防止交叉污染。 3.2.6 宿舍、食堂、职工娱乐设施等生活区应与生产区保持适当距离或分隔。

三、检查要点

（1）厂区选址是否合理，周边是否存在显著的污染源。

（2）厂区布局分布是否合理得当，各功能区是否有适当的距离。

（3）生产区内的生产车间与之配套的设施场所（如仓库、实验室、变电房、锅炉房、垃圾存放等）布局是否合理。

四、检查方式

（1）检查组可对照被检查企业的申请书及生产加工场所周边环境平面布局图，对生产场所绕行一周，一方面确认生产加工场所周边环境平面布局图是否真实体现了厂区布局实际情况，另一方面检查组通过这样的方式对现场有了更直观的判断。

（2）对于厂区空间有限、各功能区域划分不明显或者存在污染隐患的相邻经营场所，检查组可进入具体区域确认企业对于可能带来的污染隐患是否采取了有效的防范措施。如：

①物理性的污染（如粉尘污染源），检查企业是否为密闭式生产车间，

是否采取了空气过滤措施，定期或不定期监测生产车间的悬浮粒子状况。

②生物性污染的厂区周边虫害较大量孳生情况下，检查企业是否制定了虫害防控消杀制度，是否采取了防止虫害侵入措施，查看厂房、车间、仓库等场所是否存在受到大量虫害侵入的迹象，查看企业虫害控制和消杀记录。

③对于周边化学性污染源，检查企业是否对污染源进行了辨识和有效防控，制定防控制度并使之有效运行，且运行记录真实、有效，定期或者不定期对化学污染可能给车间空气、生产用水带来的影响进行监测，评估防控效果。

④对于生活区与生产区有交叉风险，如生活区为企业看护人员或者车间人员暂时休息场所，相对来说风险较小，需与生产车间保持一定距离，对于该场所的人员应做好管控。而对于作为员工日常生活区，存在较大量生活垃圾和餐厨垃圾，甚至可能存在饲养家禽家畜或者有非本企业人员来往的区域，存在较大的风险，须采取严格的物理分隔措施，才能有效控制交叉污染的风险。

五、常见问题

（1）厂区的布局欠合理，各功能区的距离较近。

（2）生产区内场所面积较小，与生产区配套的设施场所布局欠合理，或可能带来污染隐患，所采取的有效的防范措施存在不足。

六、案例分析

案例 1　某公司豆奶中毒事件

2001 年 9 月 3 日，某公司所属的 16 所中小学校发生严重的豆奶中毒事件。万余名学生饮用学校购进的某公司生产的豆奶后，6362 名学生集体中毒。几年后，仍有多名饮用豆奶的学生被不同的病症缠身，其中 3 名学生患上白血病。

2001 年 9 月 25 日和 11 月 29 日，某市卫生局监督检验所在对学校送检的豆奶进行检测时，发现其中除了含有大量致病菌外，还含有重金属汞及其他有机毒物。

据了解，豆奶厂的原址曾经是一个化工车间，在其周围坐落着石化分公司双苯厂、精细化工厂、有机合成厂、染料厂、电镀厂等重度污染企业。

案例2 在检查某豆制品生产企业时，现场发现较多蟑螂和飞虫，企业负责人解释说有对车间内定期消杀但还是有这些虫害存在。检查组经实地核查发现该企业的厂房建筑处于长满树和杂草的山体边坡上，由于该企业处于一楼的车间离山体很近，是虫害主要的孳生场所，属于该企业生产车间选址存在缺陷。

案例3 某蛋制品生产企业的生产车间窗外道路为裸露的土路，检查组在实地核查发现，当有载货卡车路过时，现场有大量灰尘扬起，直接影响该企业的生产车间卫生。

分析：由于食品厂的特殊性，要求厂址附近要有良好的卫生条件，附近不应有污染源，应远离粉尘、有害气体、放射性源等区域。在选址时应尽可能把握以下几点要求：

（1）工厂的选址要求周围没有畜牧饲养场所、垃圾站、污水处理站、化工企业、印染企业等污染源，要求厂区所在地空气清新，自然环境优越，附近区域没有水污染以及大气污染等。

（2）选址要远离公路、铁路、矿物工厂等容易产生灰尘和有害气体的地方，并远离居民区、公共生活娱乐场所，以免小型食品加工厂的生产活动对居民的生活产生影响，进而引发一系列不必要的纠纷。

（3）厂区建造的地势要平坦，尽量避免在山坡建造工厂，以免影响厂区的整体设计以及地下管道的铺设等。

案例1在豆奶生产区选址中存在重大的缺陷，原厂址中是生产双苯、电镀产品、染料等重污染企业，不能满足食品生产企业的选址卫生和食品安全条件。案例2的选址在存在缺陷情况下未采取得当的隔离和消杀措施改善生产区域的周边环境。案例3在厂区选址存在不足的情况下，对于生产区域外的环境影响未采取有效的分隔措施以降低污染风险。

第二节 厂区环境卫生检查

一、背景知识

厂区环境是保证食品安全生产的重要条件，优良的环境卫生能很好地保障在"原料—加工—成品—包装—贮存"全流程中，物料自始至终处于安全卫生的环境之中。厂区环境包括厂区周边环境和厂区内部环境。合适的厂区周边环境可以有效规避食品生产加工过程中的交叉污染，降低食品安全管理和产品质量管理的难度与成本。厂区内部环境是食品厂设计规划的重要组成部分，应从基础设施的设计建造，厂区布局规划，厂房设施、路面、绿化、排水，厂区环境和设施的后期维护、清洁、管理等方面综合考虑，确保厂区环境符合食品厂生产经营需求，避免交叉污染，降低影响食品安全的风险。

可能影响厂区环境卫生的主要因素有：

（1）厂区周边可能污染食品的不良环境。

（2）工厂生产区和生活区未严格分开。

（3）厂区的绿化和道路。厂区路面应平坦、无积水。通道应用水泥、沥青或石块铺砌，防止尘土飞扬，生产车间与外延公路是否保持一定的距离。

（4）工厂污水排放达到国家环保要求，且保持排放通畅。

（5）厂区厕所应有冲水、洗手设备和防蝇、防虫设施。

（6）垃圾和下脚废料，应当在远离食品加工车间的地方集中堆放，并须当天清理出厂。

生产区与生活区采取完全分开，各自形成独立建筑体的方式解决交叉污染；有条件的企业也可选择在生产区与生活区之间留存大片空地的方式解决交叉污染问题；厂区面积不够宽敞时，还可采取在同一建筑体内合理设置走廊、出入门户等方式解决生产区与生活区的交叉污染问题。厂区内建筑物的位置应满足食品生产需要，生产区、生活区和厂前区等应布局合理。生活区位于生产区的下风向；厂区中的办公楼、停车场等设施要与生产区分开；物流通道和产尘量大的建筑，如锅炉房等要建于厂区常年主导风向的下风侧。同一厂房和邻近厂房进行的各项操作不得互相妨碍。敞开厂房和密闭厂房的布局对风向要求不同，敞开厂房的布局与外界风向有关；密闭厂房的布局与外界风向无关，但与厂房内空气流向有关。

厂区道路地面应使用整体性能好、积尘少、不渗水、不吸水、防滑、无裂隙且易于清洗消毒的建筑材料铺砌，如混凝土、沥青等；确保地面要在经生产经营过程中运输、货物存放碾压时，不沉陷，保持平整，并防止尘土飞扬。当厂区地面有严重积水、泥泞、污秽等现象，或有粉尘、灰沙、垃圾以及昆虫大量孳生时，会导致食品生产区域或厂区环境有潜在的污染危险；污染源可能通过原料外包装物、运输车轮、鞋底等进入生产车间，造成污染。因此，厂区内道路和空地须采取适当的措施来预防污染，一旦出现积水、泥泞、污秽等现象应及时清理干净。厂区的绿化带本身易孳生虫害，绿化的主要功能是达到避免扬尘、改善生产环境、改善劳动条件、提高生产效率等。因此工厂绿化一定要因地制宜，力求做到整齐、经济、美观。厂区的绿化与厂房之间应有一定的间距，该间距的设置应该综合评估由厂区所处地域的气候情况、虫害情况、绿植品种等对生产环境的影响后确定，应着重考虑便于采取措施防止绿化带可能孳生的虫害进入生产车间。

厂区的排水方式通常分为明沟排水和管道排水两种，排水系统不能与供水系统产生交叉污染，应保证食品及生产、清洁用水不受污染。可采取废水排放分流制等方式协调厂区排水。排水管渠系统应根据不同性质、不同生产模式食品工厂的总体规划和建设情况统一布局，应能适应生产需要，设施应合理有效，并考虑工厂远景发展的需要；排水道应有适当斜度，其结构应易于保持畅通，且不易形成严重积水、渗漏、淤泥、污秽、破损或孳生有害生物而造成食品污染。有防止污染水源和鼠类、昆虫等通过排水管道潜入车间的有效措施。

二、检查依据

厂区环境卫生检查依据见表 3-2。

表 3-2　厂区环境卫生检查依据

检查依据	依据内容
GB 14881《食品安全国家标准　食品生产通用卫生规范》	3.2.1　应考虑环境给食品生产带来的潜在污染风险，并采取适当的措施将其降至最低水平。 3.2.3　厂区内的道路应铺设混凝土、沥青或者其他硬质材料；空地应采取必要措施，如铺设水泥、地砖或铺设草坪等方式，保持环境清洁，防止正常天气下扬尘和积水等现象的发生。 3.2.4　厂区绿化应与生产车间保持适当距离，植被应定期维护，以防止虫害的孳生。 3.2.5　厂区应有适当的排水系统。 3.2.6　宿舍、食堂、职工娱乐设施等生活区应与生产区保持适当距离或分隔。

三、检查要点

（1）厂区道路是否平坦，道路是否用水泥、沥青或石块铺砌，以防止尘土飞扬，空地是否设置了绿化带。

（2）厂区在正常天气下是否无污水蓄积现象，排水系统是否可以满足正常排水需要。

（3）厂区的垃圾和生产的下脚废料是否合理存放。

（4）生活区是否对生产区存在卫生影响，如厕所、食堂厨房与生产区是否分隔设置。

四、检查方式

（1）现场查看厂区道路和空地的铺设材料是否符合要求，是否存在正常天气下扬尘现象。发现未硬化的道路或地面，应首先观测未硬化道路或地面的面积大小，再评估是否易产生正常天气下的扬尘风险。

（2）查看厂区内是否存在正常天气下的地面积水现象，是否有污水蓄积的情况。若厂区设置了污水处理设施或处理站，检查其设置的位置是否合理，关注污水处理池的结构（敞开式或者封闭式），检查企业是否采取了相应的避免污染的管控措施，如将污水处理池设置在距生产车间较远的位置，并处于下风向或侧风向；或定期监测污水处理池中致病性微生物的状况，并采取有效措施防止污染生产环境。厂区的排水系统能否满足排水需求，是否出现排水管道积水现象。

（3）查看厂区内垃圾和下脚废料是否在要求区域存放，是否散发出异味，是否有各种杂物堆放；厂区垃圾应定期清理，易腐败的废弃物应尽快清除，避免苍蝇、老鼠的孳生；垃圾一般应存放在垃圾房或者垃圾桶内，不露天堆放；车间外废弃物放置场所应与食品加工场所隔离，防止污染；应防止不良气味或有害有毒气体溢出。

（4）查看企业的生活区与生产区是否分开设置，其间隔距离是否会对食品生产的环境卫生造成影响，如厕所、食堂厨房与生产区是否分隔设置，且人流物流与生产区是否存在交叉污染风险。

五、常见问题

（1）厂区的垃圾和下脚废料存放场所卫生状况较差，如存放容器不密闭或者有渗漏现象，有较大的不良气味，垃圾未及时清除。

（2）排水系统出入口不通畅，积水导致生产区域有异味和蚊虫出现。

（3）部分小微企业其厂区存在与其他业态的工厂共同使用卫生间或者其他生活场所的情况，这就导致了其人流和物流通道可能存在与食品生产、包装或贮存等区域直接连通的情况。

六、案例分析

案例1 某豆制品生产企业，生产过程中产生大量的豆渣，该企业将该废弃物打包后存放于车间外的露天场所，现场散发出异味并伴有苍蝇蚊虫出现。

案例2 某啤酒生产企业，距离生产场所 10m 范围内是其他食品工厂的垃圾存放区，经现场查看有鼠类活动；糖化车间周边存放废弃的酒糟，有异味散发，周边的市政排水口有污水积聚且无防护措施。

案例3 某大米生产企业，在检查现场发现较多的蟑螂，且在大米包装间有异味，后经核实该车间内有一工业区内公共排水沟从该车间经过，该企业仅设置了简易盖板，检查组打开盖板时发现较多蟑螂小虫且有较重污水异味散发。

分析： 在生产过程中产生较大量的废弃物时应做到日产日清，如豆制品废弃物的豆渣、植物饮料生产企业提取后的植物残渣、啤酒产品经糖化后的酒糟等，特别是豆渣含有蛋白质较容易导致虫害孳生和腐败，应及时清理。清理清洁时应做好消杀和清理交接记录。案例1和案例2都是属于垃圾或者下脚废料未按规定存放，或者未及时清理而影响了厂区卫生环境。案例3中在生产区域存在较易导致虫害孳生及有浊气溢出的扩散性污染源，企业应采取硬件牢靠的防护措施，尽最大可能降低食品生产卫生环境受污染的风险。

第四章　厂房和车间检查

厂房和车间的布局是生产工艺设计的重要环节之一。合理的厂房和车间布局可以使人、设备和物料在空间上实现最理想的组合，达到降低劳动成本，减少事故发生，增加可用空间，提高材料利用率，改善工作条件，促进生产发展的效果。布局不合理的车间，不仅可能提高工程造价，造成施工安装不方便；建成后可能带来生产和管理问题，造成人流、物流紊乱，设备维护和检修不便等问题，同时也埋下了生产安全和食品质量的隐患。因此，要从原材料入厂至成品出厂，综合考虑人流、物流、气流等因素，着眼全局，合理设计厂房和车间的布局，兼顾各方面的要求，遵循工艺、经济、安全和环保四大原则，以求满足食品卫生操作要求，使生产顺利进行，预防和降低产品受污染的风险。建筑结构是指在建筑物（包括构筑物）中，由建筑材料做成的用来承受各种荷载，起骨架作用的空间受力体系。建筑结构因所用的建筑材料不同，可分为混凝土结构、砌体结构、钢结构、木结构和组合结构等。对于食品生产企业，其厂房的内部结构除了稳固安全外，还应满足食品安全需求。如顶棚、墙壁、门窗及地面的建筑材料的安全性、耐用性、清洁与维护的方便性，都需要纳入考量的范围。

本章将从车间设计和建筑内部结构两方面介绍如何满足食品安全生产的要求。

第一节　设计和布局检查

一、背景知识

一个食品工厂的先进性首先决定于工厂设计的合理性，而如果在设计上存在严重缺陷，将影响生产效率甚至无法正常生产，尚未投产就不得不进行返工或改造。还有一些食品工厂，由于在设计上缺乏前瞻性，投产一两年就不得不进行大范围的改造，浪费了大量的人力和物力，延误了宝贵的生产时间，造成了巨大的经济损失。由此可以看出，食品工厂设计在食品工业发展过程中有着极其重要的地位和作用。

合理的设计和布局是食品安全卫生、食品质量的重要保障。食品厂车间是整个工厂的主体建筑，生产车间一般布局在中心位置。布局生产车间时，应综合考虑车间的位置，方便配合各种工序衔接，其余车间和公共设施都是围绕主体车间进行设计布局，所以食品厂车间设计布局的各建筑物在总平面图中都是相互关联的。同时，进出人员和物料要分开，避免人流物流交叉污染。食品厂应该合理划分作业区，通常可划分为清洁作业区、准清洁作业区和一般作业区；或准清洁作业区和一般作业区等。一般作业区应与其他作业区域分隔。宜把洁净度相同、生产产品不会相互影响的区域布局在一起；洁净度要求高的工序应置于上风侧，产生污染多的工艺应布局在下风侧或靠近排风口，入口处宜布局洁净等级较低的区域。在有窗厂房中一般应将洁净级别较高的区域布局在内侧或中心部位；当窗户密闭性较差，而又需要将洁净级别较高的区域安排在外侧时，宜设封闭式外走廊作为缓冲区。

在食品厂车间的设计和布局中，生产设备应按工艺流程的顺序进行布局，尽量减少生产顺序的迂回。在保证生产要求、安全和环境卫生的前提下，尽量节约车间面积和空间，减少车间内各种管道的长度。确保车间尽可能充分利用自然采光和通风条件，使每个工作区域都有更好的工作条件。如果发生意外，可以保证人员的安全快速疏散。厂房结构要紧凑、简单，为生产发展和技术创新创造有利条件。

由于检验室内部环境的温度、湿度、照度、噪声及洁净度与生产区域不同，必须独立控制以确保符合检验工作的需要，检验用的化学试剂、培养基、实验用废弃物等不应出现在生产现场，以防被不当利用，危及食品安全。因此，检验室与生产区域应作区域的分隔。但在生产过程中需要进行过程检验以监控生产工艺发展过程的，应设立密封性好的房间、使用隔断等措施保证检验工作不会对食品生产产生不良影响。

对于场所面积与生产能力相适应要求，一般是把握生产车间内食品加工人员的人均拥有面积，包括人与人之间、人与设备之间的间隙等面积，要求应有足够的面积开展生产、清洁、维护活动。但目前存在两种极端的现象，均可能影响到正常的生产经营和食品卫生，加大了食品安全风险。第一种情况是过分追求分散布局，造成空白面积过大，在浪费使用面积的同时增加了需要清洁的面积和清洁的难度；另一种情况是为节约建筑成本而过密排列布局，造成设备、操作人员等的使用空间不足，无法形成有效的人流、物流路线和合理的分隔空间，造成互相干扰和难以有效清洁卫生死角。

食品厂生产车间布局设计可按以下几点思路开展：

（1）要有总体设计的全局观念，划分清各作业区。

（2）熟悉工厂产品的工艺流程，生产设备应尽量按工艺流程进行布置。

（3）根据场地大小、条件布局，尽可能使各车间的产能最大化。

（4）应考虑采光、通风、供排水设施的位置。

（5）应考虑安全生产和逃生通道出口位置。

二、检查依据

设计和布局检查依据见表 4-1。

表 4-1　设计和布局检查依据

检查依据	依据内容
GB 14881《食品安全国家标准　食品生产通用卫生规范》	4.1.1　厂房和车间的内部设计和布局应满足食品卫生操作要求，避免食品生产中发生交叉污染。 4.1.2　厂房和车间的设计应根据生产工艺合理布局，预防和降低产品受污染的风险。 4.1.3　厂房和车间应根据产品特点、生产工艺、生产特性以及生产过程对清洁程度的要求合理划分作业区，并采取有效分离或分隔。如：通常可划分为清洁作业区、准清洁作业区和一般作业区；或清洁作业区和一般作业区等。一般作业区应与其他作业区域分隔。 4.1.4　厂房内设置的检验室应与生产区域分隔。 4.1.5　厂房的面积和空间应与生产能力相适应，便于设备安置、清洁消毒、物料存储及人员操作。

三、检查要点

（1）厂房和车间的布局是否与获得生产许可证时相符合。

（2）是否按照产品的工艺流程开展生产活动。

（3）生产布局条件发生变化后是否按照要求进行报告。

四、检查方式

（1）检查组可事先了解被检查对象许可类别范围和许可的产品品种明细，熟悉产品的工艺特点和产品风险点，这样有助于更好地开展现场检查工作。

（2）检查组现场查看企业的生产车间及生产辅助场所是否与许可档案一致。

（3）现场查看企业是否按照生产品种工艺流程开展生产活动，人流和物流是否在规定的作业区域内流转，不同的洁净区是否做好了物理分隔设置。

（4）现场如发现生产车间布局或者条件发生较大变化，应第一时间向企业负责人确认情况，问询是否向当地的食品安全监管部门进行了报备，并记录问询结果。

五、常见问题

（1）许可档案中的图纸与企业实际的生产车间或者生产辅助场所存在不一致。

（2）企业未严格按照生产品种工艺流程开展生产活动，人流和物流未在规定的作业区域内流转，存在交叉污染的风险。

（3）生产布局或者生产条件发生了重大变化未及时向当地的食品安全监管部门报告。

六、案例分析

案例　在检查某熟肉制品生产企业时，发现清洁作业区的包装车间操作人员与准清洁区的肉制品卤制人员在不同作业区内随意走动和操作。

分析：保持各区域严格的物理隔离，并严格控制人员和物料的移动，是为了防止污染的发生及蔓延。不同作业区域的人员和物品须在相应的场所活动和使用，一般情况下，要做到以下几点：

（1）生、熟食品分开，原料、半成品与成品分开。

（2）人流通道与物流通道分开，不同洁净区气流分开，工器具和设备分开使用。

（3）不同洁净区人员分开，不得串岗。

按照作业区划分，肉制品准清洁区属于生区，而清洁作业区的内包装车间属于熟区，无论是操作人员还是直接接触食品的容器器具交叉操作和使用都可能会引起交叉污染，对产品可能带来微生物污染风险。因此，不同作业区域的人员和物品必须在相应的场所活动和使用，不得随意走动和操作。

第二节　生产车间内部结构检查

一、背景知识

食品生产车间内部结构是保证食品安全生产，防止受到外界各类污染重要的物理隔离保障，内部结构的设计和材质的选择可以在很大程度上减少食品生产过程受到污染，是工厂负责人和食品安全监管人员关注的重点。

食品生产车间建筑内部结构包含顶棚、墙壁、门窗、地面等。食品安全法第三十三条明确规定食品生产企业应保持生产场所环境整洁。生产场所环境整洁主要是车间建筑内部各环节的卫生状况。在 GB 14881—2013《食品安全国家标准　食品生产通用卫生规范》中相应的条款分别对这些内部建筑的材质、结构做了较详细的规定。除了在设立食品生产车间时应按照相应的规范要求做好车间内部结构的建造，生产企业还应根据实际情况对老旧设施进行更换、维修或维护，以保证其功能完善。

建筑内部结构与材料的使用原则是易于维护、清洁或消毒。材料的选择应遵循以下原则：不能成为生产车间新的污染因素或者污染源，满足食品生产加工要求，对产品风味不会造成影响，易于清洁，能经受清洗消毒剂的侵蚀。具体到涂料、顶棚、门窗等各环节材质选择应满足以下要求：涂料应无毒、无味、防水、防霉、不易脱落、易于清洁。顶棚宜使用浅色金属铝扣板、彩钢夹心板密封吊顶等。墙壁宜加贴白色瓷砖或涂浅色涂料等。门窗宜选用彩钢夹心板门、铝合金等金属材料或塑钢材料；应平整且缝隙小，不易变形；生产贮存区域可设防虫窗纱；不宜设窗台，如有窗台，窗台应选用易于清洁的材料等。地面应平坦无裂缝（如水磨石地面、环氧地坪等），有地漏，排水管有水弯等。

二、检查依据

生产车间内部结构检查依据见表 4-2。

表 4-2　生产车间内部结构检查依据

检查依据	依据内容
GB 14881《食品安全国家标准　食品生产通用卫生规范》	4.2.1　内部结构建筑内部结构应易于维护、清洁或消毒。应采用适当的耐用材料建造。 4.2.2　顶棚 4.2.2.1　顶棚应使用无毒、无味、与生产需求相适应、易于观察清洁状况的材料建造；若直接在屋顶内层喷涂涂料作为顶棚，应使用无毒、无味、防霉、不易脱落、易于清洁的涂料。 4.2.2.2　顶棚应易于清洁、消毒，在结构上不利于冷凝水垂直滴下，防止虫害和霉菌孳生。 4.2.2.3　蒸汽、水、电等配件管路应避免设置于暴露食品的上方；如确需设置，应有能防止灰尘散落及水滴掉落的装置或措施。 4.2.3　墙壁 4.2.3.1　墙面、隔断应使用无毒、无味的防渗透材料建造，在操作高度范围内的墙面应光滑、不易积累污垢且易于清洁；若使用涂料，应无毒、无味、防霉、不易脱落、易于清洁。 4.2.3.2　墙壁、隔断和地面交界处应结构合理、易于清洁，能有效避免污垢积存。例如设置漫弯形交界面等。 4.2.4　门窗 4.2.4.1　门窗应闭合严密。门的表面应平滑、防吸附、不渗透，并易于清洁、消毒。应使用不透水、坚固、不变形的材料制成。 4.2.4.2　清洁作业区和准清洁作业区与其他区域之间的门应能及时关闭。 4.2.4.3　窗户玻璃应使用不易碎材料。若使用普通玻璃，应采取必要的措施防止玻璃破碎后对原料、包装材料及食品造成污染。 4.2.4.4　窗户如设置窗台，其结构应能避免灰尘积存且易于清洁。可开启的窗户应装有易于清洁的防虫害窗纱。 4.2.5　地面 4.2.5.1　地面应使用无毒、无味、不渗透、耐腐蚀的材料建造。地面的结构应有利于排污和清洗的需要。 4.2.5.2　地面应平坦防滑、无裂缝，易于清洁、消毒，并有适当的措施防止积水。

三、检查要点

（1）内部结构各环节（如顶棚、墙壁、门窗、地面）的结构和材料是否符合 GB 14881《食品安全国家标准　食品生产通用卫生规范》相应条款的要求。

（2）内部结构各环节（如顶棚、墙壁、门窗、地面）的卫生状况和维护保养情况是否满足要求。

四、检查方式

1. 顶棚

（1）通过现场查看，车间的顶棚的材质是否符合相应清洁程度要求。例如，对于水汽较大的车间（如熬煮、冷却车间等），顶棚材质是否防水、防霉，并有良好的通风设施；对于需要干燥的清洁作业区，应考虑其顶棚采取光滑平整、无裂缝材料（如净化板吊顶、防尘防静电涂料等）铺设。但不是所有车间屋顶都需要吊顶，吊顶上方如不及时清洁，也存在藏污纳垢的风险。因此企业可根据实际厂房结构确定采取何种屋顶结构，最终目的是防止屋顶可能带来的污染风险。

（2）现场查看顶棚过程中应观察食品暴露的位置（称量台、投料口、灌装机）上方是否有管线穿越，屋顶结构是否可以防粉尘聚集，如有管线穿越或粉尘聚集，是否采取了对粉尘、冷凝水等污染源的防护措施（如加设挡板、每班清扫等）。

2. 墙壁

（1）通过现场查看，了解车间墙壁的材质是否符合相应作业区域的清洁程度要求。例如，对于需要用水冲洗的车间墙壁，其材质是否具有良好的防水性；对于水汽较大的车间，墙壁材质是否防水、防霉；对于禁止用水的清洁作业区，墙壁是否采取光滑平整、无裂缝材料（如采用净化板或其他防尘涂料等）铺设。

（2）现场查看墙壁、隔断和地面交界处的结构是否易于清洁，是否存在卫生死角，应避免污垢积存（如设置漫弯形交界面等），特别是卫生程度要求较高的清洁作业区。

3.门窗

（1）现场检查门窗的材质是否采用光滑、防吸附的材料（不宜使用易吸水变形的木质材料），易于清洗和消毒。

（2）现场检查生产车间门窗是否装配严密，清洁作业区、准清洁作业区的对外出入口是否装设能自动关闭（如安装自动感应器或闭门器等）的门和（或）空气幕等。

（3）可开启的窗户应装有易于清洁的防虫害窗纱，现场查看窗纱是否有破损以及卫生清洁状况，建议窗台高于地面1m以上。

4.地面

（1）现场查看车间地面的材质是否符合相应作业区域的清洁程度要求。例如，对于需要用水冲洗的车间地面，其材质应具有良好的防水性（如瓷砖、环氧树脂等），地面结构应有利于排污和清洗；对于禁止用水的清洁作业区，地面是否采取光滑平整、无裂缝材料（如自流平地面或其他防水、防尘并铺设严密的材料等）铺设。

（2）检查地面裂缝时应首先辨识地面的裂缝是结构性裂缝（如瓷砖缝、伸缩缝）还是使用、维护不当造成的裂缝，并结合车间生产状况判定是否存在污染风险。例如，车间内的物料为全管路封闭生产，地面裂缝中藏污纳垢导致的污染风险较小；车间内的物料为开放式加工、存放（如称量、投料、裸露式暂存等），地面裂缝中藏污纳垢导致的污染风险较大。

（3）部分车间若需要有排水或废水流经的地面，以及作业环境经常潮湿或以水洗方式清洗作业等区域的地面，检查其是否被酸碱腐蚀，排水地面是否有一定的排水坡度，是否存在不当的积水现象。

五、常见问题

（1）由于内部建筑的结构和材质选择在设计建造时考虑不周全，经使用一段时间后出现了问题，如地面破损导致积水，门、窗变形，墙壁涂层脱落或发霉。

（2）未定期对内部结构硬件设施进行维护保养和清洁，或者工作未严格落实到位。

六、案例分析

案例 1　某豆制品生产企业车间地面使用较小面积的条状大理石铺设，由于豆制品生产过程中产生的豆水腐蚀性较强使得车间地面出现较多缝隙，不易于清洁。

案例 2　某速冻食品（鱼皮饺）生产企业，部分车间地面破损、不平整，有积水或积垢现象，生产区域内多处有蚊虫活动踪迹。

分析： 案例 1 属于在设计环节对于装修材料的规格大小没有结合生产实际情况进行充分考虑。因为豆制品在生产过程中成型或者压榨工序时会产生较多的豆水，此时的豆水温度高且腐蚀性强，装修地面的大理石规格太小就会增加较多缝隙，长久之后缝隙就会被腐蚀损坏而积存废水。

如果有好的设计和材质选择，但是没有制定维护保养制度并使之落实执行，也很难保证食品加工场所卫生条件，案例 2 就存在这样的问题。

第五章　基本生产设施检查

　　食品生产企业的设备设施不仅关系到企业正常生产运作和生产效率，也直接或间接地影响产品的安全性和质量的稳定性。合理设置并保持设备设施的良好运行状态有利于创造和维护清洁卫生的生产环境，降低生产环境、设备及产品受到直接污染或交叉污染的风险，预防和控制食品安全事故。食品企业应合理配置和安装必要的设备设施，与原料、半成品、成品接触的设备与用具应选择合适的材质，并建立设备保养和维修制度。

　　设备设施涉及生产过程控制的各个直接或间接的环节。其中，设施包括供排水设施、清洁消毒设施、废弃物存放设施、个人卫生设施、通风设施、照明设施、仓储设施、温控设施等；设备包括生产设备、监控设备，以及设备的保养和维修等。本章将分 6 节对基本生产设施的检查内容展开介绍。

第一节　供排水设施检查

一、背景知识

1. 供水设施

　　水是食品生产企业重要的生产资源。它不仅仅是一些食品重要的原料，如饮料、啤酒、豆制品、米面制品等，也是为了保证生产需要的消耗品，如杀菌工艺的加热和冷却水、锅炉水、清洁消毒和消防用水等。无论是食品加工用水还是不与食品接触的用水，都应保证水质、水压和水量符合生产需要。供水设施安全不仅仅是满足生产的需求，更重要的是保障水作为原料时的质量安全。水的质量安全是重要的因素，检查时也应关注传输的管道和贮存的容器等涉水材料是否符合相关要求。

食品加工用水可按照产品工艺要求采用城市自来水（生活饮用水），按国家有关规定，其水质已经公共供水机构处理，符合 GB 5749《生活饮用水卫生标准》要求。必要时可进行再次处理使其满足生产要求后再进入后续生产工序。用于生产直接接触食品的蒸汽的水，其水质也应符合 GB 5749《生活饮用水卫生标准》的要求。食品加工用水的供水系统，应与其他不与食品接触的生产用水（如间接冷却水、污水或废水等）的管路完全分离。其他不与食品接触的用水不得连接至或流入食品加工用水系统，避免交叉污染。食品加工用水必须用单独的管道输送，可通过颜色与其他用水加以区别，避免交叉污染。管路系统的走向和名称应明确标示和区分以方便管理与维修。供水管道应尽量短并避免盲端（即存有死水的地方）。

2. 排水设施

在食品加工车间中，排水设施的卫生、清洁至关重要，如果出现严重积水、渗漏、污秽物等，往往会孳生霉菌和虫害，从而污染食品，出现产品安全问题。外部虫害、老鼠等都有可能从下水道通过车间地漏进入生产区域，所以食品工厂车间排水出入口设计显得十分重要。排水管设计应该做到表面光滑并且不渗水，同时要保证 2%～3% 的倾斜度，转弯处要做成圆弧形，避免直角弯，以确保排水畅通不积水。食品加工车间排水管设计时，要注意排水的方向是从清洁区向非清洁区排放，不同的车间要设置不同的排水管。排水沟的出口处要安装防鼠网罩，车间地漏或者排水管的出口应使用带水封的装置，起到防虫防臭的作用。

根据食品生产需要，室内排水系统可选用明沟或暗沟。车间需要采取明沟排水的，明沟不宜设计太深，以便于冲洗，易于卫生监控。明沟排水走向设计，应使排水沟尽量避免与人流或物流交叉。各排水管道应做好标识，标识管道流向、管道名称。对于油脂含量过高的污水，直接排入管道易造成管道堵塞，在室内装设隔油设施可降低排入管道污水的油脂含量。食品加工车间排水系统实例见图 5-1。

二、检查依据

供排水设施检查依据见表 5-1。

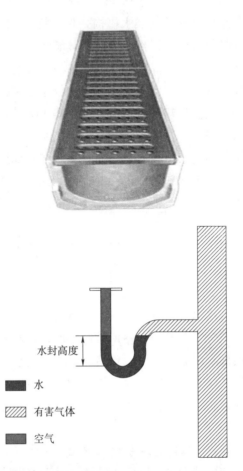

水封高度

■ 水

▨ 有害气体

■ 空气

图 5-1　食品加工车间排水系统实例

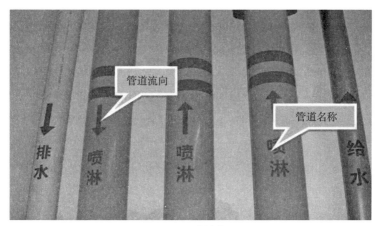

图 5-1（续）

表 5-1　供排水设施检查依据

检查依据	依据内容
GB 14881《食品安全国家标准　食品生产通用卫生规范》	5.1.1　供水设施 5.1.1.1　应能保证水质、水压、水量及其他要求符合生产需要。 5.1.1.2　食品加工用水的水质应符合 GB 5749 的规定，对加工用水水质有特殊要求的食品应符合相应规定。间接冷却水、锅炉用水等食品生产用水的水质应符合生产需要。 5.1.1.3　食品加工用水与其他不与食品接触的用水（如间接冷却水、污水或废水等）应以完全分离的管路输送，避免交叉污染。各管路系统应明确标识以便区分。 5.1.1.4　自备水源及供水设施应符合有关规定。供水设施中使用的涉及饮用水卫生安全产品还应符合国家相关规定。 5.1.2　排水设施 5.1.2.1　排水系统的设计和建造应保证排水畅通、便于清洁维护；应适应食品生产的需要，保证食品及生产、清洁用水不受污染。 5.1.2.2　排水系统入口应安装带水封的地漏等装置，以防止固体废弃物进入及浊气逸出。 5.1.2.3　排水系统出口应有适当措施以降低虫害风险。 5.1.2.4　室内排水的流向应由清洁程度要求高的区域流向清洁程度要求低的区域，且应有防止逆流的设计。 5.1.2.5　污水在排放前应经适当方式处理，以符合国家污水排放的相关规定。

三、检查要点

（1）生产用水的来源、供水管路和水源设施的卫生防护措施等是否符合要求。

（2）排水设施设计、管路结构和卫生防护是否符合要求。

（3）生产用水、涉水管件或容器是否符合相应要求。

四、检查方式

1. 生产加工用水检查

（1）检查食品加工用水的来源。检查人员在企业相关负责人陪同巡查时，现场跟企业相关负责人确认食品加工用水的水源，查清其水源是由城乡集中式供水单位提供，还是工业园区的二次供水水源，或者是企业自备水源。若对企业声称使用的水源存疑时，要进一步核实水源的真实情况。如企业声称使用的水源是市政自来水，但现场发现有管路与其厂区地下水井连接；又如企业现场的用水水源与企业有关食品加工用水的管理制度文件或记录的使用水源不一致。

核实水源真实情况可以通过抽查企业用水水表记录的用水量或对企业交纳的水费票据进行核对，通过核算一段时间内企业生产用水量（生产配料用水、生产车间设备设施清洁消毒用水、其他如冷却用水等）与企业市政自来水用水水表中记录的使用量、交纳的水费数额等进行比对，看企业用水与生产实际需要是否匹配，判断企业用水是否属实；企业采用自备水源时，可以通过核查其自备水源取水点、供水管路等方式证实。

（2）根据企业使用的水源类型，检查食品加工用水的水质是否符合GB 5749《生活饮用水卫生标准》的规定。

使用城乡集中式供水单位提供的水源，抽查其是否有定期水质合格检验报告，水质报告是否符合 GB 5749—2022《生活饮用水卫生标准》中第 4 章"生活饮用水水质要求"的规定。

企业厂区有二次供水设施的，要检查企业是否按照当地卫生行政部门的要求定期检查厂区内部的二次供水设施并监测水质状况（参见 GB 17051《二次供水设施卫生规范》）。

对企业采用自备水源（地表水或地下水）的，首先检查其取水点的水源是否有地方卫生行政部门颁发的相关资质证明，未提供相关资质证明的，检查其自备水源是否可作为食品加工的水源。如：使用地表水的，检查企业是否按照 GB 3838《地表水环境质量标准》要求对水源原水进行水质评价，原水水质是否不低于 GB 3838 规定的Ⅲ类水要求，低于其规定的Ⅲ类水水质要求的，不能作为企业食品加工用水的水源；使用地下水的，检查企业是否按照 GB/T 14848《地下水质量标准》要求对水源原水进行水质评价，原水水质是否不低于 GB/T 14848 规定的Ⅲ类水要求，低于其规定的Ⅲ类水水质要求的，不能作为企业食品加工用水的水源。其次检查企业自备水源原水经过适当的水处理设备设施处理后，其水质是否符合安全要求。可以通过抽查其水处理记录及处理后用于食品加工的水的水质定期监测报告，了解企业是否按其规定对水源原水进行处理并达到食品加工用水要求。企业使用地表水作为自备水源的，检查其水质监测报告是否符合 GB 5749《生活饮用水卫生标准》和 GB 3838《地表水环境质量标准》的相关规定；企业使用地下水作为自备水源的，检查其水质监测报告是否符合 GB 5749《生活饮用水卫生标准》和 GB/T 14848《地下水质量标准》的相关规定。

（3）在检查食品加工用水的水质是否符合 GB 5749《生活饮用水卫生标准》的规定时，要注意企业生产用水水质要求并不等同于食品加工用水的水质要求。企业生产用水包括食品加工用水和其他不与食品接触的用水，企业生产工艺中使用的不与食品接触的间接冷却水、冰、蒸汽等，其水质只要满足生产加工工艺的要求即可，而无须符合 GB 5749《生活饮用水卫生标准》的规定，如板式热交换设备中使用的冷却水因其不与食品接触，不会带来食品安全问题，只需符合冷却用水的要求即可。食品加工用水包括与食品直接接触的生产用水、冰、蒸汽、设备清洗用水，其水质是影响食品安全的关键因素，必须符合 GB 5749《生活饮用水卫生标准》要求。

2. 供水管路及供水设施管理检查

通过现场巡查供水管路，检查食品加工用水的供水管路标识是否清晰，食品加工用水的管道系统与其他不与食品接触的用水（如间接冷却水、污水或废水等）的管道系统区分是否明显，并以完全分离的管路输送，无逆流或相互交接现象；对供水设施的出入口未严格密闭的，检查是否有防止虫害进入或其他物质污染的有效措施。

3. 排水设施检查

根据生产工艺及车间布局情况，检查生产车间等各功能区是否有配套的排水设施，包括：检查人员洗手消毒用水的排放设施；生产过程产生废料废水的，检查有无废料废水排放设施；生产设备设施清洁消毒用水的，检查有无清洁消毒用水排放设施。

在检查生产车间各功能区设置的排水设施时，根据车间功能区清洁程度要求现场逐一检查排水设施。包括：检查洗手盆、泡脚池、生产设备设施清洁消毒及车间墙壁、地面清洗（有需要时）等排水设施是否排水畅通、易于清洁维护，排水设施入口有无使用水封式地漏等装置；对于车间采用明沟排水的，观察室内排水的流向是否由清洁程度要求高的区域流向清洁程度要求低的区域，是否有防止逆流的设计，是否有防止水汽、浊气从排水设施入口溢出的密封性装置。还需要检查是否有适当的排湿设施用于恢复车间干燥等，以避免水残留而导致细菌孳生和扩散。

通过现场查看及调查询问等方式检查排水系统内及其下方是否有生产用水的供水管路，必要时查阅企业的供排水管路布局图纸；检查废水是否排至废水处理系统，对排水设施出口连接的室外的污水井或排污管道，检查是否设置了防鼠、防虫的措施（如金属篦子、防虫网等）；废水未排至废水处理系统的，检查其处理方式是否适当，如废水集中交由有资质环保公司运出厂区处理等。

五、常见问题

（1）未定期监测生产加工用水质量安全。

（2）供排水管路、出入口管理不到位，如管路标识不明晰，出入口未严格密闭。

（3）排水设施设计不合理，如设计不合理导致排水不通畅，明沟排水流向不合理。

六、案例分析

案例1 某生产包装饮用水企业使用山泉水作为生产加工水源，但未能提供水质评价材料或者报告。

分析：水源是包装饮用水生产企业最重要的生产资源，水源的质量直接决定产品是否符合标准要求。饮用天然泉水的水源开采须经过相关管理部门批准，取得取水许可证（根据各地政策执行），另外企业也需定期监测水质情况，判定水源是否受到外界影响产生异常，以确保水源的质量安全。

案例 2　某粮食加工品生产企业生产车间内设置有其他企业排污管，且未密闭，现场检查时可闻到明显异味；车间多处排水不畅，有积水。

分析： 食品生产企业的排水系统设置和维护是影响食品生产企业卫生状况的重要因素。在设立食品生产车间时排水系统的设计是重要的环节，设计不合理将会给后续的生产和食品安全带来严重的影响。有些食品生产企业的生产过程会产生大量且不同类型的废水（如工艺的杀菌、冷却水，管道、容器具清洁消毒废水，生产车间清洁消毒废水等），如果存在排水系统不顺畅，或者未能做到不同废水排入不同的设施或管道等，都将影响产品质量。本案例中是由于其他企业的排污管设置在该企业生产车间内造成污染，本应该在设立车间时就应考虑避开排污管，如确实无法避开时应设置必要的防范措施减少其对车间环境卫生的影响。

第二节　通风设施检查

一、背景知识

食品工厂都需要通风，无论是生产车间还是仓储场所。空气可以作为污染源的运输介质，这些携带污染源的空气，可能来源于加工区域外部，也可能来源于生产区。良好的空气质量能够带给生产员工舒适和安全的感受、减少污染、保护产品质量等。对于容易受污染的产品来说，更需要符合规定质量的空气，这些质量指标包括温度、湿度、粒子浓度、数量（新鲜风量），为达到要求，确保关键工作区域的相对密封是必要的。通过安装通风设备和空气过滤净化系统能够控制空气运动，为食品生产车间提供新鲜空气并排出车间内的污染空气，同时可以调整室内温度和湿度，以便更好地保存食品及其他物品。

通风的主要目的是提供新风空气和排出污染空气。目前食品生产企业主要采取两种通风方式：机械通风和自然通风。机械通风系统能够提供稳定的新风，在不受外部环境干扰的情况下，确保室内空气质量。然而，机械通风系统安装费用高、操作复杂、维护成本高，风机更需要消耗大量的能量。对于机械通风所产生的问题（如噪声、日常维护和能源消耗等），可通过自然通风得以解决。自然通风更易为使用者所接受，它能提供更节能且健康、舒适的室内环境。然而传统自然通风系统，气流控制非常有限，不能达到现代建筑对舒适的要求。混合通风结合了自然和机械通风各自的优点，在满足生产的空气品质要求的同时还具有环保节能的特点。

安装通风设施时应注意以下几点：

（1）排气口应高于进气口，且尽可能在下风口，空气应从清洁度要求高的作业区域流向清洁度要求低的作业区域。

（2）空气净化系统在加工处理区域之外，且易于进行清洁和维护。

（3）尽量保证进气口周围的废气最小化，且远离潜在的污染源。

（4）排气口还应考虑使用罩子以防止雨水滴落和其他沉淀物积淀以影响通风，罩子还可以阻挡昆虫进入食品工厂。

（5）定期对通风设施和过滤系统进行测试和维护保养，以确保清洁度。

二、检查依据

通风设施检查依据见表 5-2。

表 5-2　通风设施检查依据

检查依据	依据内容
GB 14881《食品安全国家标准　食品生产通用卫生规范》	5.1.6　通风设施 5.1.6.1　应具有适宜的自然通风或人工通风措施；必要时应通过自然通风或机械设施有效控制生产环境的温度和湿度。通风设施应避免空气从清洁度要求低的作业区域流向清洁度要求高的作业区域。 5.1.6.2　应合理设置进气口位置，进气口与排气口和户外垃圾存放装置等污染源保持适宜的距离和角度。进、排气口应装有防止虫害侵入的网罩等设施。通风排气设施应易于清洁、维修或更换。 5.1.6.3　若生产过程需要对空气进行过滤净化处理，应加装空气过滤装置并定期清洁。 5.1.6.4　根据生产需要，必要时应安装除尘设施。

三、检查要点

（1）进、排风设施是否能够正常运行。

（2）通风设施设置和设计是否符合要求，是否根据生产需要安装了除尘设施。

（3）空气净化系统是否符合相应的要求。

四、检查方式

通过现场检查，查阅工艺文件、记录或现场验证等方式检查通风设施是否满足卫生规范、审查细则等要求。

（1）检查进排风设施是否能够正常运行，进气口与排气口是否保持适宜的距离，利于车间内空气的流通；检查车间外进气口与户外垃圾存放设施等污染源是否保持适宜的距离和角度，是否距室外地面或屋面2m以上，防止受污染的空气进入车间。

（2）检查进、排气口是否装有防止虫害侵入的网罩等设施并定期进行清洁。对于装有百叶窗的进排气设施，检查是否装有防止虫害侵入的网罩，以防百叶窗失效导致虫害入侵。

（3）对于需要空气净化等级的清洁作业生产车间，检查其是否安装了初效、中效、高效过滤器的空气净化处理设施，检查该设施是否为独立的通风系统，不应与非清洁作业区通风系统共用。现场检查时还应检查通风设施是否正常运行，过滤材料是否定期检查、更换，压差计、温湿度仪表等是否显示正常，指示的数值是否符合规定要求；检查清洁作业区的空气压力是否大于非清洁作业区，安装压差计的，检查压差计是否正常，零点是否校准，显示的压差是否符合规定要求，未强制要求安装压差计的，可使用丝线、轻薄纸条等材料，在不同清洁程度要求作业区的通风口、物料传递口等处检查空气流向，并检查上述设施的运行记录。

五、常见问题

（1）部分操作车间或区域未采取相应通风排气措施；通风排气口卫生状况不佳；未安装防止虫害侵入的网罩设施或者网罩孔径过大；采用机械式通风设施的，存在通风设施不能正常使用的情况。

（2）部分生产企业的进气口与户外垃圾存放设施等污染源未保持适宜的距离或距室外地面太近。

（3）对于需要空气净化等级的清洁作业生产车间设置的空气净化处理设施，未按要求定期检查、更换过滤材料，或无法提供空气净化处理设施运行记录。

六、案例分析

案例 1 某豆制品生产企业，生产车间内大排气扇出风口安装的网罩孔径过大，不能起到防止蚊虫侵入的作用；成品仓库、包材仓库排气扇不能正常运行。

分析：生产区域应保持良好通风状况，通风设施可以使用自然对流通风和机械式通风措施。对于生产过程中能产生较大水蒸气的生产区域应加大排风力度，如湿米粉的蒸煮车间、豆制品的煮浆和成型车间、敞开式的水浴杀菌车间等都应考虑用大功率的机械式通风措施，若水蒸气未尽快排出而导致车间有较多的冷凝水滴落可能污染产品，久而久之也会造成生产区域墙壁和天花板的发霉。在进、排气口应安装有防止虫害侵入的网罩等设施。成品仓库和包材库也同样需要保持良好的通风状态，以保持适宜的温度和湿度，确保贮存食品和包材品质的安全。

案例 2 在检查某啤酒生产企业的麦芽粉碎车间时，发现在粉碎设备上方未安装除尘设施，生产时有较大的粉尘飞扬。

分析：对于生产过程可能产生粉尘的区域应安装除尘设施，以降低粉尘对于食品生产的污染和安全生产的风险，如物料的粉碎工序，粉料的拆包投料过程等。使用空气净化系统的，还应定期维护保养回风口和更换过滤网。

案例 3 检查一液态乳生产企业的灌装车间时，检查组用轻薄纸条检查空气流向时发现其空气流向是从准清洁作业区流向清洁作业区。

分析：《企业生产乳制品许可条件审查细则》规定：清洁作业区空气应进行杀菌消毒或净化处理，并保持正压。本案例明显不符合要求。

第三节　废弃物存放设施检查

一、背景知识

废弃物是指在生产中产生的丧失原有利用价值或者虽未丧失利用价值但被抛弃或者放弃的物品、物质，如掉落地面的产品、生产过程产生的废弃物料和废弃的包装材料等。废弃物按状态可分为气态废弃物、液态废弃物和固态废弃物。危险废弃物的收集和处置应符合国家关于危险废弃物管理相关法律法规的规定。

做好食品厂区和食品车间废弃物管理是营造良好的生产环境卫生的重要工作，也可避免因废弃物管理处置不善而导致食品受到污染。在食品生产过程中，难免会产生各种废弃物，而我们所说的废弃物管理主要是废弃物存放设施管理和废弃物的处置工作。

在食品企业中废弃物也有不同分类，不同的废弃物存在不同的管理方式。生产中即刻形成的废弃物（如包装物料、蛋壳），生产中缓慢累积的废弃物（如油垢），被污染而废弃不用的废弃物（如落地产品、被污染产品），所以不同的废弃物选择不同的设施进行存放，用不同标识以便于区分管理。

不同的废弃物选择不同的存放设施，存放设施的选择原则可参考表 5-3。

表 5-3 废弃物存放设施的选择原则

选择原则	说　明
专用	不与生产容器混用，具体废弃物根据其再处置的特点，设置专用设施
材质适宜	能防水、防腐蚀，无破损，防止容器本身带来污染
防止渗漏	对于带液体／粉尘状／可溶解／易破碎等的废弃物，应使用底部密封的容器存放，以防止在存放和转移过程中，废弃物洒漏，造成车间环境的污染
易于清洁	表面应光滑，无过多空隙，以便于日常的卫生清洁
大小合适	根据废弃物的形成量以及可能存放周期，估算容器的容量

废弃物存放设置点不应与人流、物流口距离过近，避免存放设施对人流、物流污染，也避免废弃物被碰倒。此外，也应根据生产过程中废弃物的形成特点设置，避免废弃物从生产线转移到存放点的过程中造成污染，应用醒目标识说明废弃物存放位置点／存放容器。

二、检查依据

废弃物存放设施检查依据见表 5-4。

表 5-4 废弃物存放设施检查依据

检查依据	依据内容
GB 14881《食品安全国家标准　食品生产通用卫生规范》	5.1.4　废弃物存放设施 应配备设计合理、防止渗漏、易于清洁的存放废弃物的专用设施；车间内存放废弃物的设施和容器应标识清晰。必要时应在适当地点设置废弃物临时存放设施，并依废弃物特性分类存放。

三、检查要点

（1）废弃物设施设计是否合理，废弃物设施的大小和材质是否满足不同废弃物的需求。

（2）厂区的废弃物存放是否符合存放要求。

（3）车间的废弃物存放是否符合存放要求，是否存在由于废弃物存放不当而对车间造成卫生影响或食品安全隐患。

四、检查方式

（1）检查厂区和生产车间废弃物存放设施设计是否合理，如材质和大小是否合适，是否易于清洁，标识是否清晰，重点查看废弃物存放设施是否专用，是否存在废弃物存放设施与原料、半成品产品和食品相关产品存放设施混用的现象。

（2）检查厂区时，观察是否存在因废弃物存放设施不足而导致废弃物随意堆放的情况，是否存在因废弃物存放设施设计不合理、存放不规范导致的不易清洁、污水渗漏、虫蝇孳生、异味四溢的现象，是否存在废弃物临时存放设施内废弃物未依特性分类存放的情况。

（3）检查车间时，检查原辅料脱外包、配料投料、包装等环节产生的废弃物有无设置足够的存放设施，以及存放废弃物的设施和容器是否专用，是否采取文字、图案、颜色、材质、形状等一种或多种方式清晰标识并与其他存放物料的设施和容器进行区分，防止由于废弃物存放不当而对车间造成卫生影响，产生食品安全隐患。

五、常见问题

（1）废弃物存放设施设计不合理，如材质、大小和摆放位置等。

（2）厂区的废弃物随意堆放，有水渗漏、虫蝇孳生、异味四溢等现象。

（3）车间内废弃物存放设施数量不能满足各种废弃物存放需求，存在混放的现象。

六、案例分析

案例1　某糕点企业内包装间的废弃物容器与其他直接接触成品的周转筐外观一样，不密闭并且没有标识。

分析：食品清洁区的废弃物容器应为非手动开启的密闭容器，以减少对生产环境洁净度的不良影响；废弃物容器应区别于其他的容器，有显著标识，以便于生产操作人员识别，避免与其他食品用容器混淆导致交叉污染。

案例2　某糕点冷加工车间内摆放的废弃物存放设施为手持式，在检查过程中发现操作人员丢废弃物时用手去打开盖子后继续生产操作，存在污染产品的风险。

分析：生产区域的废弃物设施应尽量保持密闭，不渗漏或外溢，废弃物做到日产日清，设施保持整洁。在即食食品的生产操作车间内，应采用脚踩或者感应翻盖方式的废弃物存放设施，以防止用手去触碰翻盖而可能造成产品污染的风险。

第四节　清洁消毒设施检查

一、背景知识

1. 概念

清洁就是把工厂设施和加工设备的污物去掉。污物确切地说就是存在于食品接触表面为细菌生长所需的营养物质，包括脂肪、碳水化合物、蛋白质和矿物质。通常用水、碱、酸、软化剂等来进行清洁。

消毒是在清洁之后，用消毒剂破坏微生物的繁殖体，进而减少微生物的数量。

2. 常用食品消毒剂优缺点及应用范围

（1）含氯化合物：杀菌特点是能杀死大部分微生物，性质不稳定，杀菌效果受环境条件影响大，部分国家和地区因其安全性未确定限制其使用。含氯消毒应用广泛，可用于物料、工器具表面、饮用水和环境消毒等。

（2）醇类：杀菌特点是对细菌繁殖体、部分真菌、病毒有效，对芽孢无效。75% 乙醇主要用于手部、小面积器具表面擦拭消毒。

（3）酸类：杀菌特点是针对霉菌、细菌，有一定的杀菌和抑菌作用。乳酸主要用于物表杀菌和防霉以及生产空间的熏蒸消毒。

（4）过氧化物类：杀菌特点是作用快而强，能杀死所有微生物。应用广泛，既可用于物表、工器具消毒，也可用于地面、空间的消毒杀菌。过氧化物类消毒剂可作灭菌剂用，且没有抗药性。过氧乙酸一般常用于空间的喷雾或熏蒸消毒；过氧化氢一般用于表面消毒；臭氧一般用于水消毒和空间环境消毒；二氧化氯可用于物料、工器具表面、饮用水和空间环境消毒等。

3.影响消毒效果的因素

（1）清洁：清洁是消毒的前奏，如表面未经清洁或清洁不彻底，表面携带污物，消毒剂是不能完全发挥作用的，达不到预期消毒效果。

（2）消毒剂消毒：消毒剂的消毒强度和作用时间是杀灭微生物的基本条件。消毒强度在化学消毒时是指消毒剂使用浓度，消毒强度和时间与消毒效果成正比。在一定情况下，达到预期的消毒效果，是由消毒剂强度和时间两个参数决定。一般来说，增加消毒处理强度能相应提高消毒的速度；而增加消毒时间也可适当降低消毒强度。当然，如果消毒强度降低至一定程度，即使再延长时间也达不到消毒目的。

（3）微生物种类和数量：微生物的种类不同，其消毒的效果自然不同。另外，微生物的数量也会影响消毒效果，所以在消毒前要考虑到微生物污染的种类和数量。一般来说，微生物的抵抗力越强，污染越严重，消毒就越困难。

4.消毒方法

（1）物理消毒法：使用物理方法杀灭或清除病原微生物及其他有害微生物。常用的物理消毒法有：

①机械除菌：通过冲洗、刷、擦、抹、扫、铲除、通风、过滤等达到清除有害微生物和去污的目的。

②热力消毒：包括煮沸、流通蒸汽、巴氏低温消毒（62~65 ℃，30min）、红外线消毒等。

③辐射消毒：a）紫外线消毒，目前紫外线杀菌多用波长为 253.7nm 的紫外线进行杀菌；b）电离辐射消毒，利用 γ 射线电子辐射能穿透物品，杀死其中的微生物所进行的低温灭菌方法，常用电子辐射和钴 60 辐射。

（2）化学消毒法：利用化学药剂进行消毒杀菌的方法。

5.食品厂清洁消毒设施配备

清洁消毒设施包括食品、生产设备、工器具和生产场所的清洁消毒用设施，常用的清洁消毒设施包括自动化程度较高的 CIP 清洁系统（即在线清洁或原位清洁系统）、链条式自动冲洗消毒系统、除尘杀菌隧道等，也包括手动的清洁消毒工具，如清洗车、清洗槽（池）、高压喷枪、吸尘器、抹布、酒精喷壶、紫外灯、臭氧发生器等。检查时应注意清洁设施是食品加工过程中的必备设施，应当根据生产工艺配备，而消毒设施不是必备设施，应当根据生产需求配备。

二、检查依据

清洁消毒设施检查依据见表 5-5。

表 5-5　清洁消毒设施检查依据

检查依据	依据内容
GB 14881 《食品安全国家标准　食品生产通用卫生规范》	5.1.3　清洁消毒设施 应配备足够的食品、工器具和设备的专用清洁设施，必要时应配备适宜的消毒设施。应采取措施避免清洁、消毒工器具带来的交叉污染。

三、检查要点

（1）厂区和车间是否具备清洁消毒设施，其是否满足场所、生产设备设施等的清洁消毒要求。

（2）清洁消毒设施是否正常使用。

（3）清洁消毒设施和用具是否按要求管理，以避免交叉污染。

四、检查方式

（1）现场检查时，查看生产车间等场所的清洁消毒设施，根据车间的清洁程度要求，检查其是否满足场所、生产设备等的清洁要求，如清洗车、清洗槽（池）、高压喷枪、CIP 清洁系统、吸尘器、抹布等；在检查车间消毒设施时，检查其消毒设施是否有效。

①对使用紫外灯对室内空气、物体表面消毒的，检查灯管吊装位置与地面的距离、空间安装的紫外灯管数量是否符合要求（采用悬吊式或移动式直

接照射时，灯管吊装位置与地面的距离一般为 1.8～2.2m、安装的紫外灯管数量大于或等于 1.5W/m³、照射时间大于 30min），紫外灯辐照强度在达不到要求时有无及时更换。

②对企业使用臭氧发生器对车间空气进行消毒的，可通过查阅臭氧发生器厂家使用说明书，核查臭氧发生器与需要消毒的车间空间是否匹配，臭氧浓度等参数是否合理（密封空间的空气消毒，臭氧质量浓度 20mg/m³，作用 30min；密封空间的物体表面消毒，相对湿度大于或等于 70%，臭氧质量浓度 60mg/m³，作用 60～120min）。对生产饮用水使用臭氧消毒的，根据生产工艺控制好消毒浓度，关注臭氧杀菌效果及溴酸盐指标。

③对使用 CIP 清洁消毒设备的，检查是否能对清洁消毒的设备实现无死角清洁消毒，抽查有无验证记录证明其清洁消毒效果符合要求。

④对使用化学物品清洁消毒的，检查选择的化学物品是否符合物品说明书的清洁消毒范围，其配制浓度和作用时间是否符合相应要求。

（2）现场检查时可采取开机运行的方式检查清洁消毒设施能否正常使用、相关控制仪表是否正常，控制参数是否满足设施设备使用说明书和清洁消毒程序的要求。

（3）可通过现场检查已使用和未使用的清洁消毒工器具是否存在不按指定位置存放或者混放导致交叉污染的现象，检查清洁消毒后的生产设备、设施的清洁消毒效果。检查清洁工具的材质、结构是否防脱落。如检查清洁工具中有无使用清洁金属丝球等容易脱落的工具。

五、常见问题

（1）未结合需清洁消毒的工器具、设备实际情况使用相应的消毒方式。

（2）工器具清洁工作执行不到位。

（3）未按要求严格执行清洁消毒操作指导，如消毒液的配置浓度和消毒作用时间等。

六、案例分析

案例 1 检查某液态乳生产企业时发现其管道和设备的全自动 CIP 不能对生产设备进行闭环清洁消毒，且未有相应补充措施。

分析：生产过程中的物料输送采用密闭管道实现的生产企业，生产后的清洁消毒措施一般采用自动化程度较高的 CIP 清洁系统，如饮料和液体乳生产企业都是采用此清洁消毒方式。该系统一般配备有碱罐、酸罐和水罐，通过设定程序能够很好地完成清洁消毒工作。为了使生产设备和管道能够彻底、无死角达到清洁消毒效果，在工厂设计时应考虑 CIP 清洁系统消毒物质实现闭环到达，如果的确无法实现的应该有相应的补充措施，避免产生死角而使产品存在安全隐患。

案例 2　检查某包装饮用水生产企业时发现，该企业使用含氯消毒液直接添加到经过滤处理后的成品水中进行消毒，但该企业无法提供该消毒液可以直接添加的相关证明材料。

分析：包装饮用水的杀菌 / 除菌一般采用臭氧发生器及混合设备、紫外杀菌设备和膜过滤除菌设备去实现。生产企业将含氯的消毒液直接添加到饮用水中，在消毒过程中氯是无法消除的，有可能对人体健康造成危害。该企业又无法提供相关证明材料说明此种消毒方式是安全的，因此应该判定其不合格并要求进行整改。

案例 3　检查组检查一糕点企业的包装材料消毒车间时发现其墙壁上安装了臭氧发生器，现场询问相关人员臭氧发生器适用空间大小和开机时间时，该人员均表示不太清楚。

分析：使用臭氧发生器对车间空气进行消毒的，应事先了解需安装的车间空间大小，然后再结合臭氧发生器厂家使用说明确定其臭氧发生器与需要消毒的车间空间是否匹配。影响臭氧杀菌效果的因素是臭氧浓度和臭氧作用的时间，对密封空间的空气消毒时，一般臭氧质量浓度不小于 $20mg/m^3$，作用时间应大于 30min。但臭氧质量浓度也不是越高越好，过高质量浓度的臭氧会引起工人的不适，而饮用水使用臭氧杀菌质量浓度过高可能还会引起溴酸盐的安全指标升高。

第五节　个人卫生设施检查

一、背景知识

食品工厂的个人卫生设施主要是指车间入口处的更衣、鞋靴消毒设施、洗手场所和卫生间。

更衣室中应有更衣柜，更衣柜应能将工作服与个人服装及其他物品分隔开来，例如更衣柜有不同隔层或通过使用不同挂衣架的方式来进行分隔。更衣柜应该通风，为了防止出现虫害孳生及藏污纳垢的死角，更衣柜的设立建议紧贴墙面或者离开地面便于打扫。更衣室应有足够的照明及空间，以方便检查和清洁。在某些清洁度要求高的区域，可能需要设置二次更衣室。在二次更衣室内，应将第一次更换的工作服换下，再换上新的工作服，之后方可进入清洁程度高的区域；工作完毕离开清洁作业区时，应执行相反程序，即更换上一次工作服后离开。

食品企业应根据不同产品及不同加工区的卫生需要，设置换鞋（或穿戴鞋套）设施或工作鞋靴消毒设施。车间为湿式操作或需要消毒鞋靴时，可在车间入口处设置鞋靴消毒设施。这种工作鞋靴消毒设施主要是指进入车间工作岗位前用化学消毒的方法对工作鞋靴进行消毒的设施，如鞋靴消毒池（消毒液应定期更换）。在需要保持干燥的生产区域可设置换鞋（或穿鞋套）的设施，以防止消毒设施中的水／潮湿带入干的加工区域造成微生物孳生和交叉污染。车间为干式操作，可采用更换工作鞋的方式，在车间入口处设置阻挡式换鞋柜或实心的换鞋凳加鞋架。

操作人员进行更衣、手部清洗消毒，目的是降低衣服上尘屑、线头、人员手部微生物可能对食品造成的污染。常规的衣物材质五花八门，有些容易起静电、掉毛、掉屑，在生产操作过程中穿着可能会对食品造成物理污染。人体手部携带大量的细菌，其中可能包括一些致病菌，如金黄色葡萄球菌、大肠杆菌等，生产操作前若不进行彻底的清洗、消毒，就可能在加工过程中对食品造成微生物污染。

车间内的洗手设施设置在适当位置是指在方便员工使用的同时以不影响食品、设备及车间环境为适宜，即在使用时不会污染到其他地方。使用非手动式开关的水龙头是为了避免洗手前后及不同人员之间的交叉污染。不同食品生产特点对食品加工人员清洁程度的要求不同，必要时，应在合适的区域设置风淋室、淋浴室等设施。

卫生间对于食品生产企业来说是一个潜在的污染源，卫生间的管理对食品企业来说非常重要。企业在厂房车间布局时就应考虑卫生间设置的合理性。卫生间的位置应设置于尽量减少其他区域人流与之交叉的场所，设置于下风向，卫生间内采用独立的通风排气设施。卫生间内设施的材质光滑，不易于结垢，以便于清洁冲刷。卫生间出入口应设置洗手设施，方便如厕后洗手。卫生间的门与其他设施场所的门尽量不正对相通，应设置门和缓冲区域以免形成空气对流，且门保持关闭状态。对于小微食品生产企业来说，厂区可能存在与其他生产企业共用卫生间的情况，卫生间的设置和卫生状况存在不确定性，所以小微食品生产企业应主动调整本厂区的区域布局，主动维护卫生间的设施，确保卫生间的清洁，尽量避免因卫生间的交叉污染引入食品安全风险。

对于更衣室设置和衣物存放，洗手龙头数量和开关方式、鞋靴消毒池和洗手池的尺寸大小、卫生间等在 GB 14881《食品安全国家标准　食品生产通用卫生规范》中也都作了较明确要求。

二、检查依据

个人卫生设施检查依据见表 5-6。

表 5-6　个人卫生设施检查依据

检查依据	依据内容
GB 14881《食品安全国家标准　食品生产通用卫生规范》	5.1.5　个人卫生设施 5.1.5.1　生产场所或生产车间入口处应设置更衣室；必要时特定的作业区入口处可按需要设置更衣室。更衣室应保证工作服与个人服装及其他物品分开放置。 5.1.5.2　生产车间入口及车间内必要处，应按需设置换鞋（穿戴鞋套）设施或工作鞋靴消毒设施。如设置工作鞋靴消毒设施，其规格尺寸应能满足消毒需要。 5.1.5.3　应根据需要设置卫生间，卫生间的结构、设施与内部材质应易于保持清洁；卫生间内的适当位置应设置洗手设施。卫生间不得与食品生产、包装或贮存等区域直接连通。 5.1.5.4　应在清洁作业区入口设置洗手、干手和消毒设施；如有需要，应在作业区内适当位置加设洗手和（或）消毒设施；与消毒设施配套的水龙头其开关应为非手动式。 5.1.5.5　洗手设施的水龙头数量应与同班次食品加工人员数量相匹配，必要时应设置冷热水混合器。洗手池应采用光滑、不透水、易清洁的材质制成，其设计及构造应易于清洁消毒。应在临近洗手设施的显著位置标示简明易懂的洗手方法。 5.1.5.6　根据对食品加工人员清洁程度的要求，必要时应可设置风淋室、淋浴室等设施。

三、检查要点

1. 更衣和洗手设施场所的设置和布局

检查更衣和洗手设施场所是否设置于生产场所或生产车间入口处；由于洗手或工作鞋靴消毒设施存在用水及消毒剂的情况，更衣和洗手场所应尽量物理分隔。

2. 更衣和洗手设施

检查更衣场所是否具有工作服装和个人服装、物品分开存放的设施。洗手龙头数量是否与班次生产人员数量相匹配，且为非手动式。是否根据生产食品的特点按需设置换鞋（穿戴鞋套）设施或工作鞋靴消毒设施，其规格尺寸是否能满足消毒需要。洗手消毒设施的材质和构造是否合理。

3. 更衣和洗手设施的管理工作

检查是否在临近洗手设施的显著位置标示简明易懂的洗手方法，非手动式洗手龙头是否可以正常使用，手和鞋靴消毒剂的浓度是否达到消毒要求，根据产品需要设置的风淋室是否可以正常使用。

4. 卫生间设置

检查厂区内卫生间设置位置是否合理，是否存在与食品生产、包装或贮存等区域直接连通的情况；检查卫生间结构是否合理，内部材质是否光滑以易于冲洗保洁，是否在洗手间出入口处设置洗手设施以便于如厕后洗手。

四、检查方式

（1）通过现场查看方式检查洗手和更衣设施是否设置于生产场所或生产车间入口处；洗手和更衣设施是否齐全，如是否为非手动式洗手龙头，且配置的数量足够，工作服装、个人服装和物品是否分开存放；洗手设施材质是否符合要求及其构造是否合理，设置的鞋靴消毒设施规格尺寸是否满足消毒需要；是否根据产品生产环境要求选择合适的鞋靴消毒方式。

（2）通过现场查看洗手更衣措施的落实管理工作是否到位。如显著位置标示简明易懂的洗手方法，及时维护保养洗手龙头和关注消毒剂浓度使用情况，调阅相应的消毒剂配置使用记录。

（3）通过现场查看的方式检查卫生间设置位置是否合理，卫生间的设施和材质是否符合卫生清洁要求，是否设置洗手设施。

五、常见问题

（1）洗手和更衣设施不符合相应的要求。如洗手龙头为手动式，洗手龙头数量少；鞋靴消毒设施规格尺寸不能满足消毒要求；个人服装和物品与工作服装混放，更衣室通风设施存在不足；未安装空间消毒设施或不能正常使用。

（2）设施维护和管理不到位。如未标示洗手方法、未有洗手消毒剂使用和配置记录，非手动式龙头不能正常使用。

（3）对于小微企业来说，其厂区存在与其他业态的工厂共同使用卫生间的情况，也包括了人流和物流的通道共用，在卫生间通道的设置上可能存在与食品生产、包装或贮存等区域直接连通的情况，如贮存仓库的通道与卫生间通道相通。

（4）卫生间内设施维护和卫生状况管理不到位，如冲洗设施和洗手设施不能正常使用，卫生状况较差等。

六、案例分析

1. 洗手、更衣室和鞋靴消毒池问题

案例1　某速冻熟制品生产企业，进入准清洁作业区的更衣室内，洗手池排水管直接排放至地面，未设置进入清洁作业区的洗手更衣设施。

案例2　某肉制品生产企业，更衣室内一洗手水龙头不能正常感应出水，鞋靴消毒池内消毒液无配制记录。

案例3　某糕点生产企业，鞋靴消毒池太小，生产操作人员可以直接不经过该消毒池进入生产区域。

案例4　某鸡粉调味料生产企业在车间入口处设置鞋靴消毒池，现场检查时发现经鞋靴消毒后进入的人员给生产区域地面带来较多的水，而该产品是需要在干燥环境中生产完成的。

案例5　某肉制品生产企业未将更衣设施设置于生产车间入口处，生产操作人员更衣后需经过车间外公共区域进入生产区域。

案例6 某食品生产企业的更衣柜内个人物品和工作服混放，且柜内的卫生状况较差，车间用胶鞋和个人用鞋混放。

分析：更衣和洗手设施是食品生产企业必备的场所和设施，设置符合要求的场所和设施对生产区域和操作人员的卫生状况起到关键的防护作用。

首先，在位置的选择上，要求更衣洗手场所应与生产车间入口无缝对接，操作人员经更衣和洗手后应直接进入生产区域；其次，洗手和更衣设施符合相应要求，如个人衣物、物品与工作服分开存放，洗手龙头为非手动式的且数量能满足生产区域人数的要求，应具有相应的洗手和鞋靴消毒池的排水设施，鞋靴消毒池规格尺寸应符合要求，更衣场所具有通风和空间消毒措施；最后，应根据产品特点选择相应的消毒和净化设施，如有些产品要求操作人员经更衣后进入风淋室，有些产品生产环境需在干燥环境下进行，这时就不能采取鞋靴消毒池的方式了。

除设置符合要求的设施外，日常的维护和管理也很重要。洗手和鞋靴消毒所用的消毒剂应按照要求浓度准确按时配置，洗手龙头应能正常工作，更衣柜应按要求存放衣物，风淋室应可以正常使用及其室内卫生条件达到要求等。这些都对保持环境卫生起着同样重要的作用。

2. 卫生间问题

案例1 某热加工熟肉制品生产企业，卫生间与生区更衣室相距较近，且卫生间入口未设置门作缓冲。

案例2 某糖果生产企业，6楼外包区旁边和7楼物料存放区旁边均设置了卫生间，虽设置了缓冲区，但现场核查发现卫生间的门和缓冲区的门均未按要求保持关闭状态。

案例3 某粮食加工品生产企业，部分更衣间的门不密闭；卫生间与原料仓库相距较近，但二者的门均未关闭，原料仓库有异味。

案例4 检查一糕点生产企业时，发现其生产用的工器具清洗后存放的保洁场所内有蹲式厕所。

分析：食品生产企业内卫生间的门不得与食品生产、包装或贮存等区域直接连通，卫生间的门与其他设施场所的门尽量不正对相通，应设置门和缓冲区域以免之间形成空气对流，且门保持关闭状态。企业应制定工厂的卫生清洁计划，其中包括卫生间的清洁和维护，并且不应将生产用的工器具或清洗后的员工工作服存放于卫生间。通过保持卫生间的清洁和设施的正常使用，尽量避免因卫生间的交叉污染引起食品安全风险。

第六节　其他设施检查

一、背景知识

1. 照明设施

合理的照明灯光设置不仅能够为食品生产车间提供充足的光照，满足生产和操作需要，而且能够有效提高车间人员工作效率。此外明亮舒适的车间照明可以减轻员工的视觉疲劳和不良情绪，也能够给人增强安全感。而照明设施也有易爆易碎的安全风险，一旦出现产品质量问题也极有可能会危害到食品安全。为此，针对食品工厂车间的照明设施，相关部门也制定了比较严格的标准进一步规范食品工厂的照明。首先，是光照强度要满足室内车间生产和操作需求，同时光源应能确保反映产品的真实颜色。特别注意的是，一些与产品质量保证相关的区域应设置充足的照明，如卫生监控、产品颜色检查、清洁效果检查、色选、异物检查、打码检查等区域。其次，为了防止灯具破碎所产生的异物风险，应加装保护罩或安装防爆灯具，以避免灯具破碎损伤人员以及对食品加工原料、包装材料、半成品、成品等造成污染。最后，定期做好清洁保养，特别是对于有特殊防尘要求的车间，应该尽量避免选用容易积尘进尘的灯具，并做好防尘保养工作。

2. 监控设备

这里所说的监控设备是指在生产过程中为了满足生产工艺需求，通过可量化控制的设备来指导员工进行生产操作。对于有温度、湿度、压力、真空度等工艺要求的生产设施，通常装有温度计、压力表、记录仪等监测设备，以便观察食品生产过程中的各项参数是否符合工艺设计要求，从而保证食品的安全性和质量的稳定性。这些监控通常是附带安装在生产设备上，如杀菌设备、均质机、浓缩设备、干燥设备、包装设备等。需要注意的是生产线监控应当避免使用水银温度计，以免破损后造成玻璃异物污染以及汞的化学污染。

监控设备是指导操作人员按照要求进行现场操作的，能否准确反映实时的数据将会影响产品质量与安全，所以定期校准和维护对于获得准确的观察结果至关重要。食品生产企业应制定监控设备的校准、维护计划，定期对监控设备，如对压力表、温度计或记录仪等进行校准、维护，并留存记录，以确保这些设备正常工作。需要注意的是，一些计量监控设备按照规定应当由计量部门定期进行校准，校准后建议在相应的监控设备上贴上标签。

二、检查依据

其他设施检查依据见表 5-7。

表 5-7　其他设施检查依据

检查依据	依据内容
GB 14881《食品安全国家标准　食品生产通用卫生规范》	5.1.7　照明设施 5.1.7.1　厂房内应有充足的自然采光或人工照明，光泽和亮度应能满足生产和操作需要；光源应使食品呈现真实的颜色。 5.1.7.2　如需在暴露食品和原料的正上方安装照明设施，应使用安全型照明设施或采取防护措施。 5.2.2　监控设备 用于监测、控制、记录的设备，如压力表、温度计、记录仪等，应定期校准、维护。

三、检查要点

（1）照明设施的光照度是否满足生产操作、仓储等需求，以及光源能否呈现加工食材的真实颜色。安装在暴露食品和原料的正上方的照明设施，是否有防护措施。

（2）监控设备是否正常运行。

（3）监控设备是否定期检定或者校准。

四、检查方式

1. 照明设施检查

通过现场巡查，检查及验证厂房内车间采光系数、光照度、光源是否符合要求，以及食品暴露的正上方的照明设施是否使用安全型照明设施。

（1）现场巡查时，要求企业打开检查场所的照明设施，观察生产车间、库房等场所采光情况，观察生产车间光源是否改变食品的颜色、车间各工作面光照度是否充足，利于人员操作；检查库房采光是否满足库房管理照明要求，是否存在因库房结构、存放物料遮挡等导致的库房部分区域采光不足的情况，检查企业有无采取使用移动照明设施等措施保证库房照明符合要求。必要时可以要求企业提交质量监控场所工作面的混合照度不低于540lx，加工场所工作面不低于220lx，其他场所不低于110lx的监测报告或使用照度计现场测量的方式检查光照度是否符合要求。

（2）检查车间照明设施的结构是否可以防止粉尘积聚，安装的位置是否在暴露食品和原料的正上方；当暴露食品和原料的正上方有照明设施时，检查照明设施是否采用防爆灯管，未采用防爆灯管的，检查有无配备防护罩等防护措施。

2. 监控设备检查

对照生产工艺、作业指导书以及生产记录中的工艺控制参数，现场检查主要生产设备如杀菌机、均质机、高压泵、浓缩设备、干燥设备、水处理设备、包装设备等上面安装的监控设备是否正常运行并满足监控要求，现场检查时可随机抽查压力表、温度计等监控设备有无合格的检定或校准证书，检查证书是否在有效期内。

五、常见问题

（1）操作现场存在光照度不能满足操作需求，部分照明设施未安装防爆装置，部分企业忽视了原料贮存上方的照明设施应安装防护设施。

（2）监控设备不能正确反映生产工艺运行中的实时数据。

（3）监控设备未按要求进行定期的检定或者校准。

六、案例分析

案例 1　某大米生产企业，包装车间和仓库灯光照明亮度不足，不能满足日常使用需求，且大米贮存仓库上方的照明灯都未安装防爆装置。

分析：检查照明设施是否正常运行包括检查照明的光照度是否满足生产操作的要求以及照明设施是否安装防爆设施（原料贮存上方照明设施需安装防爆装置）。对于挑选、检查、包装等要求光照度较高的工序的操作面上方更应该考虑照明设施的光照度。

案例 2　某婴幼儿辅助食品生产企业的清洁作业区和准清洁作业区之间测量空气压差的压差计不能正常使用，且未进行校准。

分析：按照《婴幼儿辅助食品生产许可审查细则》要求，用于测定、控制、记录的监控设备，如压力表、温度计等，应定期校准、维护，确保准确有效。清洁作业区与非清洁作业区之间的压差应大于或等于10Pa，监控的频次为2次/班。案例2中的压力计不能正常使用，且未有校准，不符合上述要求。

第六章　生产设备及保养维护检查

各类食品行业的加工工艺、产品特点等都不尽相同，食品企业应配备与生产能力、产品类型、工艺要求相适应的生产设备，以满足产品的质量和食品安全性要求。生产设备应按照生产加工的工艺流程有序排列，避免加工步骤前后移位、迂回往返，避免各工段食品加工人员交叉移动、互相干扰和工艺倒流。

表面光滑、无吸收性、易于清洁保养和消毒的生产设备和用具有助于降低污染的风险。保持生产设备和用具完好无损可避免因其破碎或磨损产生的碎屑等异物进入生产加工过程中。加工设备、加工器具等可能会因设计、安装或维护不当，导致零部件相互摩擦、刮擦而产生金属碎屑，润滑油也可能因泄漏而进入食品，其他可能的污染因素还有木屑、塑料屑等。因此，应从生产设备的设计和结构上尽量降低这类风险因素。

食品企业应根据设备的使用规律与频率，做好设备维护保养；对设备进行必要的检查，及时掌握设备情况，以便采取适当的方式进行维护，同时做好各项记录。应建立设备的保养、维修制度及计划，以预防为主，日常保养与维修并重，使设备处于良好状态。

本章内容也可作为《食品生产监督检查要点表》中的条款2.3"设备布局和工艺流程、主要生产设备设施与准予食品生产许可时保持一致"，条款2.8"生产设备设施定期维护保养，并有相应的记录"，以及《广东省食品生产企业食品安全审计评价表》中编号23"生产设备"、编号30"设备保养和维修制度"的检查技术要领应用。

第一节　生产设备检查

一、背景知识

食品生产设备及监控设备是实现食品规模化、标准化生产的必备条件，也是保障食品生产者生产安全食品重要的基础条件。

企业设施与设备是否充足和适宜，不仅对确保企业正常生产运作、提高生产效率起到关键作用，同时也直接或间接地影响产品的安全性和质量的稳定性。正确选择设施与设备所用的材质以及合理配置安装设施与设备，有利于创造维护食品卫生与安全生产环境，降低生产环境、设备及生产受直接污染或交叉污染的风险，预防和控制食品安全事故。对于生产设备的选择和安装布局应遵从以下3方面要求。第一，接触食品的设备、工具、容器、包装材料等应符合食品安全标准或要求。接触食品的设备、工具和容器应易于清洗消毒、便于检查，避免因润滑油、金属碎屑、污水或其他因素引起污染。接触食品的设备、工具和容器与食品的接触面应平滑、无凹陷或裂缝，内部角落部位应避免有尖角，以避免食品碎屑、污垢等的聚积。第二，设备的摆放位置应符合生产工艺流程，便于操作、清洁、维护和减少交叉污染。第三，所有食品设备、工具和容器，不宜使用木质材料，必须使用木质材料时应确保材质不会对食品产生污染。用于原料、半成品、成品的工具和容器，应分开摆放和使用并有明显的区分标识；原料加工中切配动物性食品、植物性食品、水产品的工具和容器，应分开摆放和使用并有明显的区分标识。

二、检查依据

生产设备检查依据见表6-1。

表6-1　生产设备检查依据

检查依据	依据内容
食品安全法	第三十三条　食品生产经营应当符合食品安全标准，并符合下列要求： ……

表 6-1（续）

检查依据	依据内容
食品安全法	（二）具有与生产经营的食品品种、数量相适应的生产经营设备或者设施，有相应的消毒、更衣、盥洗、采光、照明、通风、防腐、防尘、防蝇、防鼠、防虫、洗涤以及处理废水、存放垃圾和废弃物的设备或者设施。
GB 14881《食品安全国家标准 食品生产通用卫生规范》	5.2.1 生产设备 5.2.1.1 一般要求 应配备与生产能力相适应的生产设备，并按工艺流程有序排列，避免引起交叉污染。 5.2.1.2 材质 5.2.1.2.1 与原料、半成品、成品接触的设备与用具，应使用无毒、无味、抗腐蚀、不易脱落的材料制作，并应易于清洁和保养。 5.2.1.2.2 设备、工器具等与食品接触的表面应使用光滑、无吸收性、易于清洁保养和消毒的材料制成，在正常生产条件下不会与食品、清洁剂和消毒剂发生反应，并应保持完好无损。 5.2.1.3 设计 5.2.1.3.1 所有生产设备应从设计和结构上避免零件、金属碎屑、润滑油或其他污染因素混入食品，并应易于清洁消毒、易于检查和维护。 5.2.1.3.2 设备应不留空隙地固定在墙壁或地板上，或在安装时与地面和墙壁间保留足够空间，以便清洁和维护。
《食品生产许可审查细则》	各类食品生产许可审查细则规定的必备设备或者关键设备。

三、检查要点

（1）生产设备设施材质及与食品接触面对食品安全是否存在隐患。

（2）生产设备的配备是否与许可档案的内容保持一致。

（3）设备设施的使用状态以及容器具的使用标识是否清晰明确。

四、检查方式

（1）现场查看接触食品的生产设备设施、容器具材质是否符合食品安全标准或要求，设备、工具和容器与食品的接触面是否平滑、无凹陷或裂缝，无明显焊疤，内部角落部位应避免有尖角，以避免食品碎屑、污垢等的聚积。

（2）结合许可档案资料现场查看企业的生产设备设施是否依据相应的工艺规程展开摆放，有无关键生产必备设备、设施增减的情况。

（3）现场检查相关设备设施可否正常使用，是否与实际生产量相适应，相关的设备设施使用状态和生产过程中使用的容器具是否有明显的状态标识。

五、常见问题

（1）现场检查时部分设备或设施不符合食品安全标准或要求，如与食品接触的接触面不光滑、较多焊疤，生产过程使用的周转工器具或者设施是木质或竹制的。

（2）未按照食品生产许可时的要求开展生产加工活动，如车间设备布局发生变化，增加关键生产设备设施或者生产线等情况。

（3）现场有暂停使用或废弃的设备设施，生产过程使用的容器具未有明显的状态标识。

（4）个别监控设备设施不能正常工作或者不能正确反映实际生产工艺参数。

六、案例分析

案例 1 某肉制品前处理车间中斩拌设备和绞肉机内壁和传动装置不平滑有较多的焊疤，现场发现有肉碎聚积不利于清除。

分析：与食品接触的生产设备设施应清洁、内壁平滑、无凹陷或裂缝，无明显焊疤；连接处平滑以利于通过转动冲刷达到清洁目的，避免物料聚积。绞肉机和斩拌机传动装置内壁不平滑，不利于人工清洁，而现场也的确发现有残留的肉碎。肉制品含有油脂和蛋白，不及时清理将可能腐败变质，达不到后续生产卫生要求。

案例 2 某糕点企业配料车间使用较多的周转容器，其使用的部分辅料仅凭感官不易区分，但其周转容器未做标识。

分析：糕点企业使用的原辅料较多，特别是一些限量使用的食品添加剂外观比较相似，不易区分，这就要求配料投料岗位人员要做好标识和使用区分，防止误用。本案例中盛放配料和投料的周转容器具未做好标识区分，存在误用的风险。

案例3　检查某婴幼儿辅助食品生产企业时发现其监控清洁作业区与准清洁区压差的压差计不能正常使用。

分析：在生产过程中，关键控制环节都会设定关键控制参数，如某些产品生产过程中需要的温湿度控制、饮料生产过程的电导率、需杀菌工序的产品杀菌设备压力控制等，这些控制参数都是通过监控设备设施达到监控要求，从而保证产品的安全性和质量的稳定性。同时对这类监控设备应定期校准和维护，确保其处于正常工作状态，这对于获得准确有效的观察结果至关重要。《婴幼儿辅助食品生产许可审查细则》规定了清洁作业区和非清洁作业区的压差应大于或等于10Pa，如果压力计不能正常工作则无法保证压差符合规定。

案例4　检查某小型饼干生产企业时，发现其成品仓库中同一批次的产品数量远大于该企业实际生产设备设施所具备的生产能力。

分析：食品安全法要求企业具有与生产经营的食品品种、数量相适应的生产经营设备或者设施。在某些经济发达区域，虽然产品质量美誉度高但场地租金、用工成本也高，个别企业为了节省成本开支，在经济发达区域设立生产能力较小的企业，然后从其他地区购进较便宜的同类产品作为该企业生产的产品，该行为违反了相关法规。本案例中检查人员经过核算设备和班次的生产能力后认为有存在此类情况的嫌疑。

第二节　生产设备清洁、保养和维修检查

一、背景知识

食品生产企业的生产设备设施清洁、消毒是食品生产企业质量管理工作重要的一环，也是持续生产合格产品的必备条件。生产设备设施清洁、消毒工作执行不到位，可能为食品带来二次污染的风险，并可能导致产品不合格，给企业生产者造成经济损失，给消费者带来健康危害。

设备保养维修是为了保持设备的良好工作精度和性能，通过擦拭、清扫、润滑、调整等方法对设备进行保养维修，设备保养维修计划一般应包含设备清洁、设备附件、工具整理、设备润滑、设备检修等有关规定内容，应避免将日常设备清洗消毒等同于设备维护保养。

二、检查依据

生产设备保养和维修检查依据见表6-2。

表6-2　生产设备保养和维修检查依据

检查依据	依据内容
GB 14881 《食品安全国家标准　食品 生产通用卫生规范》	5.2.3　设备的保养和维修 应建立设备保养和维修制度，加强设备的日常维护和保养，定期检修，及时记录。

三、检查要点

（1）生产设备设施中与食品接触的表面清洁卫生状况是否良好。

（2）设备设施定期维护保养情况是否良好。

（3）是否制定并执行了设备设施清洁卫生和维护、保养管理规定。

四、检查方式

（1）通过现场查看方式抽查生产设备设施卫生清洁状况，对于生产过程通过密闭管道输送物料而无法观察清洁消毒情况的，可通过查看企业相关记录，如清洁消毒规定所填写的清洁消毒记录、消毒剂配制记录、清洁后验证记录等。

（2）检查设备设施维护、保养的落实情况。首先应了解企业设备保养维修要求及计划，再通过抽查保养维修记录检查保养维修计划落实情况，并通过抽查故障维修记录检查出现故障时是否能及时排除并记录故障发生时间、原因及可能受影响的产品批次。

①检查设备保养维修计划。确定需要维护、保养的设备和检修频次、时间间隔等，由设备生产厂家负责维护、保养、维修的，可检查相关合同内容，对照设备说明书，检查设备保养和维修制度、保养维修计划等是否满足设备保养维修的实际需求。

②抽取主要关键设备3～5台，检查设备档案和计划了解需要维护、保养的设备和检修频次、时间间隔等，抽查一段时间保养维修计划的实施情况，检查保养维修频次、时间间隔等是否按计划实施，保养维修时设备的清

洗剂、润滑油是否严格按照说明书的规定使用，是否有保养维修记录，设备是否保持良好状态。

五、存在问题

（1）生产设备设施清洁卫生不到位，清洁卫生规定不合理。

（2）未制定设备设施维护、保养计划，或未按计划执行。

六、案例分析

案例1　现场检查某糕点生产企业车间设备设施时发现糕点成型机的传送带部分破损起皮，且不洁净；油炸设施（铁锅）有锈迹，企业现场也未能提供生产设备设施维护保养计划及记录。

案例2　现场核查某豆制品生产企业时发现其磨浆车间的豆浆输送管道不密闭，存在漏浆现象，灌装成型间内的一灌装封口设施的部分灌装口不能正常连续工作。

案例3　检查某液态乳生产企业的不合格品处理记录时发现，导致产品不合格是由于管道自动控制阀门未按规定要求执行定期的保养计划，阀门不能执行操作指令，误将草莓风味发酵乳产品混入原味发酵乳产品中。

分析：食品生产企业应根据不同设备设施要求建立设备设施保养和维修制度，加强设备设施的日常维护和保养，按制度要求定期对生产设备设施检修，及时记录，确保所有生产设备设施正常运转。案例1和案例2出现的问题表明企业对设备的维护保养不重视，已经发生传送带破损起皮、不洁净、油炸锅有锈迹、管道漏浆、部分灌装口不能正常工作的情况仍然听之任之，没有保养维修计划或有计划不执行，给产品带来极高的污染风险。

液态乳的生产物料都是通过管道实现传输的，管道内阀门正确地切换是液态乳实现安全连续生产的关键，所以对于自动电子阀门的使用是有严格的维护保养规定的。案例3是企业接到投诉后主动倒查发现管道自动控制阀门未按规定要求进行定期的保养维护，从而使得阀门执行了误操作而引起的。此次食品安全事故也给企业敲响了警钟，引起了企业的高度重视，并重新梳理了设备的保养维护制度和流程。试想一下，如果该企业由于阀门故障误将CIP消毒液混进产品中，后果将是多么的严重啊！

第七章　卫生管理检查

卫生管理是食品生产企业食品安全与质量管理的核心内容，是向消费者提供安全和高质量食品的基本保障，卫生管理对提高食品生产企业的经营管理水平和企业竞争力至关重要，卫生管理从原辅料采购、进货、使用、生产加工、包装，到产品贮存运输，贯穿于整个食品生产经营的全过程。

在本章中针对卫生管理落实情况的检查包括卫生管理制度、厂房与设施、食品加工人员健康与卫生、虫害控制和有毒有害物处理、废弃物处理等5个方面。其中，卫生管理制度是确保企业生产活动正常运行的基础，制度的制定和执行情况决定了企业的卫生程度及管理水平；另外4个方面是对卫生管理检查提出的具体要求，是企业应有的行为和（或）应该达到的水准和目标。这5个方面共同构筑了企业食品安全卫生管理的所有基础，直接影响到产品的品质及安全。

健全的管理制度可以促使食品生产人员认识到食品生产的特殊性，并由此产生积极的工作态度，激发其对食品安全与质量高度负责的精神，有利于消除行为上的不良影响，降低食品生产过程中的人为错误；使食品生产企业对食品原料、食品添加剂与食品相关产品的要求更为严格，防止食品在生产过程中受到污染或品质劣变。建立健全自主性卫生管理制度有助于食品生产企业提高食品的品质与食品安全水平，保障消费者与生产者的权益，强化食品生产者的食品安全第一责任人理念，促进食品工业健康、持续发展。

本章内容也可作为《食品生产监督检查要点表》中的条款2"生产环境条件"相关内容，条款11.5"建立并执行从业人员健康管理制度，从事接触直接入口食品工作的人员具备有效健康证明，符合相关规定"，以及《广东省食品生产企业食品安全审计评价表》中第二部分（六）"卫生管理制度"、编号27"食品加工人员卫生管理制度"和编号28"食品加工人员健康管理制度"的检查技术要领应用。

第一节　卫生管理制度检查

一、背景知识

企业的卫生管理贯穿于整个生产过程，具体表现为对环境、设备设施及人员的卫生控制。卫生管理制度的建立及有效执行可减少食品被污染的风险，生产环境、食品加工人员、设备及设施等不清洁，均有可能给食品带入污染风险。因此企业应按照相关法律法规、标准要求及风险控制需要制定食品加工人员和食品生产卫生管理制度，并将制度规定落实到位。

卫生管理制度应明确人员的岗位职责，实行岗位责任制。负责人对食品安全管理负全面责任，负责建立健全质量管理体系，加强对食品从业人员的卫生知识培训，保证制度的全面落实；管理人员对食品安全管理工作负直接责任，做好场所、设备及人员的清洁卫生管理；确保相关的清洁卫生设施正常运行；建立管理人员健康档案；及时发现可能存在的食品安全问题并解决，或向负责人报告。其他相关人员按照各自岗位职责做好具体的卫生清洁消毒及检查工作，发现问题及时向管理人员报告。落实岗位责任制须制定考核标准，定期对各岗位卫生管理执行情况进行考核，针对考核结果应有相应的奖惩措施。

建立对保证食品安全具有显著意义的关键控制环节的监控制度。企业应结合自身生产的产品特性、生产及贮存的卫生要求制定监控要求，明确监控对象、监控范围、控制要求及监控频率等。监控的范围可以包括但不限于车间空气洁净度等级、食品操作面、食品用工器具表面、操作人员手部微生物指标、生产人员操作（如是否按要求洗手更衣，是否携带个人物品进入车间，不同洁净度之间的操作人员是否存在串岗的情况等）的规范性等。定期对制度执行情况进行检查，若有不合格的情况，应及时查找原因并制定纠正措施。

法律法规或标准对具体食品类别有明确要求的，应参照相关要求制定卫生管理制度。如 GB 8957《食品安全国家标准　糕点、面包卫生规范》规定除符合 GB 14881 的相关规定之外，还应配备与加工人员相适宜的、经培训考核合格的卫生管理监督人员。加工人员不得穿戴与生产无关的工作服、工作帽、工作鞋进入生产场所。加工人员应遵守各项卫生制度，养成良好的卫生习惯，不得在车间内吸烟、随地吐痰、乱扔废弃物。操作前应洗手消毒，衣帽整齐，清洁区的操作人员应佩戴口罩。对于食品安全事故频发的地方特色食品，如湿米粉，除符合 DBS 44/017《食品安全地方标准　湿米粉生产和经营卫生规范》和 GB 14881《食品安全国家标准　食品生产通用卫生规范》的相关规定外，还应建立清洁消毒制度和清洁消毒用具管理制度，每班次生产结束后应及时对车间、设备、设施进行清洗，清洗重点为与食品直接接触且容易积垢的磨浆设备、搅拌设备、米浆输送管道、冷却输送带、切刀等。产品运输车辆应专用、保持清洁，每天清洗一次并做好记录。生产过程中如使用循环冷却水，应保持清洁，并定期更换。废弃物应定期清理；易腐败的废弃物应尽快清除。

二、检查依据

卫生管理制度检查依据见表 7-1。

表 7-1　卫生管理制度检查依据

检查依据	依据内容
GB 14881《食品安全国家标准　食品生产通用卫生规范》	6.1.1　应制定食品加工人员和食品生产卫生管理制度以及相应的考核标准，明确岗位职责，实行岗位责任制。 6.1.2　应根据食品的特点以及生产、贮存过程的卫生要求，建立对保证食品安全具有显著意义的关键控制环节的监控制度，良好实施并定期检查，发现问题及时纠正。 6.1.3　应制定针对生产环境、食品加工人员、设备及设施等的卫生监控制度，确立内部监控的范围、对象和频率。记录并存档监控结果，定期对执行情况和效果进行检查，发现问题及时整改。 6.1.4　应建立清洁消毒制度和清洁消毒用具管理制度。清洁消毒前后的设备和工器具应分开放置妥善保管，避免交叉污染。

三、检查要点

（1）是否建立了卫生管理制度，制度的内容是否包括了人员岗位职责、考核标准、监控要求及纠正措施等。

（2）企业是否设立了卫生管理岗位并检查岗位执行情况。

（3）相关记录内容与制度要求是否一致，记录内容是否完整。

（4）是否对卫生管理制度的执行情况和效果进行验证。

四、检查方式

（1）查看企业是否完整地制定了卫生管理制度，一般来说企业应制定以下相关的卫生管理制度，一般包括：

①应制定食品加工各环节的操作人员和食品生产卫生管理制度，以及相应的考核标准，明确各岗位职责，实行岗位责任制。

②应根据食品的特点以及生产、贮存过程的卫生要求，制定对保证食品安全具有显著意义的关键控制环节的监控制度，并使之良好实施和定期检查，如发现问题有相应的及时纠正措施。

③应制定针对生产环境、食品加工人员、设备设施等的卫生监控制度，确立内部监控的范围、对象和频率，记录并存档监控结果，定期对执行情况和效果进行检查，发现问题及时整改。

④应建立清洁消毒制度和清洁消毒用具管理制度。清洁消毒前后的设备和工器具应分开放置、妥善保管，避免交叉污染。

（2）查看或询问卫生管理人员是否按照其岗位职责执行。卫生管理人员的主要职责应包括：

①贯彻执行食品卫生相关法律、法规和食品安全标准，执行并组织实施本企业的食品卫生管理制度；

②对本企业的食品生产人员进行食品卫生知识、法律知识的宣传和培训；

③对食品和食品生产过程进行监督、检验、检查，发现问题及时处理。

（3）查看卫生检查监控记录，检查记录中的监控对象、监控方法、监控频率等信息与制度要求是否一致，是否对卫生管理制度的执行情况和效果进行验证，验证措施方法与制度要求是否一致，发现问题时是否对纠正措施进行记录。

查看记录时重点查看记录内容是否真实有效，是否是由相应的岗位人员进行填写，是否存在事后填写的情况。

日常卫生检查配套的相关记录表格一般有：《厂区环境卫生检查记录表》《车间卫生检查记录表》《员工行为规范检查记录表》《紫外灯使用情况记录表》《消毒液配置和使用记录表》和《生产设备设施清洁消毒确认表》等。

（4）现场检查生产操作人员是否按照卫生要求进行操作，也可向操作人员进行抽查询问，检查企业是否较好地对卫生管理制度进行了培训。

现场检查过程中，检查人员可现场确认设备、设施、环境、器具是否清扫干净，消毒剂及消毒容器具是否放回原位并上锁，清扫过程是否对生产设备造成损坏，相应的记录表格是否摆放于方便填写的位置。

五、常见问题

（1）卫生管理制度的内容不完善，相关记录内容与制度要求不一致，记录不完整或未按要求保留记录。

（2）人员岗位职责落实不到位，考核标准没有得到有效的执行。

六、案例分析

案例1　某食品企业未对管理人员的卫生管理相关职责作出规定。

案例2　某食品生产企业卫生管理制度中要求品控人员定期对环境及人员卫生进行考核，但未对具体的考核要求作出规定。

案例3　某食品生产企业卫生管理制度中规定对制度的执行情况及效果进行验证，但无具体的验证措施及发现问题时的纠正措施。

分析：以上案例均属于制度内容不完善，制度内容可操作性不强的情况。卫生管理制度应对各岗位人员的岗位职责作出规定，管理人员对食品安全管理工作负直接责任，应做好场所、设备及人员的清洁卫生管理；确保相关的清洁卫生设施正常运行；建立管理人员健康档案；及时发现可能存在的食品安全问题并解决，或向负责人报告。考核的内容应包括考核对象、考核方法、考核频率及判定标准，如对环境洁净度进行监控应具体到车间或区域名称，明确具体的检验项目及检验方法标准和指标等，并规定多久进行一次考核。对制度落实情况的考核可以加强制度的执行力度，如通过人员手部涂抹试验来考核生产操作人员是否按照规定进行手部的清洁消毒。

案例4　某饮料企业制度要求定期对灌装间洁净度进行监测，某次的检测结果显示空气沉降菌未达到要求，相关岗位的人员考核结果及纠正措施记录未能提供。

分析：本案例属于未落实岗位职责，未按要求采取纠正措施及保留记录的情况。企业检查人员应将不合格的情况向管理人员汇报。管理人员对问题进行分析，查找原因，锁定问题岗位及人员，及时解决问题，并实施相应的考核措施，向负责人汇报纠正措施及结果。负责人对制度落实情况进行评估，必要时对制度内容予以修正。该案例中，企业对卫生制度执行情况和效果进行了考核，但还应落实岗位责任制，对不合格情况进行分析，对岗位人员的职责落实情况进行评估，采取对应的纠正措施，避免同类问题再次出现。

第二节 厂房及设施卫生管理检查

一、背景知识

食品厂房及设施如出现破损或受污染，很可能对食品生产环境及食品本身造成污染。食品生产企业应定期清洁厂房地面、屋顶墙壁、生产设备、裸露食品接触表面等相关区域，并由专人负责检查，发现问题及时改正。不同的食品生产企业可根据食品生产工艺特点及本身特性制定清洁消毒操作规范和清洁消毒计划，在规范或计划中可以体现各生产工序在生产结束后、下次生产前或更换产品时对车间环境、设备设施、工器具、生产用管道、裸露食品接触表面进行清洁消毒，并由相关人员检查计划的执行效果，填写验证记录。清洁消毒记录内容可包括：清洁对象、清洁方式、清洁频次、清洁验证结果等。

根据不同生产区域卫生要求及生产工艺需求，选择不同的清洁消毒方式，有些经过清洗即可达到生产的需求，有些则应使用清洗与消毒相结合的方式。消毒前后的设备和工器具应分开存放，其存放的方式应避免不同洁净度之间、生产过程卫生要求不同的设备和工器具之间出现交叉污染。

根据 GB 14881 中 4.1.3 规定，生产作业区一般可分为清洁作业区、准清洁作业区和一般作业区，法律法规及标准对于某些类别食品清洁作业区的洁净度有明确的要求，如 GB 12693 的 9.1.3.2 中规定按 GB/T 18204.1 中的自然沉降法测定，清洁作业区空气中的菌落总数应控制在 30CFU/皿以下。《饮料生产许可审查细则（2017 版）》第十条规定：清洁作业区对空气进行过滤净化处理，应加装空气过滤装置并定期清洁，清洁作业区空气洁净度（悬浮粒子、沉降菌）静态时应达到 10000 级且灌装局部达到 100 级，或整体洁净度达到 1000 级。企业应按照法律法规、标准及生产需要制定相应的环境清洁消毒要求。

（一）清洗

清洗是指用清水、清洗液等介质对清洗对象所附着的污垢进行清除的操作过程。清洗是保证产品质量的重要环节，清洗一般也是消毒杀菌的前处理，通过清洗可除去污垢，抑制微生物的生长、繁殖，从而减少杀菌剂的用量，达到更理想的清洁效果。

1. 生产车间清洗

一般食品生产车间的清洗是在食品生产完毕后进行，通常采用喷射热水或者高压清水清洗，根据需要也可以使用洗涤液冲洗或刷洗，再用清水冲洗干净。最后采用紫外线或杀菌剂杀菌方法来保证食品生产环境的清洁卫生。

2. 生产设备设施清洗

生产设备设施的清洗是指对食品生产使用的贮料槽（罐）、物料管道、直接接触食品的生产设备设施、热交换器等设备的清洗。常用的方法是：水冲洗→清洗液清洗→清水冲洗或热水冲洗杀菌。一般情况下，生产设备设施在生产前和生产结束后都应按照清洗流程清洗，以保证食品生产过程的清洁卫生。

（二）消毒

常规的洗涤方法并不能杀灭残留于生产设备、管道内部和生产环境中的微生物，只有在彻底清洗的基础上，再结合有效的杀菌（消毒）处理，才能保证食品生产中的质量安全。食品加工中常用的杀菌方法有加热杀菌、辐射杀菌及化学消毒剂杀菌等。化学消毒剂在食品生产和经营中的应用极为广泛。在选择化学消毒剂时也应考虑食品质量安全问题，如经消毒剂处理过的食用器具、生产设备上有化学消毒剂残留，会对食品造成污染，以及工作人员在使用消毒剂时的人身安全问题。

常见的车间环境消毒方式有紫外线消毒、臭氧消毒、空气净化装置过滤净化、药物熏蒸等方法。与紫外线照射消毒相比，用臭氧发生器进行车间空气消毒，具有不受遮挡物和潮湿环境影响，杀菌较彻底，不留死角等优点，并能以空气为媒介对车间器具的表面进行杀菌消毒。对于药物熏蒸方法常使用的药品有过氧乙酸、次氯酸钠等。采用臭氧消毒和药物熏蒸方法对车间进行消毒操作时，应确保车间内无人员。

生产用设备及工器具根据其材质、是否直接接触食品、是否可拆卸或移动的特性制定相应的清洗消毒方式，常见的有热力消毒、消毒剂消毒、CIP

等方式。前两种消毒方式广泛运用于各类食品中，CIP 通常被应用于大型设备、管道及不易于拆卸清洗的情况。

二、检查依据

厂房及设施卫生管理检查依据见表 7-2。

表 7-2　厂房及设施卫生管理检查依据

检查依据	依据内容
GB 14881《食品安全国家标准　食品生产通用卫生规范》	6.2.1　厂房内各项设施应保持清洁，出现问题及时维修或更新；厂房地面、屋顶、天花板及墙壁有破损时，应及时修补。
	6.2.2　生产、包装、贮存等设备及工器具、生产用管道、裸露食品接触表面等应定期清洁消毒。

三、检查要点

（1）是否建立设备设施及环境的清洁消毒管理制度，制度内容是否完善。

（2）清洁消毒方案是否适用于产品及工艺。

（3）相关清洁消毒检查记录是否完整，与作业指导书要求是否一致。

（4）是否对消毒效果进行验证，是否制定了不符合规定时的处理措施。

（5）发现清洁消毒存在问题时的处置措施是否符合规定要求。

（6）清洁消毒前后的设备和工器具是否分开存放，是否存在交叉污染的风险。

四、检查方式

（1）查看企业管理制度，是否建立了设备设施及环境的清洁消毒制度，清洁消毒制度是否包括以下内容：清洁消毒的区域、设备或器具名称；清洁消毒工作的职责；使用的洗涤剂、消毒剂；清洁消毒方法和频率；清洁消毒效果的验证及不符合的处理；清洁消毒工作及监控记录。

（2）查看现场，清洁消毒前后的设备和工器具是否分开放置、妥善保管，是否存在交叉污染的情况。设备设施、生产用管道、食品接触面、厂房、地面、屋顶、天花板及墙壁卫生状况如何，是否完好无破损。

（3）查看记录，记录内容是否包括了制度规定的清洁消毒的区域、设备或器具，使用的洗涤剂、消毒剂品种与浓度，清洁消毒方法和频率，与文件要求是否一致。

五、常见问题

（1）清洁消毒的方式不符合相关要求或与制度规定不一致；清洗规程规定的要求未落实到位，如消毒剂的浓度、清洁消毒的温度和时间记录与要求不一致，实际监测频率与要求不一致。

（2）使用的清洁消毒用品不符合相关国家标准或未取得相应资质。

（3）清洁区的工器具在准清洁区清洗；清洁区的食品容器（如周转筐）在一般作业区清洗。

（4）清洁消毒前后的设备和工器具混放或未及时转移，存在交叉污染风险。

（5）现场设备设施、生产用管道、食品接触面、厂房、地面、屋顶、天花板及墙壁卫生状况不良，有破损未修补。

六、案例分析

案例1 某饮料生产企业的玻璃瓶内洗机设于一般作业区，且该环境中堆放较多与生产无关的杂物，卫生条件较差，企业在获证后将内洗机的顶部盖子拆除，外洗过程暴露于上述环境中；查看 CIP 监控记录中的时间及温度与作业指导书要求不一致。

案例2 某肉制品生产企业的《清洁消毒管理制度》中规定：生产前、生产过程中及生产结束后须对设备、工器具及环境进行清洁消毒，但相关的清洁消毒记录未能提供。

分析：以上案例属于未按照相关要求对生产用工器具、设备设施及场所进行清洁消毒，清洁消毒的方式方法不符合相关规定及未按要求保存相关记录的情况。接触直接入口食品的包材内洗装置应设置于清洁区或准清洁区，案例1中企业由于生产条件限制，内洗机设置于一般作业区，处于封闭状态时其风险相对可控，但是拆除顶部盖子后其内洗过程暴露于一般作业区中，可能存在交叉污染风险。作业指导书中对于 CIP 清洗参数的清洁效果原则上应经过验证，随意改变时间和温度等重要操作参数有可能使清洁消毒达不到预期效果。案例2中企业没有相关清洁消毒记录，无法证明其按制度要求对设备、工器具及环境进行了清洁消毒。

案例3　某水果干制品及坚果制品分装企业卫生管理制度要求，更换产品时，先对车间环境、食品操作面及食品用工器具进行清洁消毒，再进行另一类食品的分装操作，但操作人员称并未进行清场作业，且清洁消毒记录亦未能提供。

分析：首先，企业针对自身产品特点制定的卫生管理制度应该严格落实执行；其次，多个产品共用同一车间的情况在分装企业中比较常见，但即使同是即食类产品，其控制要求也可能存在差异。如 GB 29921《食品安全国家标准　预包装食品中致病菌限量》中，对"即食果蔬制品"及"坚果与籽类食品"的致病菌指标及限量要求有显著不同，所以若未按要求进行清场作业，可能存在交叉污染，带来食品安全隐患的风险，同时还会影响食品的风味和口感。

第三节　人员健康管理与卫生要求检查

一、背景知识

生产操作人员若患有消化道传染病（如痢疾、伤寒、甲型病毒性肝炎、戊型病毒性肝炎等）、活动性肺结核、化脓性或者渗出性皮肤病等，有可能因在生产加工过程中未做好个人防护或操作不当，造成食品被污染，引发食源性疾病。

企业应建立并执行加工人员健康管理制度，规定食品加工人员每年进行健康检查，持证上岗，做好岗前卫生培训，记录培训及考核情况，并形成人员健康档案。食品加工人员患有有碍食品安全疾病的，应及时调整到其他不影响食品安全的工作岗位。

生产操作人员的不规范操作或失误行为，可能在生产过程中带入生物性、物理性或化学性的危害因素。企业应制定人员卫生管理要求，做好个人卫生防护，如洗手消毒、更衣戴帽及不携带与生产无关的个人物品进入车间等。同时制定相应的考核制度，明确岗位职责，规定考核的范围、方式及频率，如检查并记录生产操作人员手部清洁情况，是否受伤化脓，定期进行手部表面微生物（菌落总数及大肠菌群）检验等，对于考核不达标的情况有相应的处理及纠正措施，以对制度的执行情况和效果进行验证。

食品生产车间人员洗手消毒及更衣一般流程见图 7-1 及图 7-2。

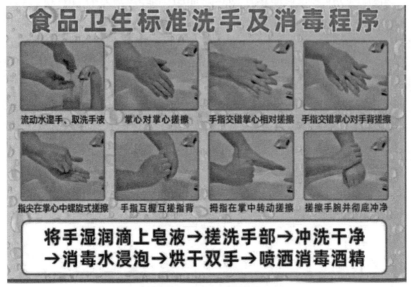

图 7-1　洗手消毒流程

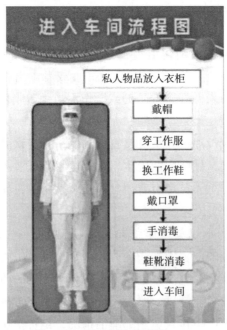

图 7-2　更衣流程图

制定人员健康管理与卫生要求管理制度并按要求实施，加强卫生知识培训，提高从业人员的食品安全意识，落实岗位责任制，有益于激发员工主观能动性，产生积极的工作态度，从而有效减少人为因素导致食品被二次污染的风险。生产企业应对培训次数、培训时长、不影响食品安全岗位的认定、洗手消毒的方式、工作服的设计及穿戴要求等方面制定具体的要求。如发现食品加工人员患有或疑似患有食品安全法提及的相关疾病时，可在危害评估的基础上，调整到外包装、理货、仓储等岗位，或要求相关员工休息；食品加工人员感到身体不适并可能患有本节提及或未提及的传染病时，应主动要求调整岗位或请假休息。

食品生产企业可为来访者配备工作服或其他适宜的服装，并张贴人员着装、清洁操作示范，监督来访者进入作业区前整理好个人卫生，并就卫生制度与来访者提前做好沟通。有条件的企业可设置参观走廊，供来访者参观。

二、检查依据

人员健康管理与卫生要求检查依据见表 7-3。

表 7-3　人员健康管理与卫生要求检查依据

检查依据	依据内容
食品安全法	第四十五条　食品生产经营者应当建立并执行从业人员健康管理制度。患有国务院卫生行政部门规定的有碍食品安全疾病的人员，不得从事接触直接入口食品的工作。
GB 14881《食品安全国家标准　食品生产通用卫生规范》	6.3.1　食品加工人员健康管理 6.3.1.1　应建立并执行食品加工人员健康管理制度。 6.3.1.2　食品加工人员每年应进行健康检查，取得健康证明；上岗前应接受卫生培训。 6.3.1.3　食品加工人员如患有痢疾、伤寒、甲型病毒性肝炎、戊型病毒性肝炎等消化道传染病，以及患有活动性肺结核、化脓性或者渗出性皮肤病等有碍食品安全的疾病，或有明显皮肤损伤未愈合的，应当调整到其他不影响食品安全的工作岗位。 6.3.2　食品加工人员卫生要求 6.3.2.1　进入食品生产场所前应整理个人卫生，防止污染食品。 6.3.2.2　进入作业区域应规范穿着洁净的工作服，并按要求洗手、消毒；头发应藏于工作帽内或使用发网约束。

表 7-3（续）

检查依据	依据内容
GB 14881《食品安全国家标准 食品生产通用卫生规范》	6.3.2.3 进入作业区域不应佩戴饰物、手表，不应化妆、染指甲、喷洒香水；不得携带或存放与食品生产无关的个人用品。 6.3.2.4 使用卫生间、接触可能污染食品的物品，或从事与食品生产无关的其他活动后，再次从事接触食品、食品工器具、食品设备等与食品生产相关的活动前应洗手消毒。 6.3.3 来访者 非食品加工人员不得进入食品生产场所，特殊情况下进入时应遵守和食品加工人员同样的卫生要求。

三、检查要点

（1）是否建立人员健康管理档案及食品生产相关岗位的考核制度，制度内容是否落实到位。

（2）接触直接入口食品的人员是否持有效健康证上岗，现场是否有操作人员带病（有碍食品安全的疾病）作业。

（3）生产操作人员是否按要求做好个人卫生防护。

（4）是否做好人员卫生检查记录。

四、检查方式

（1）查看企业管理制度，并抽查部分加工人员每年健康检查情况，了解企业是否建立人员健康管理档案；查看培训或考核记录，了解企业是否进行了人员岗位卫生培训等。

（2）查看现场，生产加工人员是否按要求使用个人卫生设施，是否按要求更衣洗手消毒。观察食品加工人员实际健康状况是否符合工作岗位的要求，是否按要求穿戴工作衣帽，有没有佩戴饰物、手表，是否存在化妆、染指甲、喷洒香水的情况；是否在生产车间携带或存放与食品生产无关的个人用品。

（3）查看记录，各项人员卫生检查记录是否完整，如有异常情况是否及时处理。

五、常见问题

（1）未建立人员健康管理档案及食品生产相关岗位的考核制度，或制度内容不完善。

（2）接触直接入口食品的生产加工人员健康证过期或未能提供，生产操作人员带病（有碍食品安全的疾病）工作。

（3）生产操作人员未按要求做好个人卫生防护，未穿戴工服帽或发网，未进行洗手消毒，携带个人物品进入车间等。

（4）未记录人员卫生检查情况或记录内容不完整。

六、案例分析

案例1 检查人员在某肉制品生产企业内包间发现工作人员手部受伤化脓，该工作人员未将情况上报，继续进行内包装作业。查看班前卫生检查记录，并未记录异常现象。

案例2 某糕点生产企业内包装操作员工未能提供健康证明。

分析： 化脓的伤口处可能携带金黄色葡萄球菌，手部在接触食品时对食品有造成二次污染的风险，生产操作人员有此类情况应主动说明，卫生检查过程中也应能识别此类情况，及时将该生产操作人员调离岗位，做好相应处理记录。食品安全法第四十五条规定：食品生产经营者应当建立并执行从业人员健康管理制度。患有国务院卫生行政部门规定的有碍食品安全疾病的人员，不得从事接触直接入口食品的工作。从事接触直接入口食品工作的食品生产经营人员应当每年进行健康检查，取得健康证明后方可上岗工作。以上两个案例明显违反了上述规定。

案例3 某肉制品生产企业卫生管理制度中要求品控人员定期对清洁区操作人员手部洁净度进行检测，但在检查过程中，相关的记录未能提供。

案例4 某食品生产企业车间内发现不同洁净度车间的操作人员存在串岗的情况，企业未制定与卫生管理制度相应的人员岗位职责及考核标准。

分析： 以上案例属于制度内容不完善、未按要求落实卫生管理制度或未按要求保留记录的情况。检查人员可通过查看记录了解情况，也可通过查看现场操作及向操作人员提问进行佐证，如查看工作人员是否进行手部消毒，询问工作人员多久进行一次手部涂抹取样，查看现场不同洁净度车间的人员工作服是否有区分或标识，现场是否有串岗的情况等。

第四节　虫害控制和有毒有害物管理检查

一、背景知识

1. 虫害控制

根据 GB 14881—2013《食品安全国家标准　食品生产通用卫生规范》中 2.2 规定，虫害是指由昆虫、鸟类、啮齿类动物等生物（包括苍蝇、蟑螂、麻雀、老鼠等）造成的不良影响。虫害会带来很多危害，如鼠类有可能传播鼠疫、痢疾等疾病，虫害可造成产品微生物污染，给消费者身体健康带来威胁，虫害还会严重影响原料和成品的感官，带来直接经济损失等，因此虫害管理是食品生产卫生环境管理非常重要的一个环节。食品生产加工场所内一般可食用的物品比较多，如果生产场所内卫生较差，加上还有各种气（香）味，在温度和湿度都适宜的情况下，就为虫害的孳生提供了良好的条件。因此保持一个整洁、干净、卫生的生产环境是食品生产厂房的必要条件。完好的厂房和防虫害设施也能很好防止虫害的侵入。因此，企业建立有效的虫害控制就非常地必要。

有效的虫害控制是一项系统性的要求。第一，厂区周边环境需要保持整洁，地面无积水，定期清理周边的绿植、杂草、杂物、垃圾等。第二，需要完好的厂房，墙壁、顶棚、门、窗等不能出现孔洞和缝隙，若出现应及时修补；人流、物流的门、窗不能敞开，需要开启的窗户、排气扇应有防虫纱网，纱网完好无损；墙壁上的管道或沟槽应被安装套筒或被密封好；下水道、水槽应保持清洁、无积水，排水口有水封。第三，生产车间及车间内的所有设备设施需要保持完好、整洁、干净、卫生、干燥（用水量大的企业除外）状态。第四，在适当的场所设置灭虫捕鼠设施，如车间、仓库的出入口安装灭蝇灯，在厂房、仓库出入口设置挡鼠板或鼠笼、粘鼠板等。第五，定期对厂区和车间虫害进行检查和消杀，不管是企业自行消杀还是委托第三方公司消杀，都需要注意消杀药品的管理和其安全性，选择使用的药品及其浓度应对人体和食品无毒无害无影响。

2.有毒有害物管理

此处所讲有毒有害物专指食品生产企业常用的一些有害物品，包括：卫生清洁、消毒用的日化用品，设备设施使用的润滑油、燃料、杀虫剂，化验用的化学试剂。有毒有害物若管理、使用不当，轻则给企业带来经济损失，重则可能污染食品进而造成人员伤亡。因此，食品企业需要严格管控这类有毒有害物。

有毒有害物要从采购、存储、正确地标识和使用等几个方面严格控制，防止污染食品。首先，有毒有害物应由企业的采购部（员）统一购买。购买前，相关人员应确定所购买的有毒有害物是合法安全的，并允许食品加工企业使用的，如洗涤剂属于食品相关产品，相关生产企业须获得生产许可证才能生产，食品企业购买时需向对方索取相关证照和产品合格证明文件；又如消毒剂需符合 GB 14930.2《食品安全国家标准　消毒剂》和《食品用消毒剂原料（成分）名单（2009 版）》。其次，购买回来的有毒有害物应由企业的品控部（员）进行验收，验收时应注意产品标签是否标明产品名称、制造商、批准文号、使用说明和贮存条件等信息。验收合格后应将有毒有害物存储在独立的场所，并标识清楚，远离食品加工场所，不得与原料、半成品、成品、包材、食品接触面等物品混放。仓库管理人员应做好库存的安全管理和登记工作，做到有出入库记录、领用使用记录以及审批记录；领用使用记录应包含用途、使用场所、使用量、使用浓度和使用人等信息。使用时严格按照标签上标明的使用方法和浓度要求去使用，盛装有毒有害的容器不得与生产用容器混用，未使用完的有毒有害物不得随处存放，应尽可能退回原处存放。一些常用的洗涤剂、消毒剂未用完也应存放在指定区域，并有专人严格管理，消毒剂还应定期检查其浓度是否还有消毒效果。如若发现有毒有害物遗失、不慎倾倒流出的情况，应尽快上报相关负责人进行追踪；对有可能被污染的原料、半成品、成品、包装物、生产设备设施等应尽快进行隔离、评估后再处置。

二、检查依据

虫害控制和有毒有害物管理检查依据见表 7-4。

表7-4　虫害控制和有毒有害物管理检查依据

检查依据	依据内容
食品安全法	第三十三条　食品生产经营应当符合食品安全标准，并符合下列要求： …… （二）具有与生产经营的食品品种、数量相适应的生产经营设备或者设施，有相应的消毒、更衣、盥洗、采光、照明、通风、防腐、防尘、防蝇、防鼠、防虫、洗涤以及处理废水、存放垃圾和废弃物的设备或者设施； …… （六）贮存、运输和装卸食品的容器、工具和设备应当安全、无害，保持清洁，防止食品污染，并符合保证食品安全所需的温度、湿度等特殊要求，不得将食品与有毒、有害物品一同贮存、运输； …… （十）使用的洗涤剂、消毒剂应当对人体安全、无害。
GB 14881《食品安全国家标准　食品生产通用卫生规范》	3.1.4　厂区周围不宜有虫害大量孳生的潜在场所，难以避开时应设计必要的防范措施。 3.2.4　厂区绿化应与生产车间保持适当距离，植被应定期维护，以防止虫害的孳生。 5.1.8.5　清洁剂、消毒剂、杀虫剂、润滑剂、燃料等物质应分别安全包装，明确标识，并应与原料、半成品、成品、包装材料等分隔放置。 6.4.1　应保持建筑物完好、环境整洁，防止虫害侵入及孳生。 6.4.2　应制定和执行虫害控制措施，并定期检查。生产车间及仓库应采取有效措施（如纱帘、纱网、防鼠板、防蝇灯、风幕等），防止鼠类昆虫等侵入。若发现有虫鼠害痕迹时，应追查来源，消除隐患。 6.4.3　应准确绘制虫害控制平面图，标明捕鼠器、粘鼠板、灭蝇灯、室外诱饵投放点、生化信息素捕杀装置等放置的位置。 6.4.4　厂区应定期进行除虫灭害工作。 6.4.5　采用物理、化学或生物制剂进行处理时，不应影响食品安全和食品应有的品质、不应污染食品接触表面、设备、工器具及包装材料。除虫灭害工作应有相应的记录。 6.4.6　使用各类杀虫剂或其他药剂前，应做好预防措施避免对人身、食品、设备工具造成污染；不慎污染时，应及时将被污染的设备、工具彻底清洁，消除污染。 7.1　一般要求 应建立食品原料、食品添加剂和食品相关产品的采购、验收、运输和贮存管理制度，确保所使用的食品原料、食品添加剂和食品相关产品符合国家有关要求。不得将任何危害人体健康和生命安全的物质添加到食品中。 7.2.5　食品原料运输工具和容器应保持清洁、维护良好，必要时应进行消毒。食品原料不得与有毒、有害物品同时装运，避免污染食品原料。 10.1　根据食品的特点和卫生需要选择适宜的贮存和运输条件，必要时应配备保温、冷藏、保鲜等设施。不得将食品与有毒、有害或有异味的物品一同贮存运输。

三、检查要点

（1）生产场所（厂区、生产车间、仓库）内是否有虫害孳生的场所，现场是否有虫害孳生，是否设置有防鼠防虫设施以及设施是否完好有效。

（2）是否制定了虫害控制措施管理制度，是否定期进行除虫灭害工作，并有相应记录。

（3）有毒有害物（消毒剂、清洁剂、杀虫剂、润滑剂、燃料等）是否有专门存放场所，是否有配制、使用记录。

（4）对于生产中使用的既是食品原料又是有毒有害物质（如亚硝酸盐）、检验使用的检验试剂（三氯甲烷）是否规范管理和使用。

四、检查方式

（1）查看厂区周边是否存在虫害孳生场所，如垃圾、废弃物、大量的积水等。查看厂房、生产车间、仓库等建筑是否完好，如墙壁、顶棚是否存在孔洞、缝隙，地面是否完好平整，无积水；所有的门、窗、通风设施、排水设施、穿墙管线等是否安装了防虫害侵入设施以及设施是否完好。查看生产车间和仓库时，应查看现场是否存在虫害孳生场所，如现场堆放较多杂物，地面、排水沟有积水，漫弯破损，生产垃圾未及时处理等。查看现场时应留意现场是否有虫害。

（2）查看是否制定了虫害控制措施管理制度，制度中是否规定如何防止虫害的侵入和孳生，以及灭鼠除虫的方法和注意事项，并定期检查和记录。

（3）虫害控制委托第三方公司进行的，应查看第三方公司是否具备资质，双方是否签订委托协议或合同，协议或合同中是否规定了除虫灭害的所有要求和注意事项；查看第三方公司是否按照合同定期对企业进行虫害检查和虫害消杀工作，并有相应的报告，以及企业是否按照第三方公司提交的整改意见（若有提出的情况）进行整改，整改是否到位。

（4）查看有毒有害物是否有独立的存放场所，存放是否符合相关安全要求，如防火、防潮、防爆等；包装是否有明确标识；是否存在与原料、半成品、成品、包装物混放的情况；生产车间内使用的消毒剂、清洁剂、润滑剂、燃料等是否有专门的存放区域，并有明确标识和专人管理。

（5）查看消毒剂、清洁剂、润滑剂、杀虫剂是否符合相关食品安全要求；查看有毒有害物的领用、配制和使用记录，其配制浓度是否符合相关要求，如消毒酒精的浓度。

五、常见问题

（1）厂房、生产车间或仓库墙壁有空洞或缝隙，地面或水沟不平整，有积水。

（2）门、窗、通风设施、排水设施、穿墙管线等未安装有效的防虫害侵入设施或设施坏损。

（3）检查现场时发现有虫害孳生。

（4）有毒有害物的存放不符合相关要求。

六、案例分析

案例 1 检查某速冻糕点企业时，发现生产车间一面墙壁上有 2 个孔洞未密封，车间内的漫弯形交界面已坏损发霉，部分地面破损有积水，生产设备设施清洁不到位，现场有大量的蚊虫和蟑螂孳生。

案例 2 某酱卤肉生产企业的熟制车间的排气扇老化导致合页不能闭合，亦未安装防虫纱网，现场发现少量的飞虫。

分析： 厂房有孔洞、通风设施无防虫害设施都有可能给虫害的侵入提供条件；而车间漫弯形交界面坏损、地面破损积水以及设备的不清洁，以及当地温暖潮湿的气候都给虫害孳生提供了很好的环境，因此案例中的企业在检查现场发现了较严重的虫害孳生现象。虫害是食品企业需要认真对待的重要问题之一，要使生产场所无虫害，企业应保证生产厂房的完好无损，保持生产场所干燥无积水，班前班后清洁消毒生产车间和设备设施，定期检查防虫害设施以及定期做虫害消杀工作。一旦发现现场有虫害孳生，应及时停产，避免食品被污染，并及时开展虫害消杀工作，以及检查已生产的产品是否受到了污染，若受到污染应按不合格品处理。

案例 3 检查某糕点企业时发现其内包材仓库满负荷存放，库中还存放有少量已开盖的清洁剂和消毒剂，包材与消毒剂、清洁剂的距离非常近，且部分内包材的包装物已被拆开，裸露存放。

分析： 生产车间、食品库房、包材库等不得存放有毒有害的化学品。有毒有害化学品不能存放于食品设备、工器具或包材上面，应定点存放管理。

对于未使用完的药品必须放回原处存放；对于消毒剂、清洁剂等相对低毒低害又经常使用的可在车间内设专柜少量存放，但必须有专人严格管理，防止非预期使用。本案例中企业内包材仓库中发现的清洁剂和消毒剂是员工使用完毕后随手放置在仓库中的，虽然少量，但是由于库房内存有大量的内包材，且距离非常近，甚至有部分包材是裸存状态，在存放、领取、搬运物料的过程中容易造成交叉污染。

第五节　废弃物处理检查

一、背景知识

生产活动过程中出现的副产物、不合格品、加工助剂、清洗消毒用清洁剂、消毒剂及检验室用检验化学试剂、废气、废弃培养基等无法用于生产加工的物质，可视为废弃物。副产物一般是食品自身经工艺筛选、提炼或经化学反应分离出的不包含在成品当中的成分或部位，比较常见的有豆渣、豆粕、米糠、废水及各种杂质等；不合格品一般是指不符合标准（国家标准、行业标准、企业标准等）要求的产品，根据生产环节可分为不合格原辅料（食品、添加剂、包装材料等）、不合格半成品及不合格成品。不是所有的不合格品都是废弃物，在不造成食品安全危害的情况下，企业根据自身工艺的需求和产品特性可采取让步接收、再次加工等合理的处置措施。生产加工过程不可避免会产生相应的废弃物，为了使废弃物不孳生虫害，防止对产品造成潜在的污染风险，有必要对废弃物进行有效管理和合理处置。在第五章第三节里介绍了废弃物存放设施相关基本要求，本节主要从废弃物的管理与处理方面展开介绍。

对于废弃物的管理，首先，从废弃物存放设施的管理着手。不同的废弃物尽可能地使用不同的存放设施。可以通过标识来管理，也可以通过颜色来区分。相比而言，用不同颜色的容器盛装不同类型的废弃物更利于管理，因为标识容易脱落、模糊，起不到区分的作用。其次，对于生产过程中产生的副产物、不合格产品或者超过保质期的而变成废弃物的，应区别对待。很多人认为，废弃物既然已经判定为废品，说明没有用处了，不会产生任何经济效益。其实不然，有些废弃物可以作为其他类型企业的原料再次利用，如豆渣、豆粕、米糠、糕点等的不合格残次品可以作为饲料使用，发挥其经济效益。最后，废弃物的处理不应是简单进行丢弃的行为。一是不能让废弃物对环境造成污染；二是不能让废弃物成为别有用心的人牟利的物品；三是可以通过产生的废弃物来评估生产工艺的有效性。同时，废弃物还是判断生产工艺合理性和有效性的指标之一。废弃物产生越多，浪费越严重，产品成本也就越高，这意味着生产工艺设计存在改进的空间。以上关于废弃物的处理都应做好相应的处理交接记录。

废弃物处理原则就是要及时归类、处理、清出厂区。废弃物处理或存放不当，可能引起虫害孳生，造成二次污染，或废弃物渗漏对生产环境、食品造成污染。企业应根据污染物的性质进行分类管理，要求存放设施设计合理、防止渗漏、易于清洁并有清晰标识，对废弃物存放的地点场所、处理方式、清除的时间作出规定，特别是废弃物有不良气味或有害气体、易孳生虫害的，应尽快清除。处理有特殊要求的废弃物还应符合有关规定，如《啤酒生产许可审查细则》规定啤酒生产企业须设有废水、废气处理系统。废水、废气的排放应符合国家排放标准。

二、检查依据

废弃物处理检查依据见表 7-5。

表 7-5　废弃物处理检查依据

检查依据	依据内容
GB 14881《食品安全国家标准　食品生产通用卫生规范》	6.5　废弃物处理 6.5.1　应制定废弃物存放和清除制度，有特殊要求的废弃物其处理方式应符合有关规定。废弃物应定期清除；易腐败的废弃物应尽快清除；必要时应及时清除废弃物。 6.5.2　车间外废弃物放置场所应与食品加工场所隔离防止污染；应防止不良气味或有害有毒气体溢出；应防止虫害孳生。

三、检查要点

（1）是否配备设计合理、防止渗漏、易于清洁的存放废弃物的专用设施；车间内存放废弃物的设施和容器是否标识清晰。

（2）是否在适当地点设置废弃物临时存放设施，并依废弃物特性分类存放。

（3）有毒有害或可能对食品造成污染的废弃物，是否按照规定及时处理，处理方式是否合理。

（4）废弃物处理是否有相应的处理记录，记录是否合理。

四、检查方式

（1）查看制度，是否建立了废弃物管理制度，是否对废弃物进行分类管理，是否制定了废弃物存放、处理及清除的规则。

（2）查看现场，废弃物存放的容器是否设计合理（如是否带盖、是否密闭及是否手动开启等），易于清洗并有明显标识，废弃物存放的地点场所是否存在食物交叉污染的风险，有毒有害的废弃物是否及时清除。

（3）查看记录，对于有特殊要求的废弃物，自行处理的应保存相应的处理记录，委托处理的应有交接记录，避免流通到市场或者环境中造成危害。

五、常见问题

（1）未制定废弃物管理制度，制度内容不完善，未对废弃物进行分类管理，废弃物的存放、处理及清除的要求不明确。

（2）加工区域未设专用的废弃物存放设施或容器，废弃物存放设施设计不合理，无明显标识。

（3）废弃物长期存放于食品加工区域，防护不足，未及时处理或清除，未对有毒有害的废弃物进行识别和管理。

六、案例分析

案例 1　某豆制品企业将原来的豆渣房改为仓库用途，豆渣堆放在车间入口处的过道，有明显的异味，孳生虫害。

案例 2　某大米加工企业糠房中堆放数量较多的米糠及杂物，未及时清理，糠房内墙角和窗台有蜘蛛网附着。

案例 3　某豆制品生产企业，生产过程中产生大量的豆渣，该企业将豆渣打包后存放于车间外的露天场所，现场中散发出异味并伴有苍蝇蚊虫。

分析： 上述案例属于未对废弃物的存放及处理作出要求，存放的场所地点不合理，未及时处理废弃杂物等的情况。豆渣和米糠属于生产过程产生的副产物，一般数量较多，难以找到妥善的存放位置，由于这些物质不可再用于生产加工，而且易产生异味，孳生虫害，应与生产区域有效分隔、单独暂存并及时清理。

对于生产过程中产生的废弃物应设置存放场所，且应做到日产日清。如豆制品废弃物的豆渣、植物饮料生产企业提取后植物残渣、啤酒产品经糖化后的酒糟等，特别是豆渣含有蛋白质较容易吸引、孳生虫害且易腐败，应尽快清理，不能任由其散发异味和招引苍蝇蚊虫，造成卫生安全隐患。清理清洁时还应做好消杀和清理交接记录。

案例 4 某生产企业的致病菌培养基未经处理直接倒入生活垃圾中，通风橱管道内废气未经处理就排放至与生产区域相邻的过道中。

分析： 使用过的微生物培养基，尤其是致病菌培养基属于显著污染源，应经过处理之后再废弃，以免对食品或环境造成污染。通风橱内的废气多半是有毒有害的有机溶剂产生的挥发性气体，对环境有一定的危害，也应统一收集经处理后排放。

案例 5 某植物油生产企业废弃物管理制度中未对白土的存放、处理作出规定，委托处理的废弃油脂的交接记录不完整。

分析： 企业应对生产过程中可能出现的废弃物进行识别分类，统一纳入废弃物管理，制定相应的处理、存放及清除要求。活性白土是食用油生产企业常用的脱色加工助剂，使用过后的白土属于炼油过程中产生的废弃物，含油量 15%～40% 不等，对环境有不良影响，不能随便倾倒，其处理需要一定的技术、场所及设备，一般生产企业无法自行处理，需要委托第三方进行相应的无害化处理后掩埋。多年来，废弃油脂一直是食品安全的热点问题，与白土一样，企业无法自行处理。对于委托处理的情况，企业应制定委托处理的相关要求，签订委托处理合同，明确双方的责任和义务，保留完整的交接记录，以免被违法用于再次加工或处理不当对环境造成危害。

第八章 食品原辅材料、食品相关产品采购检查

第一节 概述

食品原料是食品生产流通链条的源头，它是保证食品安全的必要条件，也是食品工业发展的重要保障。

食品原料种类十分丰富，可以是其他加工过程的产物，也可以是自然界自然生长或形成的产物，通常可分为植物类食品原料和动物类食品原料。随着现代食品工业的发展，微生物也可以成为食品原料。食品工业中与原料相关的概念还包括配料、主料、辅料等。主料是指食品加工中用量较大、经过或未经深加工过的农副产品，主要包括糖、面、油、肉、蛋、奶等，是加工食品时使用量较大的一种或多种物料。辅料有搭配、辅助之意，是指加工食品时使用量较小的一种或多种物料。而在我们食品工业中涉及比较多的辅料食品添加剂在食品安全法中被定义为：改善食品品质和色、香、味以及为防腐、保鲜和加工工艺的需要而加入食品中的人工合成或者天然物质，包括营养强化剂、酸度调节剂、抗结剂、消泡剂、抗氧化剂、漂白剂、膨松剂、着色剂、胶基糖果中基础剂物质、护色剂、乳化剂、酶制剂、增味剂、面粉处理剂、被膜剂、水分保持剂、防腐剂、稳定和凝固剂、甜味剂、增稠剂、食品用香料、食品工业用加工助剂以及其他等类别。食品相关产品是指用于食品的包装材料、容器、洗涤剂、消毒剂和用于食品生产经营的工具、设备等。用于食品的包装材料和容器，指包装、盛放食品或者食品添加剂用的纸、竹、木、金属、搪瓷、陶瓷、塑料、橡胶、天然纤维、化学纤维、玻璃等制品和直接接触食品或者食品添加剂的涂料等。

食品原料、食品添加剂和食品相关产品的安全性是通过建立采购、验收、运输和贮存管理等制度并严格执行得以保证的，因此，建立符合企业实际情况并易于良好执行的原料、食品添加剂以及食品相关产品的采购、验收、运输和贮存等全过程管理制度，对于保证食品安全至关重要。制度应确

保切实符合国家有关要求，应能防止发生危害人体健康和生命安全的情况。

供应商提供原料的及时性和质量安全会直接影响企业的产品竞争力，生产企业和原料供应商是利益的共同方，是战略合作伙伴。供应商管理越来越重要，也越来越受各食品企业重视，不少企业把供应商作为自己的前道车间来管理。同时，供应商的管理不仅仅是管理学范畴，也是食品工业技术范畴，所以近几年供应商质量工程师（SQE）在就业市场中很吃香。

食品生产者需要对食品原料进行管控。食品原料的品质、安全状况如何，直接决定了终产品是否安全。食品生产者应当按照国家法律法规要求，结合自身条件确定食品安全管理模式和监控重点。原料验收应依据供需双方约定的验收标准、验收程序和处理方式进行，并依据查验结果作出是否放行的决定。食品原料验收可由仓库工作人员和品管人员配合进行。

本章将从食品原辅料、食品相关产品的采购制度建立、供应商管理和原料验收3个方面进行展开，介绍如何对食品生产企业食品原辅料和食品相关产品的采购展开检查。本章内容可作为《食品生产监督检查要点表》中的条款3"进货检查"相关内容以及《广东省食品生产企业食品安全审计评价表》中编号31"物料采购管理制度"，编号32"原辅料和包装材料验收管理制度"的检查技术要领应用。

第二节　采购管理制度检查

一、背景知识

为规范企业采购验收管理，确保食品质量安全，根据食品安全法和《食品安全管理条例》等法律、法规及规章的要求，应制定原辅料采购管理制度。

建立合理有效的采购管理制度并严格执行，能及时保质保量采购到所需的物料。制度中应规定专职人员负责采购管理工作和采购管理人员的岗位职责。采购人员是食品生产企业重要岗位的人员，不仅要关注采购原料价格，更重要的是应掌握各食品原料相关质量要求。一般来说，采购人员应具有初步鉴别原辅料卫生质量的知识技能，即对将要采购的原辅料进行简单的感官鉴定。对于不同原辅料包装贮存条件以及原辅料的包装物或容器的材质要求都要有一定的了解。

建立食品原料控制程序，首先，应建立食品原料的验收标准，原料验收标准应符合或高于相应的食品安全国家标准或其他强制性标准，食品企业可通过查验原料供应商提供的资质证明、检验报告等，或对原料进行检验以确保原料符合验收要求。其次，应建立采购文件，包括采购计划、采购清单、采购合同等。

食品企业可根据需要建立原料的监控检验计划，包括致病菌、重金属、农兽药残留、可能的非法添加物质等项目。监控计划的频次可以按照风险等级、供应商评估、以往的监控结果等因素确定和修改，如监控频次可按每批、每月、每季、每半年或每年等。

二、检查依据

采购管理制度检查依据见表 8-1。

表 8-1 采购管理制度检查依据

检查依据	依据内容
食品安全法	第四十六条 食品生产企业应当就下列事项制定并实施控制要求，保证所生产的食品符合食品安全标准： （一）原料采购、原料验收、投料等原料控制； …… 第五十条 食品生产者采购食品原料、食品添加剂、食品相关产品，应当查验供货者的许可证和产品合格证明；对无法提供合格证明的食品原料，应当按照食品安全标准进行检验；不得采购或者使用不符合食品安全标准的食品原料、食品添加剂、食品相关产品。
GB 14881《食品安全国家标准 食品生产通用卫生规范》	7.1 一般要求 应建立食品原料、食品添加剂和食品相关产品的采购、验收、运输和贮存管理制度，确保所使用的食品原料、食品添加剂和食品相关产品符合国家有关要求。不得将任何危害人体健康和生命安全的物质添加到食品中。

三、检查要点

（1）企业是否建立原辅料采购管理制度，管理制度是否完善。

（2）是否建立原料采购控制程序文件，如验收标准、采购文件。

（3）是否制定定期对原料进行质量监控的计划。

四、检查方式

（1）调阅企业制定的采购管理制度。制度中应包括采购工作是否由专职人员负责，是否规定了该采购人员岗位任职条件，是否制定了采购控制程序，程序是否合理。控制程序中对于不合格原辅材料处置措施是否恰当合理。现场检查时也可以通过与采购管理人员交谈检查该企业的采购工作落实情况。

（2）查阅企业是否建立了原料采购控制程序文件，现场可抽取某一时段采购文件的落实情况，如采购批次的采购文件、采购清单，是否按照验收标准执行。

（3）查看企业是否制定了原料采购质量的监控计划，计划是否合理。采购人员或质量管理人员是否按照计划实施原辅材料质量监控。

五、常见问题

（1）制定的采购管理制度和采购控制程序文件不完善，实际操作与制度、文件不一致。

（2）采购管理人员落实采购制度不到位，采购人员对于需采购物品的质量验收标准不了解。

六、案例分析

案例 1 某饮料生产企业的采购管理制度（2020 年编制）中规定的合格供方应具备的条件之一为：取得国家批准注册的合法单位且资信良好，并具有卫生许可证等资质。

分析：食品安全法（2009 版）规定自 2009 年 6 月 1 日起施行本法，同时《中华人民共和国食品卫生法》废止，企业已经获得食品卫生许可证的在有效期到期后自动废止。至 2020 年，食品企业中早就不存在有效的食品卫生许可证。食品企业现行有效的是食品生产许可证（食品生产环节）和食品经营许可证（餐饮经营或食品销售环节）。案例中企业的采购管理制度中规定的合格供方条件明显不符合相关法律法规要求。

案例 2 某干制食用菌分装企业的采购管理制度中规定"物资到厂后，

由质检部按相应的检验规范对其进行检验，并做好有关记录，经检验合格的通知仓库核对验收并办理入库手续，验收不合格的则通知采购部按《不合格品管理制度》进行处理"，该企业的不合格品管理制度中对不合格原料的处理方式是"退回"，但检查组发现有一批原料香菇验收时水分超标（产品标准 GB 7096《食品安全国家标准　食用菌及其制品》以及企业的原料验收规程中规定香菇中水分含量需≤13%），实测值为 13.3%，但该企业的质检部未通知采购部门进行退货处理，而是通知生产部进行烘干处理后降级处理。

　　分析：案例中的企业质检人员未按《采购管理制度》和《不合格品管理制度》的规定通知采购部将不合格原料进行退货处理。产品标准和企业自行制定的制度、规范等文件是企业生产和管理的依据，在执行过程中应严格按要求执行，否则就失去了制定制度、标准的意义，如若制定的制度、规范在执行过程中发现不适用或要求过高，也应按照制度修改程序对相关制度、规范进行修改、批准后再执行，修改后的规定应符合国家相关要求。香菇容易吸潮，在贮存、运输过程中包装不严密时容易导致水分超标，企业应在运输和贮存过程中做好防潮措施。香菇水分超标在短期内可能不会造成食品安全问题，但是却容易使香菇发霉变质。生产企业在采购了水分超标的香菇时应尽量进行退货处理，如若不退货按降级处理也应该进行严格检验确保无食品安全问题后再进行生产，而案例中的企业未对不合格原料做任何其他检测，未确保原料无其他食品安全问题就直接投入生产，给后续生产的产品带来安全隐患。

　　案例 3　某糕点生产企业使用的白砂糖有一部分为进口原料，仓库中堆放了一批白砂糖的标签上只有外文标识，无中文标识。

　　分析：进口预包装食品的食品标签可以同时使用中文和外文，也可以同时使用繁体字。GB 7718《食品安全国家标准　预包装食品标签通则》中强制要求标示的内容应全部标示，推荐标示的内容可以选择标示。进口预包装食品同时使用中文与外文时，其外文应与中文强制标识内容和选择标示的内容有对应关系，即中文与外文含义应基本一致，外文字号不得大于相应中文汉字字号。对于特殊包装形状的进口食品，在同一展示面上，中文字体高度不得小于外文对应内容的字体高度。对于采用在原进口预包装食品包装外加贴中文标签方式进行标示的情况，加贴中文标签应按照 GB 7718 的方式标示；原外文标签的图形和符号不应有违反 GB 7718 及相关法律法规要求的内容。案例中的企业采购和验收人员由于对 GB 7718 不熟悉不了解，在采购和验收过程中未发现物料标签标识不合规，企业应加强相关人员在采购和验收过程中所涉及的相关法律、法规、规范等文件的培训学习。

第三节　供应商管理的检查

一、背景知识

供应商在食品生产企业的日常经营中发挥着越来越重要的作用，但我们应该如何对供应商进行有效管理呢？在管理之前，首先要对供应商资质条件进行审核，只有通过审核才能成为合格供应商。

如何开展供应商资质条件审核工作呢？一是资质材料索取。通常来说，这些资质材料包括营业执照、生产许可证、产品执行标准、认证证书（通过管理体系认证时）。如果无法提供相关有效的资质证书，采购企业采购原辅材料时就可能存在一定的法律风险。二是样品评估。这里所说的样品就是要采购的原料，由供应商提供。至于采取何种提供方式，是由采购方直接现场抽取还是原料供应商直接提供，取决于样品的属性。所以，从样品的代表性来说，在条件允许的情况下，采购企业应从供应商现场直接抽取样品检验。在评估样品之前，双方应协定好样品的评定标准。三是文件调查评估。通过文件调查评估可以更深层次了解供应商内部的管理水平以及后续供货服务水平。通常可以通过发放调查问卷表、各种承诺声明等方式掌握供应商一些实际情况。四是必要时组织到供应商中开展现场审核。现场审核对于选取合格供应商来说是很好的审核方式。通过现场审核可以近距离了解供应商生产硬件设施，可以面对面与供应商质量管理团队进行交流沟通。在开展现场审核前，采购企业应建立较完善的现场审核标准体系，有目的地、真实地了解供应商物料管理和供货水平。对于关键物料，如使用量较大、较容易影响产品质量水平的，建议进行现场审查评估供应商供货水平。

通过以上工作，可以较综合地判定供应商的供货能力。有了合格供应商之后应建立合格供应商清单或合格供方名录，可以分发到采购、仓库和质量管理部门。合格供应商清单是动态的，采购人员应及时更新。清单的更新一般是由采购部门主导，质量管理部门配合审核，最后由企业负责人或管理者代表批准实施。清单每年至少更新一次，但有中途纳入不合格供应商情况的，则应及时更新。

二、检查依据

供应商管理检查依据见表 8-2。

表 8-2　供应商管理检查依据

检查依据	依据内容
食品安全法	第五十条　食品生产者采购食品原料、食品添加剂、食品相关产品，应当查验供货者的许可证和产品合格证明；对无法提供合格证明的食品原料，应当按照食品安全标准进行检验；不得采购或者使用不符合食品安全标准的食品原料、食品添加剂、食品相关产品。
GB 14881《食品安全国家标准　食品生产通用卫生规范》	7.1　一般要求 应建立食品原料、食品添加剂和食品相关产品的采购、验收、运输和贮存管理制度，确保所使用的食品原料、食品添加剂和食品相关产品符合国家有关要求。不得将任何危害人体健康和生命安全的物质添加到食品中。 7.2.1　采购的食品原料应当查验供货者的许可证和产品合格证明文件；对无法提供合格证明文件的食品原料，应当依照食品安全标准进行检验。 7.3.1　采购食品添加剂应当查验供货者的许可证和产品合格证明文件。食品添加剂必须经过验收合格后方可使用。 7.4.1　采购食品包装材料、容器、洗涤剂、消毒剂等食品相关产品应当查验产品的合格证明文件，实行许可管理的食品相关产品还应查验供货者的许可证。食品包装材料等食品相关产品必须经过验收合格后方可使用。

三、检查要点

（1）企业是否建立了合格供应商清单。

（2）是否建立了较完善的供应商评价制度和评价记录。

（3）是否建立了完善的供应商资质档案材料。

四、检查方式

（1）现场查看企业是否建立了合格供应商清单。检查组可以通过抽取生产配料记录中使用的物料或者仓库贮存的物料，核对物料是否在合格供应商清单中。

（2）现场查看企业是否建立了供应商评价制度，评价制度的设置是否科学合理。供应商的评价可以从现场审核、供货质量的稳定性、交货期等方面展开。

（3）查看企业是否建立了供应商完整的资质档案材料。一般来说，资质档案材料包括生产商的营业执照，纳入生产许可的应提供生产许可证，食品生产许可证材料包括证书的正副本和品种明细表。贸易商应提供营业执照，属于预包装食品原料的需提供食品经营许可证。检查组可以现场抽取所采购使用的原辅料，查看其是否已完整地索取相关原辅料的资质材料，特别是纳入生产许可的，其采购的原辅料应包含在该许可证品种明细表中。

五、常见问题

（1）未建立合格供应商清单或清单不完整，未及时更新。
（2）未建立供应商评价制度，或者未按制度实施评价。
（3）供应商资质档案材料不完整，或索取的资质材料与实际使用的物料不一致。

六、案例分析

案例1 检查某肉制品生产企业时发现部分原料肉供货商不在企业的合格供方名录中，究其原因是现实的某些情况造成部分原料肉供货商无法及时供货，企业只能临时增加供货单位，但未及时对其进行考核评定和更新合格供方清单。

分析： 对于使用量较大或流转较快的原料，企业可选择2个或以上合格供货商，避免因某些原因造成原料断供而临时购买未经考核评定的原料，从而有可能造成食品品质的不稳定、成本增加，甚至造成食品质量不合格。案例中企业是生产肉制品的，对原料肉的需求无疑是比较大的，而部分进口肉又因某些特殊原因造成物流时限和成本增加，无法及时供货到企业中，因此生产企业在寻找供货商时就需选择2个或以上。

案例2 某固体饮料生产企业的供方评价办法中规定"需实地考察各供货商的具体情况"，但根据其评价记录显示，企业对部分原料供货商并未按照规定进行实地考察。

分析：食品企业在采购前应对供货商（包括生产商）进行评价并建立《供方评价记录》和《合格供货商清单》，评价的方式包括资质评估、样品评估、实地考察等，确保所采购的原料符合企业要求，案例中的企业未按其制定的评价要求进行实地考察，如果企业认为部分非关键原料（如使用量少、风险也较低的）确实没有必要去现场考察的，则应及时修改评价要求，并由相关负责人批准签字，确保执行与制度要求保持一致。

案例3 某固体饮料生产企业采购管理制度中规定"合格供方需定期考核，每年年底对其重新评定"，现场检查后发现该企业对大部分供应商多年未进行考核评定。

分析：该企业生产的固体饮料为干法生产工艺，原料合格与否很大程度上决定着成品合格与否，且该产品为即食产品，因此，需严格把控原料的采购、验收工作。生产企业管理供货商，按照规定对其进行定期的考核评定，对已合作过的供货商考核可以采用多种方式，如实地考核，或对供货产品的质量、供货速度、价格、资质等项目进行评分，以确保供货商能持续提供符合企业需求的物料。

案例4 某糖果生产企业生产的压片糖果需要使用到地龙蛋白粉原料，检查时在企业仓库中发现该原料的标签标识不规范，其标签仅标注了产品名称、执行标准号、生产日期、生产企业名称和地址，根据标签信息查验了该糖果企业索取的供货商（中间销售商）及生产商的营业执照和许可证以及生产商的企业标准和型式检验报告。生产商未能提供产品批次检验报告，且生产许可证产品明细页中包含的品种只有保健食品、固体饮料（植物固体饮料）。

分析：案例中通过检查发现该企业所用的地龙蛋白为动物蛋白，而企业提供的生产商的生产许可证范围只有保健食品和植物固体饮料，未涵盖作为食品原料的动物蛋白固体饮料，且根据企业提供的生产商企业标准内容判断该生产商生产的地龙蛋白粉不属于普通食品，标签亦未按照 GB 7718—2011《食品安全国家标准 预包装食品标签通则》的要求去标识产品相关信息。地龙蛋白粉为新食品原料（原新资源食品），企业应更严格、更仔细地查验生产商的相关资质和产品合格证明文件。生产商无生产该原料的资质，企业在验收时应判该原料为不合格原料，通知相关部门及时退货以及不得使用该原料，在合格供应商清单中删除该原料生产商（供货商），寻找其他有资质的、符合要求的生产企业合作。

案例5 某糕点生产企业采购的原料肉松，是从A供货商（销售商）处购买的，肉松标签标注的生产企业和SC证号为B企业，委托商为C企业，而糕点生产企业索取的生产许可证为A供货商的，未索取B企业的生产许可证。

分析： 企业生产过程中应建立原辅料采购验证制度，在采购过程中应对所采购的食品原料、食品添加剂及食品相关产品一一进行查验。查验过程中，企业应查验供货商（销售商和生产商）的资质，包括营业执照、经营许可证、生产许可证和产品合格证明，其提供的生产许可证是否与原料产品标签标注的生产商信息一致，相关证照是否在有效期内。而案例中的糕点生产企业需要索取销售商的经营资质（包括营业执照和经营许可证）以及生产商的资质（包括营业执照、生产许可证和产品合格证明文件）。

第四节　进货查验检查

一、背景知识

原料的进货查验是保证采购到合格原料的重要环节，它既是法律法规的要求，也是企业落实主体责任的重要体现，还是食品安全追溯体系的重要一环。

企业所采购的食品、食品添加剂和食品相关产品必须进行批批验证或检验，合格后方可入库储存、使用，验收不合格的原料应有相应的处理措施，至少包括以下内容：不合格食品原料应与合格原料分区存放，并有明显标识，避免原料领用错误；明确不合格原料的处理操作程序，如采取退货、换货等方式。企业还可以通过及时反馈验收情况协助分析不合格原料的成因等方式，帮助供货商确保原料符合要求。

不同的企业采购食品原料有不同的方式和渠道，其进货溯源资料也不同。如：

（1）进口的食品原料应当符合我国食品安全国家标准。采购进口的食品原料，应当向供货者索取有效的检验检疫证明。

（2）从流通经营单位（超市、批发零售市场等）批量或长期采购时，应当查验并留存盖有公章的营业执照和食品流通许可证等复印件；少量或临时采购时，应确认其资质并留存盖有供货方公章（或签字）的每笔购物凭证或每笔送货单。

（3）从农贸市场采购的，应当索取并留存市场管理部门或经营户出具的盖有公章（或签字）的购物凭证；从个体工商户采购的，应当查验并留存供应者盖章（或签字）的许可证、营业执照复印件、购物凭证和每笔供应清单。

（4）从超市采购畜禽肉类的，应留存盖有供货方公章（或签字）的每笔购物凭证或每笔送货单；从批发零售市场、农贸市场等采购畜禽肉类的，应索取并留存动物产品检疫合格证明以及盖有供货方公章（或签字）的每笔购物凭证或每笔送货单；从屠宰企业直接采购的，应当索取并留存供货方盖章（或签字）的许可证、营业执照复印件和动物产品检疫合格证明。

（5）对无法提供合格证明文件的食品原料，应当依照食品安全标准进行自行检验或委托检验，并保存检验记录，不得采购或者使用不符合食品安全标准的食品原料。

所采购的物料到企业后由验收人员进行验收，合格后方可入库，并做好进货查验记录，记录内容须包括：产品的名称、规格、数量、生产批号、保质期、供货者名称及联系方式、进货日期、产品许可证证号或票据号及其他合格证明文件编号等内容，保留相关证件、票据及文件。

一般来说，物料验收的内容包含进货查验和入厂检验两部分。对于不能提供合格证明文件的食品原料，企业应该自行检验或委托检验，检验合格后才能接收入库；对于能够提供许可证和合格证明文件的食品原料，不少企业也还会根据物料品种的用量、风险等因素制定入厂检验规程或作业指导书，对购入物料的检验项目、检验方法、判定依据、检验频次、接受限量等作出具体规定，以保证原料的质量符合要求。

二、检查依据

进货查验检查依据见表 8-3。

表 8-3　进货查验检查依据

检查依据	依据内容
食品安全法	第五十条　食品生产者采购食品原料、食品添加剂、食品相关产品，应当查验供货者的许可证和产品合格证明；对无法提供合格证明的食品原料，应当按照食品安全标准进行检验；不得采购或者使用不符合食品安全标准的食品原料、食品添加剂、食品相关产品。 食品生产企业应当建立食品原料、食品添加剂、食品相关产品进货查验记录制度，如实记录食品原料、食品添加剂、食品相关产品的名称、规格、数量、生产日期或者生产批号、保质期、进货日期以及供货者名称、地址、联系方式等内容，并保存相关凭证。记录和凭证保存期限不得少于产品保质期满后六个月；没有明确保质期的，保存期限不得少于二年。
GB 14881《食品安全国家标准　食品生产通用卫生规范》	7.1　一般要求 应建立食品原料、食品添加剂和食品相关产品的采购、验收、运输和贮存管理制度，确保所使用的食品原料、食品添加剂和食品相关产品符合国家有关要求。不得将任何危害人体健康和生命安全的物质添加到食品中。 7.2.1　采购的食品原料应当查验供货者的许可证和产品合格证明文件；对无法提供合格证明文件的食品原料，应当依照食品安全标准进行检验。 7.2.2　食品原料必须经过验收合格后方可使用。经验收不合格的食品原料应在指定区域与合格品分开放置并明显标记，并应及时进行退、换货等处理。 7.3.1　采购食品添加剂应当查验供货者的许可证和产品合格证明文件。食品添加剂必须经过验收合格后方可使用。 7.4.1　采购食品包装材料、容器、洗涤剂、消毒剂等食品相关产品应当查验产品的合格证明文件，实行许可管理的食品相关产品还应查验供货者的许可证。食品包装材料等食品相关产品必须经过验收合格后方可使用。 14.1.1　应建立记录制度，对食品生产中采购、加工、贮存、检验、销售等环节详细记录。记录内容应完整、真实，确保对产品从原料采购到产品销售的所有环节都可进行有效追溯。 14.1.1.1　应如实记录食品原料、食品添加剂和食品包装材料等食品相关产品的名称、规格、数量、供货者名称及联系方式、进货日期等内容。 14.1.2　食品原料、食品添加剂和食品包装材料等食品相关产品进货查验记录、食品出厂检验记录应由记录和审核人员复核签名，记录内容应完整。保存期限不得少于2年。

三、检查要点

（1）企业是否建立了进货查验制度和进货查验记录制度。

（2）企业是否较好地落实了进货查验工作。

（3）现场抽取 2～3 个原辅料的入厂检验记录。

四、检查方式

（1）查制度。现场查阅企业是否建立了进货查验制度和完善的进货查验记录制度，在制度中明确了进货查验管理的机构、职责、验收、放行等要求，以及进货查验记录制度等内容。

（2）从现场检查仓储设施时拍摄的物料标签及原料采购清单或者生产的投料记录中随机抽取几种、几批次（生产日期）原料、食品添加剂、食品相关产品，查验其证照的符合性及相关产品合格证明。例如生产商与生产许可证主体资质是否一致，许可证是否在有效期内，许可证明细页的品种明细是否包含采购的原料品种，是否提供相应批次的检验合格报告、检验检疫合格证明等。

此外，还需考核企业是否按照食品安全法及标准的规定如实记录物料名称、规格、数量、生产日期或者生产批号、保质期、进货日期以及供货者名称、地址、联系方式等内容。并按规定的期限妥善保存各项完整的查验记录及相关凭证。需要注意的是，其中供货者的地址、联系方式等内容，可以采取适当方式记录，不必每批产品的进货查验都重复记录；进货查验记录信息不必全部体现在同一记录中，前后衔接，实现追溯即可。

（3）对于制定了原料入厂检验规程或作业指导书的企业，可随机抽取几种、几批次（生产日期）的物料入厂检验报告，检查是否按照规定的内容开展入厂检验，并检查是否按照规定的期限完整保存入厂检验报告以及相应的查验记录。

五、常见问题

（1）未能完整地提供批次原料查验记录。

（2）批次进货查验记录内容不完整。

（3）未制定入厂检验规程或作业指导书，或未按规程或作业指导书执行，无法提供相应的记录。

六、案例分析

案例1 抽查某肉制品生产企业原料肉、山梨酸钾等原料的验收记录，发现个别批次的原料冻肉无检验合格报告，或者验收记录里未记录原料肉的生产日期/批号。

分析： 企业生产过程中应建立原辅料采购验收规范，在采购过程中应对所采购的食品原料、食品添加剂及食品相关产品一一进行验收，并应一一记录验收的所有项目内容。并需对供货商（生产商）提供的产品批次合格证明文件（批检报告）进行一一查验，查验合格后方可入库和使用。原料肉是风险较高的一类原料，一是容易腐败变质，二是肉的价格相对比较高，某些不法商贩可能会铤而走险销售不合法合规的肉，因此企业在来料验收时应严格按要求进行验收，一旦发现不符合要求的原料肉应立即执行《不合格品管理制度》。

案例2 某糕点企业由于仓库面积相对较小，需要频繁采购原辅材料，企业相关工作人员在来料验收时均未记录原辅料的生产日期或生产批号。

分析： 该企业生产多个品种的糕点，所使用的原料品种较多，且因仓库较小，原辅料进货较频繁，每天需要进行查验的原料较多，记录的内容也较多，但查验人员不能为了省事就未填写每个物料的生产日期或生产批号。企业应建立进货查验记录制度，记录的内容应完整真实，该企业应按照其规定的进货查验记录制度如实记录每批原辅料的生产日期或生产批号，当发生问题时有助于企业快速、准确地找到有问题的原辅料批次并做出应对措施。

案例3 某固体饮料生产企业生产量较大，且产品品种较多，原料仓库中的原料品种也较多，检查人员从中抽查了胶原蛋白粉、针叶樱桃粉等几种原料，检查过程中发现其中的针叶樱桃粉标签上标注的生产日期为20210303，企业索取的该原料的批检报告标注的生产日期为20210306，批检报告与实际批次不能对应。

分析： 案例中的企业由于采购的原料品种和批次较多，验收人员验收不仔细导致索取的批检报告与实际生产批次不对应。固体饮料都是直接入口食品，且是干法工艺（原料验收→配料→混合→内包装→外包装→成品）生产，原料是否合格在一定程度上直接决定成品是否合格，因此来料验收应比一般的生产企业要更严格和谨慎，不容出现差错。

　　案例4　某大米生产企业的原料检验规程规定每批原料大米来料时需查验供货商的资质和产品合格证明，以及需检验原料大米的外包装、质量、感官和水分项目。但是查看企业的原料验收记录发现，企业验收人员并未按照规定检验原料大米的水分项目。

　　分析：大米水分项目应按照 GB 5009.3《食品安全国家标准　食品中水分的测定》中的第一法——直接干燥法进行检测。此方法耗时相对较长，案例中的企业检验人员觉得用此法检测太过耗时耗力，无法长期坚持。来料检验项目如果相关法律法规等无特殊要求的，企业可以自行规定来料检验项目，相关项目企业确实没有能力检测的，可以不作相关要求，但是需加强查验来料的合格证明或定期将原料送到有资质的第三方检验机构进行检验。来料检验部分项目可以用快速检测方法进行检测，例如大米中的水分，又如新鲜蔬菜水果中的农药残留，这样既可以做到快速验收又对原料的品质有一定保障，但是快速检测方法需定期比对，确保其检测结果在合格范围内。

第九章　生产过程食品安全控制及
防护检查

生产过程食品安全控制是食品生产的重要环节，生产过程中的食品安全控制措施是保障食品安全的重中之重。企业应建立生产管理制度，在文件系统中明确规定所有生产活动的计划和执行都必须通过文件和记录证明。应分析评估食品生产过程中的风险来源与潜在危害，根据实际情况制定并实施生物、化学、物理等主要污染的控制措施，防止生产过程中产生的各种污染。不得使用非食品原料、不符合食品安全标准以及超过保质期的食品原料和食品添加剂投入生产；不得超范围、超限量使用食品添加剂，不得添加食品添加剂以外的化学物质；不得使用药品生产食品。生产食品添加剂应当符合法律、法规和食品安全国家标准。生产过程中的各项控制措施应合理有效，并做好相应的记录，切实履行保障食品安全的主体责任。

第一节　产品污染风险控制检查

一、背景知识

污染物是指食品在生产（包括农作物种植、动物饲养和兽医用药）、加工、包装、贮存、运输、销售，直至食用等过程中产生的或由环境污染带入的生物性、化学性、物理性危害物质。

生物污染主要来源于虫害、病毒、寄生虫、微生物等，其中微生物是造成食品污染、腐败变质的重要原因。食品中常见的致病菌有沙门氏菌、金黄色葡萄球菌、单核细胞增生李斯特氏菌、蜡样芽孢杆菌、副溶血性弧菌、致泻大肠埃希氏菌等。企业应制定清洁消毒制度定期对生产场所及设备设施等进行清洁消毒，并制定微生物的检验方法及监控指标限值，对清洁消毒的效果进行验证，必要时对生产过程关键控制环节的环境及半成品进行微生物监控，监控程序应包括微生物监控指标、取样点、监控频率、取样和检测方法、评判原则和整改措施等。

化学性污染来源复杂，种类繁多。主要有：（1）原料带入，如大米中的重金属镉，茶叶中的农药残留，水产动物及其制品中的多氯联苯等；（2）生产过程中受到污染或产生的化学物质，如酱腌菜中的亚硝酸盐、润滑油、清洁剂、消毒剂及非法添加物等；（3）直接接触食品的工器具、容器及包装材料中的化学物质迁移，如油墨印刷的包装袋带来苯的污染，塑料包装容器的化学添加剂残留等。

物理性污染是指在食品中混入了物理性有害外来物，食用后有可能导致伤害或不利于健康的情形；同时也包括由于辐照食品等引致的放射性污染。物理污染通常来自生产环境带入的玻璃、粉尘、涂料，设备设施脱落零部件、材质碎屑、涂层等，以及人员带入的毛发、纤维等。

企业可通过建立危害分析与关键控制点体系（HACCP）识别各生产加工环节中可能存在的风险点，对污染风险进行分析，明确污染源及污染途径，制定相应的控制要求，做好各个环节的控制措施，减少或杜绝生产过程中的各类污染。

本节内容可作为《食品生产监督检查要点表》中的条款 2 "生产环境条件" 和条款 4 "生产过程控制" 中与污染防控相关内容，以及《广东省食品生产企业食品安全审计评价表》中第二部分 "（六）卫生管理制度" 相应内容的检查技术要领应用。

二、检查依据

产品污染风险控制检查依据见表 9-1。

表 9-1　产品污染风险控制检查依据

检查依据	依据内容
GB 14881《食品安全国家标准　食品生产通用卫生规范》	8.1　产品污染风险控制 8.1.1　应通过危害分析方法明确生产过程中的食品安全关键环节，并设立食品安全关键环节的控制措施。在关键环节所在区域，应配备相关的文件以落实控制措施，如配料（投料）表、岗位操作规程等。

表 9-1（续）

检查依据	依据内容
GB 14881《食品安全国家标准 食品生产通用卫生规范》	8.1.2 鼓励采用危害分析与关键控制点体系（HACCP）对生产过程进行食品安全控制。 8.2 生物污染的控制 8.2.1 清洁和消毒 8.2.1.1 应根据原料、产品和工艺的特点，针对生产设备和环境制定有效的清洁消毒制度，降低微生物污染的风险。 8.2.1.2 清洁消毒制度应包括以下内容：清洁消毒的区域、设备或器具名称；清洁消毒工作的职责；使用的洗涤、消毒剂；清洁消毒方法和频率；清洁消毒效果的验证及不符合的处理；清洁消毒工作及监控记录。 8.2.1.3 应确保实施清洁消毒制度，如实记录；及时验证消毒效果，发现问题及时纠正。 8.2.2 食品加工过程的微生物监控 8.2.2.1 根据产品特点确定关键控制环节进行微生物监控；必要时应建立食品加工过程的微生物监控程序，包括生产环境的微生物监控和过程产品的微生物监控。 8.2.2.2 食品加工过程的微生物监控程序应包括：微生物监控指标、取样点、监控频率、取样和检测方法、评判原则和整改措施等，具体可参照附录 A 的要求，结合生产工艺及产品特点制定。 8.2.2.3 微生物监控应包括致病菌监控和指示菌监控，食品加工过程的微生物监控结果应能反映食品加工过程中对微生物污染的控制水平。 8.3 化学污染的控制 8.3.1 应建立防止化学污染的管理制度，分析可能的污染源和污染途径，制定适当的控制计划和控制程序。 8.3.2 应当建立食品添加剂和食品工业用加工助剂的使用制度，按照 GB 2760 的要求使用食品添加剂。 8.3.3 不得在食品加工中添加食品添加剂以外的非食用化学物质和其他可能危害人体健康的物质。 8.3.4 生产设备上可能直接或间接接触食品的活动部件若需润滑，应当使用食用油脂或能保证食品安全要求的其他油脂。 8.3.5 建立清洁剂、消毒剂等化学品的使用制度。除清洁消毒必需和工艺需要，不应在生产场所使用和存放可能污染食品的化学制剂。 8.3.6 食品添加剂、清洁剂、消毒剂等均应采用适宜的容器妥善保存，且应明显标示、分类贮存；领用时应准确计量、作好使用记录。 8.3.7 应当关注食品在加工过程中可能产生有害物质的情况，鼓励采取有效措施减低其风险。

表 9-1（续）

检查依据	依据内容
GB 14881《食品安全国家标准　食品生产通用卫生规范》	8.4　物理污染的控制 8.4.1　应建立防止异物污染的管理制度，分析可能的污染源和污染途径，并制定相应的控制计划和控制程序。 8.4.2　应通过采取设备维护、卫生管理、现场管理、外来人员管理及加工过程监督等措施，最大程度地降低食品受到玻璃、金属、塑胶等异物污染的风险。 8.4.3　应采取设置筛网、捕集器、磁铁、金属检查器等有效措施降低金属或其他异物污染食品的风险。 8.4.4　当进行现场维修、维护及施工等工作时，应采取适当措施避免异物、异味、碎屑等污染食品。

三、检查要点

（1）是否建立防止污染的管理制度。

（2）是否分析可能的污染源和污染途径，制定适当的控制计划和控制程序。

四、检查方式

（1）查阅企业是否建立了防止污染的管理制度，管理制度内容是否完善，是否对生产过程各环节及储存的污染进行识别，是否制定相应的控制要求，规定监控措施、监控频率及监控限值等。

（2）通过查看现场，确认企业是否配备制度中规定的与风险控制相关的设备设施，如防虫鼠设施、清洗消毒设施、人员卫生防护设施及异物探测设施等，设施是否能正常运行。查看操作人员是否做好个人防护，是否有携带个人物品进入生产车间的情况。危险化学品、清洁剂、消毒剂及食品添加剂等是否分类存放并明显标识。

（3）查看各项记录是否清晰、完整。是否定期进行消杀并保存相应记录，如虫害检查记录表、虫害控制分析总结等；是否按照制度内容落实清洁消毒措施并对消毒效果进行验证，保存清洁消毒相关记录；危险化学品、清洁剂、消毒剂及食品添加剂等是否按要求登记使用。

五、常见问题

（1）未建立防止污染的管理制度，未对生产过程各环节及储存的污染源进行识别，未制定相应的控制要求。

（2）未配备风险防控的相关设备设施或设备设施不能正常运行，生产操作人员未做好卫生防护，危险化学品、清洁剂、消毒剂及食品添加剂等未按要求管理及使用。

（3）未按规定进行记录或记录不完整。

六、案例分析

案例 1 某固体饮料生产企业未设置异物检测设备，清洁区的空气净化设备不能正常运行。

分析： 异物检测设备是防止物理污染风险出现的常见措施，《饮料生产许可审查细则（2017 版）》规定了成型包装控制的要求，即通过筛网、磁栅或 X 射线检测器等进行异物控制，并配备剔除设备，保证包装后的产品不含金属和其他异物。

《饮料生产许可审查细则（2017 版）》对空气处理装置也提出了具体要求，如清洁作业区必须安装初效和中效空气净化设备，准清洁作业区和清洁作业区应相对密闭，清洁作业区应设有空气处理装置和空气消毒设施。若企业的空气净化设备不能正常运行，可能导致车间的洁净度达不到要求而造成生物污染。

案例 2 某大米生产企业生产的东北大米的监督抽查报告结果显示镉含量超出标准限值要求，再查看该企业的原料验收记录，发现其未按照制度要求定期对原料进行监控并收集检验合格证明文件。

分析： 大米中可能存在重金属污染，主要有镉、汞、砷、铬等，其中又以镉污染较为常见。GB 2762—2017《食品安全国家标准　食品中污染物限量》规定，稻谷、糙米、大米中的镉含量不能超过 0.2mg/kg。因此，在大米产品的质量安全监督抽检中，镉含量是常规的检验项目。企业应按要求落实进货查验记录制度，避免因原料带入而引入污染风险。企业应定期对供应商进行审核评估，并在与供应商签订的合同中明确双方承担的食品安全责任，采购时查验批次检验合格证明，也可定期自行将原料送至第三方检验机构检验。

案例 3　某河粉生产企业的制度文件中规定对椰毒假单胞菌及米酵菌酸进行监测，但未对监控措施、监控频率及监控限值等作出要求，也未能提供相应的监控记录。

分析：近年来，湿米粉制品（含河粉）中由椰毒假单胞菌产生的米酵菌酸引起的食物中毒受到广泛关注。据相关调查研究，原料大米、淀粉是椰毒假单胞菌的主要来源，在湿米粉制品的生产车间、生产设备及产品中都曾检出椰毒假单胞菌，该菌产生的米酵菌酸可引发严重的中毒和死亡事件。米酵菌酸耐热性极强，即使通过高温也不能破坏其毒性，是湿米粉制品主要的微生物污染来源之一。企业应定期对原料、半成品、成品及环境、设备、工器具等的椰毒假单胞菌及米酵菌酸进行监测，明确监控措施、监控频率及监控限值，并保留监控的数据及结果。

第二节　工艺流程和生产工艺参数检查

一、背景知识

企业应建立健全统一、有效的工艺管理体系，结合企业的实际情况应用现代管理科学理论和信息化技术，对各项工艺流程进行设计、组织及控制，按照科学合理的原则有效运行以保证食品安全。各车间应有不同的管理制度，并制定相对应各车间量化的考核文件，以及对不合格品的控制程序等。工艺管理应包括但不限于以下内容：（1）制定工艺流程图，包括工艺过程、加工说明、设备要求及工艺参数等。（2）正确实施监控和指导的工艺文件。（3）及时发现工艺设计上的问题，并按照既定工作流程进行纠正。（4）确定工艺过程的关键控制点，进行工序质量控制。（5）生产现场的其他工艺管理等。生产工艺流程反映了从原料到终产品整个生产过程中的每一步骤的详细情况。一般包括以下内容：（1）所有原料、包装材料的采购验证情况。（2）所有原料、包装材料的贮存条件。（3）配方的组成。（4）关键控制点的控制设备和控制参数。（5）必要时列出工厂人流物流图。生产设备应当按照工艺流程有序排列，合理布局，预防和降低产品受污染的风险。

以食品用香精生产企业为例，食品用热加工香味料的工艺流程和生产工艺参数应符合下列要求：（1）加工温度不应超过 180℃。（2）180℃时的加工时间不应超过 15min，加工温度降低时可相应延长。加工温度每降低 10℃，加工时间可延长 1 倍。即加工温度 170℃时，加工时间不应超过 30min，加工温度 160℃时，加工时间不应超过 60min，最长反应时间应控制在 12h 以内。（3）加工时的 pH 不应超过 8.0。（4）热加工完成后须将食品用香味料冷却至 70℃以下，方可加入其他食品用香料或者食品用香精辅料以调配香精。企业在实际生产中工艺流程和生产工艺参数应符合申请许可时提供的相关工艺文件。

需要指出的是，工艺流程和参数一旦确定，不得随意更改。按照《食品生产许可管理办法》，申请食品、食品添加剂生产许可的企业需要提交食品（食品添加剂）生产设备布局图、食品（食品添加剂）生产工艺流程图。在生产许可现场核查时，审查员对企业提交的生产设备布局图、生产工艺流程图及其他相关要求进行核查确认后，由主管部门核发生产许可证。在食品生产许可证有效期内，企业应严格按照许可发证时批准的设备布局和工艺流程运行。如果需要变更，食品生产者应当按照相关流程向原发证的市场监督管理部门提出变更申请，经批准后实施。

本节内容可作为《食品生产监督检查要点表》中条款 4.7"生产记录中的生产工艺和参数与准予食品生产许可时保持一致"，以及《广东省食品生产企业食品安全审计评价表》中编号 58"工艺流程"，编号 59"生产工艺参数"相应内容的检查技术要领应用。

二、检查依据

工艺流程和生产工艺参数检查依据见表 9-2。

表 9-2　工艺流程和生产工艺参数检查依据

检查依据	依据内容
食品生产许可管理办法	第三十二条　食品生产许可证有效期内，食品生产者名称、现有设备布局和工艺流程、主要生产设备设施、食品类别等事项发生变化，需要变更食品生产许可证载明的许可事项，食品生产者应当在变化后 10 个工作日内向原发证的市场监督管理部门提出变更申请。 食品生产者的生产场所迁址的，应当重新申请食品生产许可。食品生产许可证副本载明的同一食品类别内的事项发生变化的，食品生产者应当在变化后 10 个工作日内向原发证的市场监督管理部门报告。食品生产者的生产条件发生变化，不再符合食品生产要求，需要重新办理许可手续的，应当依法办理。

三、检查要点

（1）企业生产工艺和参数是否与申请许可时提交的工艺流程一致。

（2）生产工艺和参数如有变化，是否提出了变更申请。

四、检查方式

（1）检查前应当先查阅企业许可档案。

（2）检查生产记录中生产工艺流程和参数，结合企业申请许可时提交的生产设备布局图、工艺流程图，现场核对图纸与实际生产设备布局是否一致，生产工艺是否与工艺流程图一致。

五、常见问题

（1）实际生产工艺和参数与企业申请许可时提供的工艺流程不一致，未及时提出变更或者报告。

（2）工艺文件存在不足，或者执行企业标准产品的相关控制要求不符合已备案的企业标准的规定，如：工艺规程、工艺参数规定不明确或与实际生产有偏差。

（3）未如实记录生产过程中的工艺和参数。

六、案例分析

案例 1 某食用植物油生产企业的调和油生产记录中工艺流程和生产工艺参数已变更，如调配后搅拌时间由 10min 改为 6min，并取消了二次袋式过滤，与其《调和油工艺流程图》（文件编号 DL-00A-09）规定不一致。

分析： 调和油生产工艺流程图为：原料油→调油罐调配→调配油（半成品）→一次过滤→二次过滤→冷却（板式换热）→灌注机油料罐→灌装→压盖→喷码→灯检→成品油入库。企业随着生产工艺的改进，生产工艺和控制参数发生变化，如搅拌时间缩短，不再需要二次袋式过滤等，应经过风险评估、生产工艺验证后，在确保产品质量符合产品执行标准的前提下，及时修改相应的工艺文件，使工艺流程和生产工艺参数与实际操作一致。

案例2 企业在申请许可时的湿米粉产品执行企业标准 Q/CE 0001S—2019《米粉制品》，后来更改了配方、生产工艺，执行标准也改为 GB 2713—2015《食品安全国家标准 淀粉制品》，但相关文件未及时修改。

分析： 湿米粉生产工艺流程为：大米清理→磨浆→发酵（或不发酵）→蒸粉→成型→干燥（或不干燥）→成型包装。淀粉制品（湿粉条）生产工艺流程为：淀粉验收→称量→配料→调浆→蒸制→成型→内包装→外包装。企业随着研发新品、配方设计及生产工艺的改进，生产工艺控制参数发生变化，如湿米粉更改产品配方等，企业应及时修改文件并证明控制参数合理，且能满足生产工艺的需要。如果在相关产品标准（含企业标准）或卫生规范中对工艺流程和工艺参数有明确规定的应从其规定。例如广东省食品安全地方标准 DBS 44/017—2021《湿米粉生产和经营卫生规范》规定企业应制定蒸煮定型间（区）岗位操作规程，对蒸煮定型设备的压力或温度等关键条件进行监控，确保加热温度大于或等于100℃、加热时间保持1min以上，或采用其他等效杀菌效果的热加工工艺，并做好记录。

案例3 某豆制品生产企业的各生产车间及设备布局发生变更：（1）将原煮浆间改为内包装间，油豆腐内包装间和原料拆包间打通，直接与泡豆、磨浆、煮浆、油炸等车间相通。（2）增加油豆腐切串机。以上变更均改变了工艺流程，与申请许可时提交的工艺流程不一致，未按规定重新申报。

分析： 油豆腐生产工艺流程为：原辅料验收→浸泡→磨浆→煮浆→点卤→压制成型→油炸（或不油炸）→内包装→外包装。豆制品生产应按照生产工艺以及生产过程对清洁程度的要求设计布局，如泡豆间、拆包间为一般作业区，磨浆、煮浆、油炸等车间为准清洁作业区，内包装间为清洁作业区。一般作业区应与其他作业区域分隔。如果泡豆、磨浆、煮浆、油炸等车间改动，应合理划分作业区，各作业区应有效分离或分隔，并保证工艺流程衔接合理。企业将原煮浆间改为内包装间，油豆腐内包装间和原料拆包间打通，直接与泡豆、磨浆、煮浆、油炸等车间相通，这样的改动未按清洁程度的要求合理划分作业区，存在交叉污染的风险。另外，企业现有设备布局和工艺流程发生变化，还应及时向主管部门提出变更申请。

第三节　生产关键控制点检查

一、背景知识

企业可以根据许可审查细则要求并结合自身产品工艺情况设置生产关键控制点，并在文件系统中明确规定关键控制点的计划和监控要求。同时，国家鼓励食品生产企业采用危害分析与关键控制点体系（HACCP）对生产过程进行食品安全控制。

食品安全危害是指食品中所含有的对健康有潜在不良影响的生物、化学或物理的因素。控制是指遵循正确的方法和达到规定指标时的状态。关键控制点是指某一加工工序、加工过程或加工部位，通过实施预防和控制措施，可以预防、消除某一食品安全危害或将其降低到可接受水平的某一步骤。关键限值是安全与不安全之间的界限，是区分可接收或不可接收的判定标准。危害分析与关键控制点是生产加工安全食品的一种控制手段：对原料、关键生产工序及影响产品安全的人为因素进行分析；确定加工过程中的关键环节，建立、完善监控程序和监控标准，采取规范的纠正措施。企业应当对食品进行危害分析，对食品生产的原辅料、生产加工、包装贮存到最终食用整个过程中实际存在的或潜在的各种危害逐一分析，确定生产过程中的关键控制点并采取相应的控制措施，制定关键控制点的操作控制程序或作业指导书，切实实施质量控制，并有相应的记录。食品生产过程中存在的或潜在的危害来源主要有3个方面：一是生物性危害。在降低微生物污染风险方面，通过清洁消毒能使生产环境中的微生物始终保持在受控状态，降低微生物污染的风险。企业应根据原料、产品和工艺的特点，选择有效的清洁消毒方式。考虑产品的类型、加工方式、包装形式及运输贮藏方式等，通过制定监控措施，验证所采取的清洁消毒方法行之有效。二是化学性危害。在控制化学污染方面，企业应对可能污染食品的原料带入、加工过程中使用、污染或产生的化学物质等因素进行分析，如重金属、农兽药残留、持续性有机污染物、卫生清洁用化学品和检验室化学试剂等，并针对产品加工过程的特点制定化学污染控制计划和控制程序。三是物理性危害。在控制物理污染方面，企业应注重异物管理，如玻璃、金属、砂石、毛发、木屑、塑料等，并建立防止异物污染的管理制度，制定控制计划和程序，如工作服穿着、灯具防护、门窗管理、虫害控制等。在危害分析的基础上，针对各种危害采取控制措施，建立关键控制点（CCP）。关键控制点作业指导书是指导正确操作的工作规范，应明确操作的步骤、要领和要求。关键控制点作业指导书的编写内容通常包括：活动的目的和范围（WHY）、做什么（WHAT）、谁来做（WHO）、何时（WHEN）、何地（WHERE）、如何做（HOW），即"5W1H"。通过 GB/T 22000《食品安全管理体系　食品链中各类组织的要求》体系认证的企业，按要求形成的程序文件还包括：文件控制程序，记录控制程序，前提方案（PRP），操作性前提方案（OPRP），监控结果超出关键限值时采取的措施，纠正程序，纠正措施程序，潜在不安全产品的处置程序，撤回程序，内审程序等。各类文件的起草、修订、审核、批准均应当由相应岗位的人员签名并注明日期，经过企业负责人正式批准形成受控文件。在实施过程中不得随意更改，如需更改应按照文件变更程序进行修订、审核与批准。

关键限值是关键控制点的控制标准，是保证食品安全性的绝对允许限量。关键限值必须是一个可测量的因素，以便于进行常规控制。常用于关键限值的一些因素有温度、时间、pH、水分、盐浓度及可滴定酸度等。以某企业生产的包装饮用水为例，关键控制点一般包括水源水的控制、反渗透、臭氧杀菌、灌装封盖等，生产工艺流程见图 9-1。

※关键控制点

图 9-1　包装饮用水生产工艺流程图

Q/WH 0800S—2020 企业标准《包装饮用水》及《关键控制点作业指导书》中规定的具体关键控制设备、控制参数如下：

CCP1 水源水：应符合 GB 5749 的要求；

CCP2 反渗透：关键设备（反渗透系统），关键参数（电导率≤6μS/cm，pH 6.0～6.8）；

CCP3 臭氧杀菌：关键设备（臭氧发生器），关键参数（出水臭氧浓度 $0.3 \times 10^{-6} \sim 1.0 \times 10^{-6}$，出水 pH 5.5～7.5）；

CCP4 灌装封盖：关键设备（空气过滤装置），关键参数（洁净度达到1000 级）。

本节内容可作为《食品生产监督检查要点表》中的条款 4.8 "建立和保存生产加工过程关键控制点的控制情况记录"，以及《广东省食品生产企业食品安全审计评价表》中编号 36 "生产记录管理制度"、编号 55 "生产工艺规程"相应内容的检查技术要领应用。

二、检查依据

生产关键控制点检查依据见表 9-3。

表 9-3　生产关键控制点检查依据

检查依据	依据内容
食品安全法	第四十六条　食品生产企业应当就下列事项制定并实施控制要求，保证所生产的食品符合食品安全标准： …… （二）生产工序、设备、贮存、包装等生产关键环节控制。
GB 14881《食品安全国家标准　食品生产通用卫生规范》	8.1　产品污染风险控制 8.1.1　应通过危害分析方法明确生产过程中的食品安全关键环节，并设立食品安全关键环节的控制措施。在关键环节所在区域，应配备相关的文件以落实控制措施，如配料（投料）表、岗位操作规程等。 8.1.2　鼓励采用危害分析与关键控制点体系（HACCP）对生产过程进行食品安全控制。 14.1　记录管理 14.1.1　应建立记录制度，对食品生产中采购、加工、贮存、检验、销售等环节详细记录。记录内容应完整、真实，确保对产品从原料采购到产品销售的所有环节都可进行有效追溯。 14.1.1.2　应如实记录食品的加工过程（包括工艺参数、环境监测等）、产品贮存情况及产品的检验批号、检验日期、检验人员、检验方法、检验结果等内容。

三、检查要点

（1）工艺规程文件是否齐全。

（2）工艺规程是否包括配方、工艺流程、加工过程的主要技术条件及关键工序的质量和卫生控制点。

（3）关键控制点记录是否按要求填写。

四、检查方式

（1）查看企业是否建立关键控制点控制制度。检查企业是否根据实际生产工艺，确定生产过程中的食品安全关键控制点（如原料验收、配料、灭菌、贮存等），制定可操作的作业指导书（或操作控制程序），明确控制的对象、方法、频率及人员，规定监控方法。

（2）检查关键控制点控制情况记录。生产的成品是否每批次都有关键控制点记录（抽查1～3批次）；关键控制点的记录是否项目齐全、完整，与实际相符。包括必要的半成品检验记录、温度控制、车间洁净度控制等（无微生物控制要求的食品添加剂生产企业不检查车间洁净度控制）。

（3）现场查看关键控制参数的监控执行是否符合作业指导书（或操作控制程序）的规定，是否按要求做了记录。询问有关操作人员并观察其操作情况是否符合要求；并抽查记录中的控制设备、参数等是否与作业指导书（或操作控制程序）的规定一致。如果控制参数出现偏差，是否采取了纠偏措施并实施验证。

五、常见问题

（1）工艺文件存在不足，或者执行企业标准产品的相关控制要求不符合已备案的企业标准的规定，如：工艺规程、工艺参数规定不明确或与实际生产有偏差。

（2）实际生产工艺与申请许可时提交的关键控制点控制参数及产品标准规定的工艺不符。

（3）缺少关键控制点的工艺规程或作业指导书，未如实记录关键工序的控制设备和参数，未记录生产过程中的配料/投料信息，或相关记录表格的项目、内容不全面。

六、案例分析

案例1 某豆制品生产企业的炸豆腐的油炸工序规定：油炸用油每周检

一次酸价、过氧化值，产量达到 3600kg 时更换一次新油。但企业未能提供酸价、过氧化值的检测频次和数据。

分析：豆制品生产工艺流程为：原辅料验收→浸泡→磨浆→煮浆※→点卤※→压制成型→油炸或不油炸（卤制或不卤制）※→内包装→外包装，关键控制环节煮浆、点卤均包括食品添加剂的使用，应如实记录消泡剂、氯化镁、石膏的使用情况，食品添加剂的计算、称量及投料要有人复核，同时要有记录。油炸工序包括食用油的使用与更换，按照 GB 2716—2018《食品安全国家标准　植物油》规定，煎炸过程中的食用植物油酸价（KOH）不得高于 5mg/g，极性组分不得高于 27%，企业应按照标准规定对油炸用油品质的监控作出合理的规定并实施控制。

案例 2　某发酵饮料（其他饮料）的企业标准 Q/TL 0001S—2019《蛹虫草发酵饮料》规定该产品经接种、发酵、调配、均质、灌装、灭菌等工序制成，但关键控制点作业指导书未对配料、接种、发酵等工序作出规定，如菌种投入、发酵产物及终止发酵的措施等均不明确，其产品配方、工艺流程与企业标准不一致。

分析：发酵饮料（其他饮料）的配料、接种、发酵等工序是关键控制点，企业标准 Q/TL 0001S—2019《蛹虫草发酵饮料》及关键控制点作业指导书应规定投入的菌种、发酵后的产物、产品特征指标及终止发酵的控制措施等内容，并对发酵的温度、时间等控制参数作出明确规定。投入的活性菌种应提交菌株溯源、杂菌污染防控等相关材料，包括菌株原料的来源说明、菌株鉴定报告以及因使用菌株可能引起产品杂菌污染的防控措施（如活性菌原料的质量规格和检测报告、活性菌原料管理、成品生产相关过程控制、成品中相关项目检测等）。选用的菌种应定期进行纯化和更新，必要时应进行鉴定，确保发酵过程不受到杂菌的污染。

案例 3　查看某罐头生产企业杀菌工序的生产记录，操作人员未记录杀菌温度、杀菌压力，只记录了杀菌釜的升温时间和终止时间，并且没有人员签名。

分析：生产过程应严格执行关键控制点作业指导书及岗位操作规程，配料、过滤、熟制、杀菌等关键工序应做好监控和记录。必要时，应根据不同产品、不同生产设备设施等特点选择适宜的杀菌方法，确保产品在保质期内符合产品标准要求。产品的杀菌必须制定严格的杀菌工艺及作业指导书，并经过验证确保杀菌效果有效并符合产品的工艺要求。杀菌应按照杀菌工序作业指导书进行操作，如实记录温度、压力、升温时间、恒温时间、数量，保存全过程的温度压力曲线图或温度曲线图，并有人员签名。

案例4 某肉制品生产企业未按照不同类别的产品生产工艺提供关键控制点作业指导书，该企业生产的品种有熏煮香肠、肉丸及酱卤肉，但企业只提供了熏煮香肠生产的关键控制点作业指导书，未对肉丸成型、酱卤肉的卤制等操作工序进行规定，也无相应的工艺参数监控和记录的内容。

分析： 肉制品是指以鲜、冻畜禽肉为主要原料，经选料、修整、腌制、调味、成型、熟化（或不熟化）和包装等工艺制成的肉类加工食品。腌腊肉制品、酱卤肉制品、熏烧烤肉制品、熏煮香肠火腿制品、发酵肉制品等在《食品生产许可分类目录》（2020年）里分属不同的食品类别，肉丸属于腌腊肉制品，酱卤肉属于酱卤肉制品，熏煮香肠属于肉灌制品。3种产品的工艺各有不同，如熏煮香肠的基本工艺流程为：选料→修整→配料→灌装（或成型）→熏烤→蒸煮→冷却→包装；酱卤肉的基本工艺流程为：选料→修整→配料→卤制→冷却→包装；肉丸的基本工艺流程为：选料→修整→配料→滚揉→成型→煮制→冷却→包装。企业应根据不同产品的关键控制工序制定作业指导书。卤制、油炸、熏煮等工艺参数都有不同的要求，应分别制定详细的关键控制工序作业指导书，并做好相关记录。

第四节　产品配方检查

一、背景知识

产品配方是指将食品中所有配料的品名和相应加入量（或比例）列出的清单。原料是指加工食品时使用的原始物料，配料是指在制造或加工食品时使用的并存在于（包括以改性形式存在）最终产品中的任何物质，包括水和食品添加剂。配料表是指将所有食品配料按加入量递减顺序而依次排列的一览表（清单）。产品配方的管理制度主要包括以下3个方面：（1）产品配方中使用的原料应在国家卫生部门允许的名单中，配比应合理。不得使用未经批准的新食品原料、食药两用物质及我国法律法规允许使用物质之外的物质。企业应对配方中的原辅料进行确认，是否属于可用于食品生产的物料。如使用致敏物质作为配料，宜使用易辨识的名称在配料表邻近位置加以提示。可能导致过敏反应的食品及其制品包括：a）含有麸质的谷物及其制品（如小麦、黑麦、大麦、燕麦、斯佩耳特小麦或它们的杂交品系）；b）甲壳纲类动物及其制品（如虾、龙虾、蟹等）；c）鱼类及其制品；d）蛋类及其制品；e）花生及其制品；f）大豆及其制品；g）乳及乳制品（包括乳糖）；h）坚果及其果仁类制品。（2）食品添加剂的使用应符合 GB 2760—2014《食品安全国家标准　食品添加剂使用标准》的要求，投料记录应与产品配方和标签一致。标签上标示的配料表与生产过程的配料（或投料）记录应一致。使用复配食品添加剂的企业，应当对复配食品添加剂中所包含的各单一品种食品添加剂的实际名称、含量进行确认计算，确保其符合 GB 2760 的规定，并在标签上如实标示复配食品添加剂的成分。食品配料的使用还应符合带入原则，即食品添加剂可以通过食品配料带入食品中，但由配料带入食品中的该添加剂的含量应明显低于直接将其添加到该食品中通常所需要的水平；当某食品配料作为特定终产品的原料时，批准用于上述特定终产品的添加剂允许添加到这些食品配料中。（3）配料时应注意的事项：a）配料所使用的计量器具须经过校验，每日使用前应进行日校。b）原辅料应当在适宜的条件下称量，以免影响其适用性。称量的装置应当具有与使用目的相适应的精度，并定期校准。c）配方由专人发放管理，确保配方准确，配料过程应确保物料称量与配方要求一致。由指定人员按照操作规程进行配料，对配料名称、进货时间、批号等进行严格核对和记录，核对物料后，准确称量，并作好标识。d）配料应复核确认，防止投料种类和数量有误。食品添加剂的投料使用应当经过双人复核，并有复核记录。e）使用后的散装原辅料应及时密封，贴上物料标签。f）对于再次启封的原辅料，应核对标签并检查物料外观性状，确认合格后方可使用。

企业应建立产品配方管理制度，列明配方中使用的食品添加剂、食品营养强化剂、新食品原料的使用依据和规定使用量；所使用的食品添加剂、食品营养强化剂、新食品原料应符合相应产品标准及国务院卫生行政部门相关公告的规定。婴幼儿辅助食品生产企业还应建立产品研发管理制度，研发机构应能够研发新的产品、跟踪评价产品的营养和安全，确定产品保质期；研究生产过程中存在的风险因素及提出防范措施；对新产品的研发，应包括对产品配方、生产工艺、质量安全和营养方面的综合论证，产品配方应保证婴幼儿的安全，满足营养需要，应保留完整的配方设计、论证文件等资料；企业应对产品配方及维生素、微量元素等营养素的均匀性、稳定性、安全性进行跟踪评价。

本节内容可作为《食品生产监督检查要点表》中的条款 4.2 "建立和保存生产投料记录，包括投料品名、生产日期或批号、使用数量等"，以及《广东省食品生产企业食品安全审计评价表》中编号 57 "产品配方" 相应内容的检查技术要领应用。

二、检查依据

检查依据包括：

GB 2760—2014《食品安全国家标准　食品添加剂使用标准》；

GB 14880—2012《食品安全国家标准　食品营养强化剂使用标准》；

GB 7718—2011《食品安全国家标准　预包装食品标签通则》；

《新食品原料安全性审查管理办法》；

《卫生部关于进一步规范保健食品原料管理的通知》（卫法监发〔2002〕51 号）；

历年卫生部门关于新食品原料（含新资源食品）的公告。

三、检查要点

（1）审查产品配方中使用的原辅料、食品添加剂是否在国家卫生部门允许的名单内，配比是否合理。

（2）食品添加剂的使用是否符合 GB 2760 的要求，食品营养强化剂的使用是否符合 GB 14880 的要求。

（3）实际投料是否符合产品配方及产品标准的要求。

四、检查方式

要求企业提供产品目录及配方，查看使用的原料是否在《既是食品又是药品的物品名单》和卫生部门公布的新食品原料（含新资源食品）名单中，审查产品配方中使用的食品添加剂是否在 GB 2760 及国家卫生部门发布的公告名单里，使用范围、使用量是否符合 GB 2760 的规定。抽查企业的生产领料、配料及投料记录，并结合食品添加剂的采购、进货查验、出入库等记录，判断食品添加剂的使用是否符合规定。领料、配料及投料记录是否齐全、完整、真实，投料前是否进行复核、确认。

五、常见问题

（1）产品配方、生产工艺、技术标准与产品标准不一致。

（2）产品配方、工艺规程、工艺参数规定不明确或与实际生产有偏差，或者执行企业标准产品的相关控制要求不符合已备案的企业标准的规定。

（3）未如实记录生产过程中使用的食品添加剂。

六、案例分析

案例1　检查某肉制品生产企业的热狗肠，其产品投料表为：精瘦肉90kg、生猪油10kg、木薯淀粉20kg、食盐3.3kg、亚硝酸钠10g、味精300g、五香粉250g。企业提供的产品配方为：猪肉8%、鸡碎肉27.3%、生猪油13.5%、鸡皮10%、冰水25.87%、大豆分离蛋白1.5%、淀粉4%、食盐1.55%、味精0.2%、姜粉0.05%、胡椒粉0.03%、亚硝酸钠0.003%。实际投料的种类和数量与配方要求不一致。

分析：热狗肠应按SB/T 10279—2017《熏煮香肠》组织生产，即以鲜（冻）畜禽产品为主要原料，经修整、绞制（或斩拌）、腌制（或不腌制）后，配以辅料及食品添加剂，再经搅拌（或滚揉）、充填（或成型）、蒸煮（或不蒸煮）、干燥等工艺加工制成。产品质量（品质）等级按产品中蛋白质、淀粉的含量不同分为特级、优级、普通级及无淀粉级，即蛋白质含量：特级≥16%，优级≥14%，普通级≥10%，无淀粉级≥14%；淀粉含量：特级≤3%，优级≤4%，普通级≤10%，无淀粉级≤1%。原辅料和食品添加剂的质量应符合相关国家标准和行业标准的规定，且配比应合理。企业的产品配方未对成品等级进行划分，实际投料的种类和数量与配方设计也存在显著差异。例如，肉制品和大豆分离蛋白、淀粉的加入量应根据不同等级确定用量，配方规定淀粉用量为4%，实际投料量为16%，远大于配方规定的用量。

案例2　查看某糕点生产企业的蛋糕配方和配料记录，配方中规定的着色剂为柠檬黄，配料记录改为使用栀子黄。配料员解释根据产品需要更换了着色剂，但还未更改配方文件。

案例3　某饼干生产企业使用的复配抗氧化剂的成分为甘油、特丁基对苯二酚（TBHQ）、食用酒精、柠檬酸，但配料表和标签上只标示了特丁基对苯二酚单体。

分析：按照GB 2760的规定，栀子黄作为着色剂允许用于糕点，最大使用量为0.9g/kg，柠檬黄不得用于糕点，只能用于糕点上彩妆。案例2中将柠檬黄改为栀子黄符合GB 2760的规定，应及时更改配方文件，避免超范围使用食品添加剂。案例3饼干中使用的复配抗氧化剂应一一核对其成分是否可用于饼干中，甘油、柠檬酸可在各类食品中按生产需要适量使用，特丁基对苯二酚作为抗氧化剂允许用于饼干，企业应如实标注食品添加剂的使用情况，不得以单体（如特丁基对苯二酚）代替复配食品添加剂（如复配抗氧化剂）的成分标注。

第五节　食品添加剂生产者管理检查

国家对食品添加剂生产实行许可制度，食品添加剂生产企业应当取得食品添加剂生产许可证后，方可从事生产经营。2020年2月23日，市场监管总局印发了《关于修订公布食品生产许可分类目录的公告》（2020年第8号），食品生产许可分类目录包括了32大类，其中第32类为食品添加剂，分为"3201食品添加剂、3202食品用香精、3203复配食品添加剂"3小类。企业应当按照产品标准组织生产，切实加强原料采购和生产配料等重点环节的控制管理。

根据《食品生产许可管理办法》，企业在申请食品添加剂生产许可时，应向所在地县级以上地方市场监督管理部门提交以下材料：（1）食品添加剂生产许可申请书；（2）食品添加剂生产设备布局图和生产工艺流程图；（3）食品添加剂生产主要设备、设施清单；（4）专职或者兼职的食品安全专业技术人员、食品安全管理人员信息和食品安全管理制度。申请生产复配食品添加剂还应提交以下材料：（1）产品配方；（2）产品中有害物质、致病性微生物等的控制要求，包括有害物质、致病性微生物控制的品种以及限量要求，采用加权计算的需提供计算方法和计算结果；（3）企业关于参与复配的各组分在生产过程中不发生化学反应，不产生新的化合物的自我声明材料；（4）各单一品种食品添加剂和辅料执行的食品安全国家标准或相关标准文本。

凡食品添加剂产品标准中对原料级别作出规定的，食品添加剂生产企业必须使用相应级别或质量更高的原料；对原料级别未作具体规定的，食品添加剂生产企业可自行选择原料级别，食品添加剂生产工艺和产品应当符合食品安全国家标准。食品添加剂的生产形式可分为：（1）化学反应法（化学合成法、化学分离法等）、气体生产工艺，可参照化工生产管理；（2）动植物等天然原料提取法（包括蒸馏、粉碎、压榨、萃取等），根据原料来源、属性及工艺需求的不同，具有不同的前处理方式，后续生产可参照食品生产管理；（3）生物发酵法（发酵法、酶法等），可参照食品生产管理，生产过程应注意避免生长霉菌、其他杂菌等；（4）物理混合法（如复配食品添加剂和食品用香精），原料要求与食品生产一致，生产过程多为物理混合。企业也可以使用国家标准规定工艺生产的食品添加剂半成品、成品，或使用提纯、除尘、筛分等物理方法制成精度更高的食品添加剂产品，对于标准未规定生产工艺的食品添加剂，生产企业应当加强生产过程管理，不得使用可能会给人体带来健康风险的生产工艺组织生产。

复配食品添加剂的生产管理应符合以下要求：（1）GB 26687—2011《食品安全国家标准　复配食品添加剂通则》规定复配食品添加剂在生产过程中不应发生化学反应，不应产生新的化合物。企业应制定复配食品添加剂的生产管理制度，严格执行标准规定，确保生产复配食品添加剂经物理混匀，不产生新的化合物。生产管理制度内容应包括各种食品添加剂含量及检验方法，即各单一品种食品添加剂质量规格和检验方法，以及在复配食品添加剂中的含量或比例。有关质量规格和检测方法应当符合食品添加剂食品安全国家标准、指定标准或有关行业标准的规定。（2）各种食品添加剂和辅料应当符合相应的食品安全国家标准或相关标准，同时将铅、砷列为有害物质加以控制。如果在各种食品添加剂和辅料的标准中均规定了铅、砷等有害物质限量，应当以加权计算方法，由生产企业制定有害物质的限量并进行控制。如果各种食品添加剂和辅料的标准中铅、砷指标不统一（即参与复配的部分单一品种规定了铅、砷的情况），无法采用加权计算的，则按照 GB 26687 规定执行。（3）复配食品添加剂的致病性微生物控制是指根据所有复配的食品添加剂单一品种和辅料的食品安全国家标准或相关标准，对相应的致病性微生物进行控制，并在终产品中不得检出。各种食品添加剂和辅料应当符合相应的食品安全国家标准或相关标准，标准中的菌落总数、大肠菌群、霉菌和酵母为指示性微生物，不属于致病菌。如参与复配的单一品种食品添加剂和食品原料标准中没有致病菌要求的，复配食品添加剂终产品可不检测致病菌；如参与复配的单一品种食品添加剂和食品原料标准中有致病菌要求并规定具体指标的，复配食品添加剂终产品应按相应的致病菌规定执行。

对于已获生产许可证的复配食品添加剂生产企业因复配食品添加剂产品原配方改变或增加新的配方提出的变更申请，应当提交包括复配食品添加剂新组成在内的与变更食品生产许可事项有关的材料。在对变更申请材料进行审查时，应当按照 GB 26687 及相关规定，重点审查各单一品种食品添加剂是否具有相同的使用范围；复配后在食品中使用范围和使用量是否符合 GB 2760《食品安全国家标准　食品添加剂使用标准》、GB 14880《食品安全

国家标准　食品营养强化剂使用标准》和卫生部公告的规定；产品中有害物质、致病性微生物等的控制要求、计算方法和计算结果是否科学合理；辅料是否是为复配食品添加剂的加工、贮存、溶解等工艺目的而添加的食品原料等。必要时，可以要求生产企业提交试制复配食品添加剂产品的检验合格报告。申请人生产条件未发生变化的，日常监督检查中未发现问题的，监管部门可以不再进行现场核查。

食品添加剂应当有标签、说明书和包装。标签、说明书除了应符合食品安全法的相关规定外，还应符合 GB 29924—2013《食品安全国家标准　食品添加剂标识通则》的要求。复配食品添加剂应当在标签和说明书中标识各单一食品添加剂品种的通用名称和含量，通用名称应为 GB 2760、GB 14880和卫生部公告的食品添加剂名称。不得夸大使用功能和擅自扩大使用范围。GB 26687 还规定了复配食品添加剂（包括进口复配食品添加剂）产品标识的内容和通用要求，同时考虑到食品添加剂大多是供应给食品加工企业的特性，对零售和非零售复配添加剂产品提出不同的要求。

本节内容较多，分为 3 个部分讲解，分别是原料和生产工艺检查、复配食品添加剂的配方检查和食品添加剂产品标签检查。本节内容可作为《食品生产监督检查要点表》中的条款 4.14"食品添加剂生产使用的原料和生产工艺符合产品标准规定。复配食品添加剂配方发生变化的，按规定报告"，条款 9.4"食品添加剂标签载明'食品添加剂'字样，并标明贮存条件、生产者名称和地址、食品添加剂的使用范围、用量和使用方法"，以及《广东省食品生产企业食品安全审计评价表》中编号 35"食品添加剂和食品工业用加工助剂的使用制度"相应内容的检查技术要领应用。

一、原料和生产工艺检查

（一）检查依据

检查依据见表 9-4。

表 9-4　检查依据

检查依据	依据内容
食品安全法	第三十九条　国家对食品添加剂生产实行许可制度。从事食品添加剂生产，应当具有与所生产食品添加剂品种相适应的场所、生产设备或者设施、专业技术人员和管理制度，并依照本法第三十五条第二款（略）规定的程序，取得食品添加剂生产许可。生产食品添加剂应当符合法律、法规和食品安全国家标准。

表 9-4（续）

检查依据	依据内容
食品安全法	第七十条　食品添加剂应当有标签、说明书和包装。标签、说明书应当载明本法第六十七条第一款第一项至第六项、第八项、第九项规定的事项，以及食品添加剂的使用范围、用量、使用方法，并在标签上载明"食品添加剂"字样。

（二）检查要点

（1）原料是否符合产品执行标准的要求。

（2）生产工艺是否符合产品执行标准的要求。

（三）检查方式

检查人员应先熟悉产品标准、生产工艺以及生产设备，现场抽查 1～3 批次产品原料及生产记录，核对是否与许可时的申请材料相符。复配食品添加剂重点检查产品生产工艺是否用物理方法混匀；是否按企业提交的配方组织生产；是否具备与所申请生产的复配食品添加剂生产相适应的生产设备和条件。如果发现涉及现有生产车间布局、设备布局和工艺流程、主要生产设备设施、食品类别等事项发生变化，应督促企业提出变更申请。

（四）常见问题

（1）原料和生产工艺不符合产品执行标准的要求。

（2）实际生产工艺与作业指导书的规定不一致。

（五）案例分析

案例 1　某复配食品添加剂生产企业车间布局发生变更，配料、混合及内包装均在同一功能间操作，未按洁净度要求合理划分作业区，且未设置内包材拆包及消毒设施。

分析：按照 GB 31647—2018《食品安全国家标准　食品添加剂生产通用卫生规范》的规定，生产车间应根据产品特点、生产工艺、生产特性及生产过程对清洁程度的要求，合理划分一般作业区、准清洁作业区、清洁作业区等，采取有效分离或分隔。对于物理混合法（如复配食品添加剂和食品用香精），配料间、混合间、搅拌间属于准清洁作业区，灌装间、内包装间属于清洁作业区，外包装间属于一般作业区，应采取分离或分隔。

案例2　某食品用香精生产企业食品生产许可证副本载明的食品类别为食品用香精（液体），但该企业擅自增加生产粉末香精（胶囊），未提出变更申请。

分析： 食品用香精（液体）与粉末香精（胶囊）生产工艺及工艺控制参数均不一致，涉及工艺流程及生产设备的变更，应当提出变更申请。

案例3　某食品用香精（乳化香精）生产企业未按照生产工艺流程和作业指导书的规定组织生产，如工艺流程包括配料、搅拌、过滤、灌装、内包装、外包装等工序，但该企业在实际生产中没有过滤工序。

分析： 按照GB 30616—2020《食品安全国家标准　食品用香精》的规定，企业应根据产品特点和工艺类型设定相应的工序及工艺参数，保证食品添加剂的食用安全与产品性能。如果生产工艺流程发生轻微变化，如工艺流程中取消过滤工序，应经过工艺验证确保产品符合执行标准的规定，并及时修改生产作业指导书及相关文件。

二、复配食品添加剂的配方检查

（一）检查依据

复配食品添加剂配方检查依据见表9-5。

表9-5　复配食品添加剂配方检查依据

检查依据	依据内容
食品生产许可管理办法	第三十二条　食品生产许可证有效期内，食品生产者名称、现有设备布局和工艺流程、主要生产设备设施、食品类别等事项发生变化，需要变更食品生产许可证载明的许可事项的，食品生产者应当在变化后10个工作日内向原发证的市场监督管理部门提出变更申请。 食品生产者的生产场所迁址的，应当重新申请食品生产许可。 食品生产许可证副本载明的同一食品类别内的事项发生变化的，食品生产者应当在变化后10个工作日内向原发证的市场监督管理部门报告。

（二）检查要点

（1）实际配方应当同许可申报配方相符。

（2）变更配方按规定报告。

（三）检查方式

现场检查时可核查申请材料与实际情况的一致性，首先检查产品名称是否符合 GB 26687 的规定；然后可抽查 1～3 批次产品配方，与许可申报的产品配方核对是否一致，对照 GB 2760，各单一品种食品添加剂是否具有相同的使用范围，使用方法是否清晰标示。用于复配的各单一品种食品添加剂和辅料是否符合食品安全国家标准或相关标准。

（四）常见问题

（1）实际配方同许可申报的配方不相符。

（2）变更配方未按规定报告。

（五）案例分析

案例 1　查看某食品添加剂生产企业的复配着色剂配方，发现企业将着色剂栀子黄改为 β-胡萝卜素，但未对 β-胡萝卜素的使用量进行核算，也未对其中的有害物质铅、砷等的限量值重新进行核算。

案例 2　查看某食品添加剂生产企业的配料记录，发现企业原配方使用的是甜菊糖苷单体，实际使用的是复配甜菊糖苷甜味剂，与原配方不一致，作业指导书未对甜菊糖苷的含量、使用方法和使用量作出规定。

分析：按照 GB 26687 规定，复配食品添加剂是指为了改善食品品质、便于食品加工，将两种或两种以上单一品种的食品添加剂，添加或不添加辅料，经物理方法混匀而成的食品添加剂。复配食品添加剂中的各单一品种食品添加剂应当在 GB 2760、GB 14880 和卫生部公告的食品添加剂名单中，且具有相同的使用范围。各组分含量及其质量标准和检验方法标准应当符合相关国家标准、行业标准的规定，严禁使用非食用物质生产复配食品添加剂。

复配食品添加剂的基本要求：（1）复配食品添加剂不应对人体产生任何健康危害；（2）复配食品添加剂在达到预期的效果下，应尽可能降低在食品中的用量；（3）用于生产复配食品添加剂的各种食品添加剂，应符合 GB 2760 和卫生部公告的规定，具有共同的使用范围；（4）用于生产复配食品添加剂的各种食品添加剂和辅料，其质量规格应符合相应的食品安全国家标准或相关标准；（5）复配食品添加剂在生产过程中不应发生化学反应，不应产生新的化合物。

复配食品添加剂的有害物质控制是指根据复配的食品添加剂单一品种和

和辅料的食品安全国家标准或相关标准中对铅、砷等有害物质的要求，按照加权计算的方法由生产企业制定有害物质的限量并进行控制；终产品中相应有害物质不得超过限量。例如：某复配食品添加剂由 A、B 和 C 三种食品添加剂单一品种复配而成，若该复配食品添加剂的铅限量值为 d，数值以毫克每千克（mg/kg）表示，按以下公式计算：$d=a \times a_1 + b \times b_1 + c \times c_1$，式中：$a$、$b$、$c$ 分别为 A、B、C 在食品安全国家标准中的铅限量，单位为毫克每千克（mg/kg）；a_1、b_1、c_1 分别为 A、B、C 在复配产品中所占比例（%）。其中 $a_1+b_1+c_1=100\%$。若参与复配的各单一品种标准中铅、砷等指标不统一，无法采用加权计算的方法制定有害物质限量值，则应采用标准中安全限量值控制产品中的有害物质。如需更改复配食品添加剂的配方，例如将着色剂栀子黄改为 β-胡萝卜素，将甜菊糖苷单体改为复配甜味剂，应对 β-胡萝卜素、复配甜味剂的使用量进行核算，重新提交配方符合性计算等文件，并按规定报告。

三、食品添加剂产品标签检查

（一）检查依据

食品添加剂产品标签检查依据见表 9-6。

表 9-6　食品添加剂产品标签检查依据

检查依据	依据内容
食品安全法	第七十条　食品添加剂应当有标签、说明书和包装。标签、说明书应当载明本法第六十七条第一款第一项至第六项、第八项、第九项规定的事项，以及食品添加剂的使用范围、用量、使用方法，并在标签上载明"食品添加剂"字样。

（二）检查要点

按照法律法规及标准对照查看产品标签是否符合规定。

（三）检查方式

现场抽查 1～3 种产品，查看是否符合以下要求：

（1）按照 GB 29924 的要求标示相关内容。

（2）应在食品添加剂标签的醒目位置，清晰地标示"食品添加剂"字样。

（3）单一品种应按 GB 2760 中规定的名称标示食品添加剂的中文名称。

（4）应标示食品添加剂使用范围和用量，并标示使用方法。

（5）应标示食品添加剂的贮存条件。

（6）应当标注生产者的名称、地址和联系方式。进口食品添加剂应标示原产国国名或地区名，以及在中国依法登记注册的代理商、进口商或经销商的名称、地址和联系方式。

（7）提供给消费者直接使用的食品添加剂，注明"零售"字样，标明各单一食品添加剂品种及含量。

（四）常见问题

（1）未标示"食品添加剂"字样。

（2）未按标准规定标示规范的食品添加剂的中文名称。

（3）未标示食品添加剂使用范围、用量和使用方法。

（4）未标示食品添加剂的贮存条件。

（5）未标注生产者的名称、地址和联系方式。

（6）提供给消费者直接使用的食品添加剂，未注明"零售"字样。

（五）案例分析

案例 1　食品用液体香精产品标签标注了产品规格型号、物料代码、供应商名称及生产批号等，且标签上有"烟油"字样，未按 GB 29924 的要求标示。

案例 2　检查某食品用香精生产企业的生产记录发现，生产配料／投料表中记录了凉味剂、冰凉剂、尼古丁盐等物料名称，其中，凉味剂、冰凉剂不是 GB 2760 规定的规范名称，而尼古丁盐为非食用物质。

案例 3　检查某食品用香精生产企业的一款产品，标签上标示的产品名称为肉宝王，下面有小于"肉宝王"字号三分之一的字标示"猪肉香精"，使用方法为加工红烧肉时添加，没有标示"食品添加剂"字样。

分析：香精按用途主要分为食品用香精、烟用香精、化妆品用香精、餐具洗涤剂用香精等。目前只有食品用香精纳入食品生产许可发证范围，烟用香精、化妆品用香精等均未纳入发证范围。食品用香精、烟用香精及其他香精等产品执行标准不同，产品用途不同，不能将食品用香精与烟用香精混淆。尤其要注意，尼古丁盐属于非食用物质，不得在食品用香精中添加。按照 GB 29924 的规定产品标签应标注名称，成分或配料表，使用范围、用量和使用方法，生产日期和保质期，贮存条件，净含量和规格，制造者或经销者的名称和地址，产品标准代号，生产许可证编号，警示标识等内容。单一品种食品添加剂应按 GB 2760、食品添加剂的产品质量规格标准和国家主管部门批准使用的食品添加剂中规定的名称标示食品添加剂的中文名称，凉味剂、冰凉剂不是规范名称，应查询 GB 2760 中对应的规范名称进行标示。另外，应在食品添加剂标签的醒目位置清晰地标示"食品添加剂"字样，容易辨识，不得含有虚假内容。肉宝王不是规范名称，容易引起歧义，在餐饮业常作为调味品使用。食品用香精与调味品不同，调味品是食品中的一类，一般可直接食用，食品用香精可以是调味品很小的组成部分。因此食品添加剂的标签、说明书应规范，避免误导餐饮业或食品生产企业使用。

第六节　禁止生产经营的食品、食品添加剂检查

一、背景知识

近年来在监督抽检中，发现个别企业违规使用非法添加物的情况。如在粽子、肉丸等产品中曾检出硼砂，豆制品中检出碱性嫩黄 O。硼砂是一种化工原料，多用在陶瓷、冶金、化妆品等行业。因其用于食品中可增加食品的韧性、脆度以及改善食品的保水性、保存性，故被不法企业添加于肉丸、粽子等产品中。碱性嫩黄 O 因着色力强，为改善食品外观，被违法添加在豆制品等食品中着色。这些非食品添加物在食品生产过程中使用可能对人体健康造成危害。

食品安全法明确规定禁止生产经营下列食品、食品添加剂：（1）用非食品原料生产的食品或者添加食品添加剂以外的化学物质和其他可能危害人体健康物质的食品，或者用回收食品作为原料生产的食品；（2）致病性微生物，农药残留、兽药残留、生物毒素、重金属等污染物质以及其他危害人体健康的物质含量超过食品安全标准限量的食品、食品添加剂；（3）用超过保质期的食品原料、食品添加剂生产的食品、食品添加剂；（4）超范围、超限量使用食品添加剂的食品；（5）营养成分不符合食品安全标准的专供婴幼儿和其他特定人群的主辅食品；（6）腐败变质、油脂酸败、霉变生虫、污秽不洁、混有异物、掺假掺杂或者感官性状异常的食品、食品添加剂；

（7）病死、毒死或者死因不明的禽、畜、兽、水产动物肉类及其制品；
（8）未按规定进行检疫或者检疫不合格的肉类，或者未经检验或者检验不合格的肉类制品；（9）被包装材料、容器、运输工具等污染的食品、食品添加剂；（10）标注虚假生产日期、保质期或者超过保质期的食品、食品添加剂；（11）无标签的预包装食品、食品添加剂；（12）国家为防病等特殊需要明令禁止生产经营的食品；（13）其他不符合法律、法规或者食品安全标准的食品、食品添加剂。另外，对于新食品原料和添加药物的问题，也做了明确规定：利用新的食品原料生产食品，或者生产食品添加剂新品种，应当向国务院卫生行政部门提交相关产品的安全性评估材料，经过安全性审查后，方可用于食品生产经营。生产经营的食品中不得添加药品，但是可以添加按照传统既是食品又是中药材的物质。物质目录由国务院卫生行政部门会同国务院食品安全监督管理部门制定、公布。

在对禁止生产经营的食品、食品添加剂进行检查的时候，检查员需要掌握以下几个知识点。

1. 非食用物质和回收食品

非食用物质是指在食品生产加工过程中加入的非食品用化学物质，包括未经卫生部门批准使用的添加剂和工业级（非食品级）原料。如甲醛、硼砂、吊白块、福尔马林、工业级过氧化氢、工业盐、工业级氢氧化钠、碱性嫩黄O、染料用色素等。为进一步打击在食品生产、流通、餐饮服务中违法添加非食用物质和滥用食品添加剂的行为，自2008年以来，原国家卫生部会同相关部门建立了违法添加"黑名单"制度，截至目前，卫生部门共公布了六批"违法添加的非食用物质"名单，具体名单可在卫生健康委网站查询。

回收食品包括：（1）由食品生产加工企业回收的在保质期内的各类食品及半成品；（2）由食品生产加工企业回收的已经超过保质期的各类食品及半成品；（3）因各种原因停止销售，由批发商、零售商退回食品生产加工企业的各类食品及半成品；（4）因产品质量安全问题而被行政执法单位扣留、罚没的各类食品及半成品。企业应当建立回收食品登记销毁制度。记录应当包括回收食品的产品名称、产品规格、生产批号、生产日期、退货日期、退货数量、销毁地点、销毁方式、销毁数量、销毁时间、负责人员等内容，销毁食品时应当有2人以上在场并签字。

2. 食品添加剂的使用要求

按照GB 2760规定食品添加剂是指为改善食品品质和色、香、味以及为防腐、保鲜和加工工艺的需要而加入食品中的人工合成或者天然物质。食品用香料、胶基糖果中基础剂物质、食品工业用加工助剂也包括在内。食品添加剂按其功能分为22类：酸度调节剂、抗结剂、消泡剂、抗氧化剂、漂白剂、膨松剂、胶基糖果中基础剂物质、着色剂、护色剂、乳化剂、酶制剂、增味剂、面粉处理剂、被膜剂、水分保持剂、防腐剂、稳定剂和凝固剂、甜味剂、增稠剂、食品用香料、食品工业用加工助剂、其他。食品添加剂使用的基本要求包括：（1）不应对人体产生任何健康危害；（2）不应掩盖食品腐败变质；（3）不应掩盖食品本身或加工过程中的质量缺陷或以掺杂、掺假、伪造为目的而使用食品添加剂；（4）不应降低食品本身的营养价值；（5）在达到预期的效果下尽可能降低在食品中的使用量。在下列的情况下可使用食品添加剂：（1）保持或提高食品本身的营养价值；（2）作为某些特殊膳食用食品的必要配料或成分；（3）提高食品的质量和稳定性，改进其感官特性；（4）便于食品的生产、加工、包装、运输或者贮藏。

企业应严格按照 GB 2760 规定的食品添加剂的使用原则、允许使用的食品添加剂品种、使用范围及最大使用量或残留量，规范使用食品添加剂，不得超范围、超限量使用食品添加剂，更不得使用食品添加剂以外的化学物质。企业应当加强食品原辅料控制和检验，对食品原辅料中带入的食品添加剂合并计算，防止因原辅料带入导致食品添加剂的超范围或超限量使用。使用复配食品添加剂的企业，应当对复配食品添加剂中所包含的各单一品种食品添加剂的实际名称、含量进行确认计算，确保食品中含有的食品添加剂符合 GB 2760 的规定。

此外，食品添加剂的使用还应符合带入原则：（1）在下列情况下食品添加剂可以通过食品配料（含食品添加剂）带入食品中：a）根据 GB 2760，食品配料中允许使用该食品添加剂；b）食品配料中该添加剂的用量不应超过允许的最大使用量；c）应在正常生产工艺条件下使用这些配料，并且食品中该添加剂的含量不应超过由配料带入的水平；d）由配料带入食品中的该添加剂的含量，应明显低于直接将其添加到该食品中通常所需要的水平。（2）当某食品配料作为特定终产品的原料时，批准用于上述特定终产品的添加剂添加到这些食品配料中，同时该添加剂在终产品中的量应符合 GB 2760 的要求。在所述特定食品配料的标签上应明确标示该食品配料用于上述特定食品的生产。

3. 新食品原料、用于保健食品的原料以及药品的使用

根据《新食品原料安全性审查管理办法》规定，新食品原料是指在我国

无传统食用习惯的以下物品：（1）动物、植物和微生物；（2）从动物、植物和微生物中分离的成分；（3）原有结构发生改变的食品成分；（4）其他新研制的食品原料。新食品原料应当经过国务院卫生行政部门安全性审查后，批准列入公布的新食品原料名单中，方可用于食品生产经营。新食品原料生产单位应当按照新食品原料公告要求进行生产，食品中含有新食品原料的，其产品标签标识应当符合国家法律、法规、食品安全标准和国务院卫生行政部门的公告要求。

保健食品是特殊食品，是指声称具有特定保健功能或者以补充维生素、矿物质为目的的食品，即适宜于特定人群食用、具有调节机体功能，不以治疗疾病为目的，并且对人体不产生任何急性、亚急性或慢性危害的食品。有些物品只能作为保健食品原料，而不能作为普通食品原料，如西洋参、川贝等，具体名录可查询国务院卫生行政部门公布的《可用于保健食品的物品名单》。

药品是指用于预防、治疗、诊断人的疾病，有目的地调节人的生理机能并规定有适应症或者功能主治、用法和用量的物质，包括中药材、中药饮片、中成药、化学原料药及其制剂、抗生素、生化药品、放射性药品、血清、疫苗、血液制品和诊断药品等。国家对食品与药品采取不同的监管方式，其目的就是确保消费者饮食及用药安全。食品中不得加入药品，意在防止在食品中滥用药物对人体造成损害。但有些物质具有双重属性，既可以作为食品，也可以作为中药材，按规定可以在普通食品中添加使用；这些物质在加入食品中时，不应被视作加入中药材，而应被视作普通食品原料。

判定一种物质是否属于非法添加物，根据相关法律法规及标准的规定，可参考以下原则：（1）不属于传统上认为是食品原料的；（2）不属于批准使用的新食品原料（含新资源食品）的；（3）不属于国务院卫生行政部门公布的食药两用或作为普通食品管理物质的；（4）未列入 GB 2760 食品添加剂种名单、GB 14880 营养强化剂品种名单及国务院卫生行政部门食品添加剂公告的；（5）其他我国法律法规允许使用物质之外的物质。

本节内容也可作为《食品生产监督检查要点表》中的条款 4.3 "未发现使用非食品原料、食品添加剂以外的化学物质、回收食品、超过保质期与不符合食品安全标准的食品原料和食品添加剂投入生产"，4.4 "未发现超范围、超限量使用食品添加剂的情况"，4.5 "生产或使用的新食品原料，限定于国务院卫生行政部门公告的新食品原料范围内"，4.6 "未发现使用药品生产食品，未发现仅用于保健食品的原料生产保健食品以外的食品"相应内容的检查技术要领应用。

二、检查依据

禁止生产经营的食品、食品添加剂检查依据见表 9-7。

表 9-7　禁止生产经营的食品、食品添加剂检查依据

检查依据	依据内容
食品安全法	第三十四条　禁止生产经营下列食品、食品添加剂、食品相关产品：（一）用非食品原料生产的食品或者添加食品添加剂以外的化学物质和其他可能危害人体健康物质的食品，或者用回收食品作为原料生产的食品；（二）致病性微生物，农药残留、兽药残留、生物毒素、重金属等污染物质以及其他危害人体健康的物质含量超过食品安全标准限量的食品、食品添加剂、食品相关产品；（三）用超过保质期的食品原料、食品添加剂生产的食品、食品添加剂；（四）超范围、超限量使用食品添加剂的食品；……（六）腐败变质、油脂酸败、霉变生虫、污秽不洁、混有异物、掺假掺杂或者感官性状异常的食品、食品添加剂；……（九）被包装材料、容器、运输工具等污染的食品、食品添加剂；（十）标注虚假生产日期、保质期或者超过保质期的食品、食品添加剂；（十一）无标签的预包装食品、食品添加剂；（十二）国家为防病等特殊需要明令禁止生产经营的食品；（十三）其他不符合法律、法规或者食品安全标准的食品、食品添加剂、食品相关产品。
	第三十七条　利用新的食品原料生产食品，或者生产食品添加剂新品种、食品相关产品新品种，应当向国务院卫生行政部门提交相关产品的安全性评估材料。国务院卫生行政部门应当自收到申请之日起六十日内组织审查；对符合食品安全要求的，准予许可并公布；对不符合食品安全要求的，不予许可并书面说明理由。
	第三十八条　生产经营的食品中不得添加药品，但是可以添加按照传统既是食品又是中药材的物质。按照传统既是食品又是中药材的物质目录由国务院卫生行政部门会同国务院食品药品监督管理部门制定、公布。

三、检查要点

（1）查看原料仓库、生产车间等区域是否有非食品原料、回收食品以及食品添加剂以外的化学物质；各项记录里是否有非食品原料、回收食品以及

食品添加剂以外的化学物质等。

（2）抽查食品添加剂的领用、配料及投料等记录是否规范，配比是否合理。

（3）查看原料仓库、车间等区域是否使用新食品原料，是否存在仅限用于保健食品的原料以及药品在食品生产环节作为食品原料投入使用的情况。

四、检查方式

（1）现场查看原料仓库、生产车间是否有非食品原料、回收食品及食品添加剂以外的化学物质；重点核实以上场所出现的不明生产添加物质。

（2）超过保质期的食品原料和食品添加剂是否专门存放，并及时处理。

（3）抽查进货查验记录、原辅料出入库记录、配料/投料记录及产品标签等是否记录了非食品原料、食品添加剂以外的化学物质、回收食品、超过保质期与不符合食品安全标准的食品原料和食品添加剂。

（4）抽查企业食品添加剂采购记录、领用记录、配料/投料记录，是否如实记录使用食品添加剂的名称、批次、用量、使用人等信息，对照GB 2760，企业不得超范围、超限量使用食品添加剂。对于复配食品添加剂的使用应重点关注产品的配料表、使用范围与使用方法，按照企业提供的产品配方，计算复配食品添加剂中的单体含量是否符合 GB 2760 的规定。

（5）查看使用的原料是否在《既是食品又是药品的物品名单》和国务院卫生行政部门公布的新食品原料（含新资源食品）名单中，或在《可用于保健食品的物品名单》中。如果是在我国无食用习惯的动物、植物、微生物及其提取物或特定部位，不在《既是食品又是药品的物品名单》和国务院卫生行政部门公布的新食品原料（含新资源食品）名单中，不得在生产中使用。

（6）通过抽查物料进货查验记录、出入库记录、配料/投料记录及产品标签等，不得有药品和仅限用于保健食品的原料。

（7）必要时抽检产品，进一步验证企业是否存在超范围、超限量使用食品添加剂，或添加非食用物质的情况。

五、常见问题

（1）发现使用非食品原料、回收食品、食品添加剂以外的化学物质或者超过保质期的食品原料和食品添加剂生产食品。

（2）存在超范围、超限量使用食品添加剂的情况。

（3）食品添加剂的领用、使用等记录不完整。

（4）使用药品、保健食品原料或未通过批准的新食品原料。

六、案例分析

案例1 检查员在某大米生产企业的原料仓库发现一批回收的大米，标签齐全但已过保质期，企业解释这批大米是超市退回的产品，还没有登记。

分析：按照食品安全法规定，企业不得使用回收食品作为原料生产食品，超市退回的大米已超过保质期，应当按照企业制定的《回收食品登记销毁制度》《不合格品管理制度》等规定进行登记、标识、隔离，并按相关规定处置。回收食品（无论是否超过保质期）不得作为原料用于生产各类食品，或者经过改换包装等方式以其他形式进行销售。

案例2 检查员在某肉制品生产企业的配料间发现一包亚硝酸钠已过保质期，配料人员仍然在使用。

分析：企业应定期检查原辅料及食品添加剂的质量和卫生情况，及时清理变质或超过保质期的原料及食品添加剂。已拆包的食品添加剂（如亚硝酸钠）包装容器上应准确标注该食品添加剂的名称、厂名、生产日期及保质期等信息。在使用时应注意查看标签标识，确保在保质期内使用，一旦发现产品出现受潮、变色及有异味等感官性状异常现象，应及时清理。

案例3 某食用油生产企业将生产线上的半成品花生油（相对密度不合格）收回后重新提炼，但未制定收回的标准及提炼的工艺控制，未对可能出现的风险点进行分析、评估。

分析：对于尚未出厂销售的、收回提炼的半成品花生油，不属于回收食品，而是生产过程中产生的不合格半成品，可以经适当处理后再投入使用，但应制定相应的控制标准。如对检验项目相对密度不合格、特丁基对苯二酚（TBHQ）超限量等情况进行分析、评估，确定可以将风险消除后再用于投产。

案例4 检查某糕点生产企业的月饼投料记录发现，饼皮中的山梨酸钾的投料量符合GB 2760的规定，但是未对馅料中带入的脱氢乙酸钠进行识别计算，检查员经过核算发现成品中防腐剂最大使用量的比例之和超过1。

分析：山梨酸钾、脱氢乙酸钠可用于糕点（如月饼）和焙烤食品馅料，但须叠加计算，同一功能的食品添加剂（防腐剂）在混合使用时，各自用量占其最大使用量的比例之和不应超过 1。

案例 5 检查员在现场检查发现某食用油生产企业在大豆油中添加 GB 2760 规定不允许使用的辣椒油树脂，企业解释该款食用油供给腌渍菜的生产企业，对方要求其添加。

分析：辣椒油树脂可用于腌渍的蔬菜，但大豆油并不属于特定终产品的原料，因此由食用油生产企业在大豆油中添加辣椒油树脂不符合带入原则。此行为属于违规使用食品添加剂。

案例 6 检查某糕点生产企业的面包配料记录，配料组成为小麦粉、白砂糖、奶酪、酵母、食盐、面包改良剂，没有添加山梨酸钾，但产品检验报告检出山梨酸钾含量为 0.121g/kg。查奶酪的标签配料表发现有山梨酸钾，供应商提供的奶酪产品检验报告也检出山梨酸钾，检查员经过复核计算，确认山梨酸钾在成品中的含量符合带入原则。

分析：按照带入原则第一条的规定，食品添加剂可以通过食品配料（含食品添加剂）带入食品中。面包配料中的奶酪可以使用山梨酸钾，查询奶酪的产品检验报告，山梨酸钾的用量未超过允许的最大使用量，再查询面包的产品检验报告并经复核计算显示，面包中山梨酸钾的含量明显低于直接将其添加到面包中所需要的水平。按照带入原则第二条的规定，当某食品配料作为特定终产品的原料时，批准用于上述特定终产品的添加剂添加到这些食品配料中，同时该添加剂在终产品中的含量应符合 GB 2760 的要求。

案例 7 检查员在某罐头生产企业的原料仓库中发现大量桃胶，已用于生产燕窝罐头产品。查企业的采购记录、出入库记录、投料记录均有桃胶，产品标签上的配料表也有"桃胶"字样。

分析：桃胶并非普通食品原料，经查询《卫生部关于进一步规范保健食品原料管理的通知》（卫法监发〔2002〕51 号）附件 1 "既是食品又是药品的物品名单"，以及国务院卫生行政部门发布的新食品原料（含新资源食品）公告，均查询不到桃胶。因此，桃胶不能用于食品生产。

案例 8 检查员在查阅某配制酒生产企业的配料记录中发现中药材当归，已用于配制酒的生产。

案例 9 检查某煲汤料生产企业原料仓库发现存放有西洋参、川贝，查阅企业的生产记录和产品配料表，显示已将西洋参、川贝作为原料用于生产煲汤料。

分析：按照《关于当归等 6 种新增按照传统既是食品又是中药材的物质公告》（2019 年第 8 号）规定，当归仅可作为香辛料和调味品使用，不能用于配制酒的生产，案例8中企业的做法显然违反了上述规定。西洋参、川贝属于国务院卫生行政部门公布的《可用于保健食品的物品名单》中的物品，不属于普通食品原料，案例9中企业不得使用这两种物品作为原料生产普通食品。

案例10　某固体饮料和压片糖果生产企业将维生素C（药品级）作为食品添加剂使用，供应商所提供的资质证明文件为药品生产许可证，批次产品检验合格证明上标识的产品执行标准及检验项目均与相关食品安全国家标准不符。

分析：维生素C（又名抗坏血酸）在食品工业中一般作为食品添加剂或食品营养强化剂使用，按食品添加剂使用应符合GB 2760的规定，按食品营养强化剂使用应符合GB 14880的规定，无论作为哪种用途在食品生产中使用，企业购买使用的维生素C均应符合食品安全国家标准的规定。本案例中企业使用的药品级维生素C作为食品添加剂的行为违反了食品安全法第三十八条的规定。

第十章 检验能力检查

食品检验是对食品原料、辅助材料、成品的质量和安全性进行的检验，包括对食品理化指标、卫生指标、外观指标以及外包装、内包装、标志等进行的检验。食品检验是保证食品安全、加强食品安全监管的重要技术支撑，是食品安全法律制度中的重要制度之一。第一，为了保证食品源头的安全，食品生产者采购食品原料、食品添加剂、食品相关产品时，必须查验供货者的许可证和产品合格证明文件。对无法提供合格证明文件的食品原料，必须依据食品安全标准进行检验。对于未设立自身检验室或者不具备检验能力的企业，应当委托依法设立的食品检验机构进行检验。第二，在生产过程中应按照工艺文件要求做好半成品检验，确保生产过程处于受控状态，发现问题及时按规定程序处理。第三，还应建立出厂检验制度，按照食品安全标准及相关规定对所生产的食品、食品添加剂进行检验，检验合格后方可出厂或者销售。

产品检验一般可分成原辅料检验、生产过程检验和出厂检验，企业可通过对产品进行分析，依据生产过程关键控制环节管理、产品标准等文件要求制定相应检验要求，从原辅料的采购到产品贮存销售全流程对食品的安全及质量进行管控。原辅料验收和生产过程中相关的检验要求在上文章节中有详细介绍，本章内容仅就产品检验进行介绍。

第一节 检验管理检查

一、背景知识

食品安全法第五十二条及 GB 14881—2013《食品安全国家标准 食品

生产通用卫生规范》中 9.1 都明确食品生产企业出厂检验的方式可选择自行检验或委托具备相应资质的食品检验机构对原料和产品进行检验。自行检验的应具备与所检项目适应的检验室和检验能力；由具有相应资质的检验人员按规定的检验方法检验。委托检验的应制定委托检验管理制度文件，可与第三方检验机构签署委托检验合同或协议，协议中应按照产品执行标准及相关产品的生产许可审查细则的要求明确委托检验的产品品种、检验项目及检验频次等内容。选择的第三方检验机构应按照《食品检验机构资质认定管理办法》取得相关部门的资质认定，承担的委托检验的项目包含在认定的检测能力项目之中。

企业自行检验的，应具备与所检项目相适应的检验室和检验能力。首先，企业应依据生产的产品特点，建立检验管理制度。包括产品检验管理制度和检测设备管理制度。产品检验管理制度主要规定检验机构和检验人员职责、任务，检验工作程序，产品检验项目，检验内容，以及检验的技术要求等内容。检测设备管理制度主要规定检验、试验和计量设备的配备、使用、检定、校准、标识、维护、保养、搬运、报废等，以及化学品管理、检验室废弃物管理等相关内容。

企业应配备与生产相适应的有检验资格和检验能力的检验人员。检验人员应具有一定的基础理论知识和技术操作能力，熟悉企业生产的食品／食品添加剂的各种检验方法及操作。同时企业也应定期对检验人员进行岗位培训考核，确保检验结果准确无误。

企业应收集与生产产品相关的产品标准及检验方法标准文件，明确检验项目，按检验方法标准开展检验。企业也可以使用快速检测方法及设备进行检验操作，使用快速检测方法及设备做检验时，应定期与国家标准规定的检验方法比对或者验证。快速检测结果不合格时，应使用国家标准规定的检验方法进行确认。

产品检验除了使用检验设备设施外，还经常性地使用一些化学试剂，检验用试剂应在有效期内，以确保检验结果的准确可靠。大部分食品检验用化学试剂是无毒害的，但部分检验项目需要一些特定的危险化学品试剂进行辅助操作。国务院会同相关主管部门制定了《危险化学品目录》。危险化学品，是指具有毒害、腐蚀、爆炸、燃烧、助燃等性质，对人体、设施、环境具有危害的剧毒化学品和其他化学品。一般食品生产企业在检验过程中可能会使用到盐酸、硫酸、氢氧化钠、三氯甲烷、乙醚等危险化学品，企业在贮存及使用危险化学品时应符合《危险化学品安全管理条例》要求，危险化学品使用人员应经过相应安全知识培训,该类别试剂应专柜上锁存放,专人保管,规范使用,降低检验安全风险。

检验室废弃物是指在检验室日常研究、检验中产生的,已失去使用价值的气态、固态、半固态及盛装在容器内的液态物品。主要包括检验过程中产生的三废(废气、废液、废固)物质、检验用有毒物品以及药品的残留物等。为减少检验室安全隐患和防止环境污染,企业应制定检验室废弃物管理制度,规范检验室废弃物的处理,降低废弃物的污染风险。废弃物处理通常是指将废弃物回收再利用或者用其制取其他可用的试剂和设备,使废弃物可以再资源化,变废为宝,另一作用就是对暂时无法利用的废弃物给予无害化的处理。

本节内容也可作为《食品生产监督检查要点表》中的条款6.1"企业自检的,具备与所检项目适应的检验室和检验能力,有检验相关设备及化学试剂,检验仪器按期检定或校准",条款6.2"不能自检的,委托有资质的检验机构进行检验",条款6.3"有与生产产品相应的食品安全标准文本,按照食品安全标准规定进行检验",以及《广东省食品生产企业食品安全审计评价表》中编号38"检验室管理制度",编号39"检验能力"的检查技术要领应用。

二、检查依据

检验管理检查依据见表10-1。

表 10-1 检验管理检查依据

检查依据	依据内容
食品安全法	第五十二条 食品、食品添加剂、食品相关产品的生产者,应当按照食品安全标准对所生产的食品、食品添加剂、食品相关产品进行检验,检验合格后方可出厂或者销售。
GB 14881《食品安全国家标准 食品生产通用卫生规范》	9.1 应通过自行检验或委托具备相应资质的食品检验机构对原料和产品进行检验,建立食品出厂检验记录制度。 9.2 自行检验应具备与所检项目适应的检验室和检验能力;由具有相应资质的检验人员按规定的检验方法检验;检验仪器设备应按期检定。 9.3 检验室应有完善的管理制度,妥善保存各项检验的原始记录和检验报告。

三、检查要点

（1）是否建立检验管理制度。

（2）是否配备经专业培训，具有与检验项目相适应检验能力的检验员。检验管理制度、检验员岗位职责、检验操作规程等文件是否与企业所需相适应。

（3）实行委托检验的，是否制定委托检验管理制度或规范文件，委托的检验机构是否具有合法检验资质。

（4）是否具有与生产产品相应的食品安全标准文本。

四、检查方式

（1）查看企业是否依据生产的产品及检验需求制定合理的检验室管理制度内容，是否配备与生产产品相应的食品安全标准文本，是否明确检验员岗位职责、检验操作规程。

（2）现场询问并查看检验人员是否熟悉产品标准和检验方法标准、检验操作是否规范等。

（3）现场查看企业检验室是否有序管理，确保企业能正常开展检验工作。

（4）查看企业委托检验管理制度文件，与第三方检验机构签署的检验协议／检验合同，应明确委托具有资质的检验机构按产品品种及生产批次进行委托项目检验。

（5）查看企业所委托的检验机构的资质证明文件，查验其是否具有企业所委托项目的检验资质。

五、常见问题

（1）检验室布局不合理，未按检验要求设置。

（2）企业检验管理制度、检验操作规程等文件内容不完善，与企业实际生产及检验情况不适配。

（3）企业不能自行完成出厂检验的，未制定委托检验制度或委托的第三方检验机构不具备相应委托项目的检验资质。

（4）有毒有害检验试剂未专人专柜管理。

（5）检验人员岗位能力不足，对产品及检验方法标准不熟悉。

六、案例分析

案例1 查看某肉制品生产企业检验室发现其检验用设备设施摆放混乱，卫生状况较差，危险化学品未进行管控，随意摆放。

分析： 检验室是检验操作的重要场所，应保持良好卫生环境，检验仪器及检验所需玻璃器材等设备设施应保持清洁卫生，定期维护保养，检验人员应严格按照检验方法标准及相关要求开展检验工作。企业检验室不能保持良好的检验环境，会对产品检验操作造成一定的影响，可能使检验结果出现偏差，不能真实准确地反映企业所生产食品的安全性。

检验操作时用到的化学试剂应规范管理，按其不同贮存要求进行存放，如使用危险化学品更加要引起重视。危险化学品的贮存及使用应符合国家相关文件及标准要求，企业操作人员应当接受相应安全教育和岗位技术培训，考核合格后上岗作业。企业在检验室随意摆放危险化学品的行为不仅会影响检验结果的准确性，更会为检验室及操作人员带来安全风险，必须严格规范管理。

案例2 某企业自身检验室不具备食盐项目检测能力，与第三方检验机构签署了相关委托检验协议，经查询该检验机构不具备相应项目的检验资质。

案例3 企业声称其出厂检验项目过氧化值和酸价为委托检验，但企业并未制定委托检验管理制度或规范性文件，且未与具有资质的第三方检验机构签署有效的委托检验合同或协议。

分析： 如果企业自身不具备出厂检验项目检验能力，可委托第三方检验机构进行检验。企业应制定委托检验管理规定，选择具有资质的检验机构签订委托检验协议，明确委托检验项目及频次要求。第三方检验机构应按照国家有关认证认可的规定取得资质认定后，在资质认定证书规定的检验检测能力范围内，依据相关标准或者技术规范规定的程序和要求开展食品检验工作，出具检验检测数据、结果，其检验报告上标注资质认定标志（CMA），法律法规另有规定的除外。案例2中企业所委托的检验机构所取得的资质认定证书中明确的检验能力范围未包含企业所委托检验的食盐项目，因此企业不应委托该检验机构承担食盐项目的出厂检验；案例3企业自身没有过氧化值和酸价项目的检验能力，也没有制定委托第三方检验机构开展检验的制度和措施，无法保证出厂产品检验合格，不符合产品出厂检验的相关规定。

案例4 检查组现场通过询问方式对企业检验人员检验能力进行考核时，发现该检验员对产品执行标准不熟悉，不了解公司产品出厂检验项目及检验方法标准，检验操作不熟练。

分析： 检验人员不能熟练地完成检验操作，说明其岗位能力不能满足产品检验需求，不能起到为产品出厂质量安全把关的作用。检验人员上岗前应进行相关培训、考核，熟悉产品标准及检验方法标准，掌握仪器设备的性能和使用，并了解相关试剂的理化特性，严格按相关检验方法标准开展检验工作，提供准确有效的检验数据，切实履行出厂检验岗位的职能。

第二节 检验设备设施检查

一、背景知识

检验设备设施主要包括检验室布局、检验设备及检验用试剂三部分。

1. 检验室布局要求

企业的检验室应与生产区域分隔设置，按照产品的检验方法标准规定的检验条件设置理化检验室、微生物检验室、天平室、样品前处理室、感官品评室等。检验室布局合理，不同项目的检验应科学地分隔，如理化检验室和微生物检验室应设置在不同的检验区域，微生物检验室入口处应设置缓冲间，缓冲间内应安装非手动式开关的洗手盆，有足够的面积以保证操作人员更换工作服及鞋帽。检验仪器设备应合理布局摆放，充分考虑到倾斜、温湿度、振动等因素对仪器的准确性和稳定性的影响，做好仪器的防振、防尘、防潮措施。如分析天平等精密仪器摆放应远离高温设备或振动设备；配备有烘箱、高温电阻炉等热源设备的应具备良好的换气和通风等设施。

2. 检验设备要求

检验室应具备产品标准、生产许可审查细则中规定的出厂检验设备（包括相关的辅助设施、试剂等），检验设备的性能和精度应满足出厂检验需要，检验设备的数量与生产能力相适应。一般情况下常见的检验项目及对应的检验设备为：（1）净含量所对应的必备出厂检验设备，如电子天平（0.1g）；

（2）水分所对应的必备出厂检验设备，如分析天平（0.1mg）、干燥箱或卡尔费休滴定液；（3）菌落总数和大肠菌群所对应的必备出厂检验设备，如微生物培养箱、灭菌锅、生物显微镜、无菌室（或超净工作台）等。各检验设备应在检定或校准有效期内使用，列入国家强制检定目录的计量器具，应由法定计量检定机构或者授权的计量检定部门检定，签发检定证书；非强制检定的计量器具可由法定计量机构或其他有资质的校准实验室进行检定（校准），签发检定（校准）证书，也可由检验室按自检规程校准，校准人员应具有该仪器设备操作和校准能力。经检定（校准）合格的仪器和器皿应加贴合格标志，并标明有效期。

3. 检验用试剂要求

食品生产企业出厂检验常用的试剂主要有无机试剂、有机试剂、生化试剂、培养基等。试剂的化学性质会随着保存时间的延长发生改变，因此检验用试剂应在有效期内使用，才能确保检验结果的准确可靠。危险化学品如盐酸、三氯甲烷、乙醚等，应按照《危险化学品安全管理条例》要求进行存放及使用管理。具有挥发性的有毒有害化学试剂还应配备通风橱，并按恰当程序使用维护。此外，在检验室里除了化学试剂外，一般还会存放标准品、标准菌株等，各类品种的存放区域应符合其规定的保存条件，需冷冻或冷藏贮存的应进行温度监控并做好记录，有毒有害检验试剂应专柜上锁存放，专人保管。

该节内容也可作为《食品生产监督检查要点表》中的条款 6.1 "企业自检的，具备与所检项目适应的检验室和检验能力，有检验相关设备及化学试剂，检验仪器按期检定或校准"，以及《广东省食品生产企业食品安全体系评价表》中编号 25 "检验设施" 条款的检查技术要领应用。

二、检查依据

检验设备设施检查依据见表 10-2。

表 10-2　检验设备设施检查依据

检查依据	依据内容
GB 14881《食品安全国家标准　食品生产通用卫生规范》	9.2　自行检验应具备与所检项目适应的检验室和检验能力；由具有相应资质的检验人员按规定的检验方法检验；检验仪器设备应按期检定。

三、检查要点

（1）检验室的布局是否合理，通风照明、清洗水池等基础实验设施是否满足检验要求。

（2）检验设备的数量、性能、精度是否满足企业开展自行检验所依据的检验方法标准规定的检验要求。

（3）检验仪器设备是否具有合格有效的检定或校准证书。

（4）检验用试剂是否满足检验的需要，是否在有效期限内。

（5）企业委托第三方检验机构按要求检验的，可不具备委托项目所需的检验设备设施。

四、检查方式

（1）现场查看检验室配备的通风照明、清洗水池等基础实验设施、检验设备设施是否满足检验要求，是否符合产品标准及审查细则等相关规定，检验室布局及检验设备设施摆放是否合理。

（2）现场查看检验设备标识并开启检验设备，查看其精度是否满足检验需要，检验设备的数量与生产能力是否相适应。

（3）现场查看检验设备是否按要求进行检定或校准并粘贴合格标识，所提供的检定／校准报告是否合格有效。

（4）现场查看危险化学品是否专柜上锁存放，且有专人保管；各类检验试剂是否在有效期内，检验试剂的消耗量是否与使用记录相匹配。

五、常见问题

（1）检验室布局、检验设备设施布局欠合理。

（2）检验室中缺少检验项目必备的仪器和试剂。

（3）检验仪器设备未按期检定或校准。

（4）检验试剂超过有效期。

六、案例分析

案例1 某生产速冻生制菜肴制品的企业，产品执行标准为 SB/T 10379—

2012《速冻调制食品》，现场查看检验室时发现其缺少三氯甲烷试剂，硫代硫酸钠标准溶液已过期。

案例 2　某酱卤肉制品生产企业执行标准为 GB/T 23586—2009《酱卤肉制品》，企业声明出厂自行检验，但检查人员查看企业检验室发现其未配备检验食盐和蛋白质项目所需检验仪器及化学试剂。

分析：出厂检验为自行检验的，应依据企业所生产的产品执行标准及审查细则的要求，具备与生产能力相匹配的检验仪器设备设施及检验试剂。若产品检验方法标准更新，则应按照最新的方法标准要求配备齐全检验设备设施，更新检验方法及配套记录表格。案例 1 企业产品的执行标准为 SB/T 10379—2012《速冻调制食品》，其出厂检验项目有：感官要求、净含量、过氧化值。过氧化值项目应按照 GB 5009.227—2016《食品安全国家标准　食品中过氧化值的测定》要求配备三氯甲烷和硫代硫酸钠标准溶液。企业未配备或使用过期的硫代硫酸钠标准溶液，说明未能正常开展检验工作，不能保证检验数据的准确性。案例 2 企业的产品执行标准为 GB/T 23586—2009《酱卤肉制品》，其规定出厂检验项目除了感官要求、净含量、菌落总数、大肠菌群等项目外，还要求水分、蛋白质、食盐项目不少于每 7 天检验一次。企业应按照 GB 5009.44—2016《食品安全国家标准　食品中氯化物的测定》、GB 5009.5—2016《食品安全国家标准　食品中蛋白质的测定》的要求分别配备开展食盐和蛋白质项目检验所需的设备设施及化学试剂。

案例 3　某糕点生产企业申报其产品出厂检验为自行检验，检查员现场查看检验室时发现并未设置微生物项目检验场所，且分析天平与干燥箱、电炉相邻摆放。

案例 4　查阅某糕点生产企业的生产记录及成品入库记录时发现，企业每天生产的产品品种有 20 余种，但检验室只配备了一台培养箱，且培养箱内部尺寸为 25cm×25cm×25cm，容积约为 16L，其容量不能满足出厂检验项目菌落总数、大肠菌群的需要。

分析：检验仪器设备应合理布局摆放，案例 3 中分析天平与干燥箱和电炉相邻摆放会对分析天平的准确性和稳定性有一定的影响，分析天平的使用寿命可能衰减，因此不能保证检验数据的真实可靠。企业未配备检验微生物项目的场所及相应设备设施，不具备微生物项目的检验能力。而微生物检验是糕点产品出厂的必检项目，企业应对检验室升级改造或委托具有资质的第三方检测机构以满足微生物项目检验需求。案例 4 中企业每天生产糕点品种多达 20 余种，企业配备的培养箱容量仅为 16L，按照国家相关检验方法标准要求，菌落总数、大肠菌群的检验所需的培养时间一般为24～48h，所需的培养皿数量较多，该培养箱容量明显不能满足日常检验需要，应增加购置培养箱以满足出厂检验要求。

案例5 企业现场提供的电热干燥箱、培养箱及灭菌锅的校准报告已过期2个月。

案例6 查阅某肉制品生产企业的检验仪器设备校准报告时发现，企业提供的第三方检验机构出具的部分检验仪器设备的校准报告无校准资质标识，亦未能提供该机构出具相应检验仪器设备的校准资质。

分析： 出厂检验所需检验设备应按要求定期进行检定或校准，检定或校准周期一般为一年。案例5企业的电热干燥箱、培养箱及灭菌锅的校准报告已过期2个月。使用超过检定或校准有效期的检验设备无法确保检验所得到的数据的真实性，难以保证食品的质量安全。另外，需强制检定的检验仪器设备应委托获得计量授权的法定计量检定机构进行检定，其他仪器则可由获得认可的实验室进行校准。案例6企业的检验仪器设备所委托的检验机构不具备相应的校准资质，所提供的校准报告是无效的。

第三节　检验记录报告检查

一、背景知识

食品安全法第五十一条明确规定食品生产企业应当建立食品出厂检验记录制度，查验出厂食品的检验合格证和安全状况，如实记录食品的名称、规格、数量、生产日期或者生产批号、保质期、检验合格证号、销售日期以及购货者名称、地址、联系方式等内容，并保存相关凭证。记录和凭证保存期限不得少于产品保质期满后六个月；没有明确保质期的，保存期限不得少于两年。食品出厂检验记录是食品召回的基础和前提，当发现食品安全问题时，通过查找食品出厂检验记录，确定出现问题的批次产品信息，进而实施食品召回。当发生生产或质量事故时，可以快速查清事故原因和判断事故性质。食品出厂检验记录可以是纸质件，也可以是电子系统件。企业应有专人负责检验记录的整理归档，定期对检验记录进行整理、分类、汇总，统一保存。

一般来说，食品检验记录内容包括：食品出厂检验项目、检验情况（是否合格）、产品名称、规格、数量、生产日期、生产批号，购货者名称及联系方式、销售日期等内容，检验记录要真实、及时、规范、清晰、完整；如果有笔误，须用单线或双线划掉，在附近写上正确记录并签名，写上修改日期。企业应对每批次产品出具出厂检验报告，出厂检验报告应满足以下要求：（1）检验报告应与生产记录、产品入库记录的批次一致；（2）检验报告中的检验结果（如净含量、水分、菌落总数、大肠菌群等）应有相对应的检验原始记录；（3）检验报告及原始记录应真实、完整、清晰；（4）检验报告一般应包括产品名称、规格、数量、生产日期、生产批号、执行标准、检验结论、检验合格证号或检验报告编号、检验时间等基本信息；（5）检验项目为委托检验的应留存具有检验资质的检验机构所出具的检验报告原件，报告批次应与生产记录、产品入库记录的批次一致。

该节内容也可作为《食品生产监督检查要点表》中的条款 6.4 "建立和保存原始检验数据和检验报告记录，检验记录真实、完整，保存期限符合规定要求"，以及《广东省食品生产企业食品安全体系评价表》中编号 40 "食品出厂检验记录制度"的检查技术要领应用。

二、检查依据

检验记录报告检查依据见表 10-3。

表 10-3　检验记录报告检查依据

检查依据	依据内容
食品安全法	第五十一条　食品生产企业应当建立食品出厂检验记录制度，查验出厂食品的检验合格证和安全状况，如实记录食品的名称、规格、数量、生产日期或者生产批号、保质期、检验合格证号、销售日期以及购货者名称、地址、联系方式等内容，并保存相关凭证。记录和凭证保存期限应当符合本法第五十条第二款的规定。
GB 14881《食品安全国家标准　食品生产通用卫生规范》	9.3　检验室应有完善的管理制度，妥善保存各项检验的原始记录和检验报告。应建立产品留样制度，及时保留样品。

三、检查要点

（1）企业是否按照制定的检验管理制度及产品标准要求进行检验（原料检验、半成品检验、生产过程检验、成品出厂检验），并留存相应检验报告及检验原始记录。

（2）企业提供的检验报告及检验原始记录是否与相应检验频次要求对应，填写信息是否完整规范。

（3）企业是否对不能自检的出厂检验项目制定委托检验管理制度或规范文件，是否委托有资质的检验机构按产品品种及生产批次进行检验并留存相应批次检验报告原件。

四、检查方式

（1）首先查阅企业许可档案资料，对其生产的产品有一定的了解。依据企业提供的检验管理制度及生产过程管理制度等文件，了解企业所制定的原料检验、生产过程检验、半成品检验（按需要）、出厂检验项目及相应检验频次等要求。查验企业是否按产品生产批次进行批批检验出厂，检验报告及检验原始记录与产品生产记录、成品入库记录等内容是否相符。

（2）检查组可在成品仓库或出入库记录、销售台账等记录中随机选取1～3个品种/批次的成品，查看其对应的出厂检验报告与检验原始记录是否一致、是否符合相应产品及检验方法标准要求，检验报告与生产记录、产品入库记录的批次是否一致等，检验报告与原始记录是否真实、完整、清晰。

（3）企业委托检验的，可随机抽取1～3批次企业不能自检的产品，查看其委托第三方检验机构所出具的委托检验报告原件，报告的项目是否符合委托检验要求，产品批次是否与所抽取查看的产品生产记录、产品入库的批次一致，第三方检验机构是否具备资质等。

五、常见问题

（1）检验报告不规范，如生产日期、取样日期、检验日期混淆，缺少检验依据等。

（2）缺少出厂检验原始记录。

（3）原始记录不真实或伪造原始记录。

（4）未建立委托检验制度，未与具备资质的检验机构签订委托合同，不能提供第三方检验报告原件。

六、案例分析

案例1 抽查某糕点生产企业的出厂检验原始记录，发现其出厂检验项目菌落总数、大肠菌群未按国家标准方法进行检验，且未收集有效的检验方法标准文本。

案例2 某水果制品生产企业主要生产的产品为干制红枣，执行标准为GB/T 5835—2009《干制红枣》，企业检验含水率项目的方法与产品执行标准要求的检验方法不符，净含量项目也未按标准方法要求进行检验。

案例3 某企业标准《汤料》出厂检验项目为水分、净含量及感官，抽查其汤料出厂检验报告及检验原始记录发现企业未开展净含量项目的检验。

分析： 企业出厂检验项目一般依据产品执行标准、生产许可审查细则及相关要求确定，每批次产品均应进行出厂检验，检验合格后方可出厂销售。企业应收集与所生产产品相关的食品安全国家标准，并关注国家标准修订的情况，及时更新检验方法标准。企业应按照产品执行标准要求对生产批次进行出厂检验，并如实填写出厂检验报告等相关信息。案例1中企业未按要求收集更新有效的检验方法标准；案例2中企业采用GB 5009.3—2016《食品安全国家标准 食品中水分的测定》中的直接干燥法进行含水率的检验，与GB/T 5835—2009中6.3.1所规定的蒸馏法不一致；案例3中企业应严格按标准要求对净含量进行检验，净含量项目检验方法可按照JJF 1070—2005《定量包装商品净含量计量检验规则》要求，依据企业产品规格及包装形式确定。

案例4 抽查某肉制品生产企业的出厂检验报告及检验原始记录时，企业未能提供检验原始记录，检验员称其将原始数据记在一张纸上，誊写到检验报告上后即丢弃。

案例5 抽查某饼干生产企业2020年7月的出厂检验报告及检验原始记录时，发现部分产品出厂检验报告未填写检验依据，无净含量检验原始记录，部分产品出厂检验报告填写的检验日期与生产日期不能一一对应。

案例6 查看某乳制品生产企业的检验原始记录，铅、三聚氰胺等项目检验使用的液相色谱-质谱仪、原子吸收光谱仪等仪器保留的检验原始数据不完整，三聚氰胺检验色谱条件（如柱温、进样量、流速等）与GB/T 22388—2008《原料乳与乳制品中三聚氰胺检测方法》的规定不一致。

分析： 产品的每份出厂检验报告应能找到对应的产品生产记录，检验结果（如净含量、水分、菌落总数、大肠菌群等）应有相对应的检验原始记录。企业应妥善保存各项检验的原始记录和检验报告。案例4、案例5及案例6都存在原始数据记录缺失、检验报告信息不完整，以及出厂检验报告内容与生产信息不对应的问题，不能证明企业出具的出厂检验报告数据信息的真实准确性，影响成品检验结果的可追溯性，增加食品安全责任风险。案例6乳制品生产企业的铅及三聚氰胺检验项目的每批次产品检验应在液相色谱-质谱仪、原子吸收光谱仪等仪器中有对应批次的检验原始数据，检验结果需要将检验原始记录曲线与标准系列曲线进行定量比较得出。企业检验人员应参照检验方法标准要求规范操作才能得出真实准确的检验数据。

第四节　产品留样检查

一、背景知识

留样是企业按规定保存的、用于质量追溯或调查的物料、产品样品。企业开展产品留样管理不仅可确保产品的可追溯性及产品有效期内的质量特性，还可为食品安全事故提供溯源的证据，亦可作为质量争议的仲裁依据；同时可在规定的贮存条件下和规定的有效期限内对产品的安全性和质量变化进行观察验证，为制定产品贮存期限提供科学依据。留样管理控制也可辅助企业进行新产品的研发，以及原有产品原料、工艺改变时，前期留样管理记录可为考察在贮存期质量稳定情况提供依据。

企业应依据产品的种类、产量、贮存要求等建立产品留样场所，满足留样需求。企业留样产品的包装、规格等应与出厂销售的产品相一致，留样产品的生产日期或批号应与实际生产相符。一般情况下，产品保质期少于两年的，留样产品保存期限不得少于产品的保质期；产品保质期超过两年的，留样产品保存期限不得少于两年；已超过留存时限的样品应及时处置并记录。留样记录的保存期限不得少于产品保质期满后六个月；没有明确保质期的，保存期限不得少于两年。

该节内容也可作为《食品生产监督检查要点表》中的条款 6.5 "按规定时限保存检验留存样品并记录留样情况"，以及《广东省食品生产企业食品安全体系评价表》中编号 41 "产品留样制度"的检查技术要领应用。

二、检查依据

产品留样检查依据见表 10-4。

表 10-4　产品留样检查依据

检查依据	依据内容
GB 14881 《食品安全国家标准　食品生产通用卫生规范》	9.3　检验室应有完善的管理制度，妥善保存各项检验的原始记录和检验报告。应建立产品留样制度，及时保留样品。

三、检查要点

（1）企业是否建立产品留样制度，按产品贮存要求设立相应留样场所或设施。

（2）成品的留样记录及样品处置记录是否与生产记录一致，并按规定时限留存样品及记录。

四、检查方式

（1）查阅企业产品留样制度并现场查看留样场所或设施，是否符合产品贮存及留样要求，有特殊存放要求的，如冷藏或冷冻产品，是否具有相应温度控制措施及记录。

（2）随机抽查 3～10 批次成品的留样及记录，检查是否与生产记录一致；样品的标识、留样记录及样品处置记录是否符合要求。

五、常见问题

（1）企业未按规定进行留样。

（2）留样场所或设施不能满足留样需求。

（3）留样记录与实际生产记录不符。

（4）留样及记录保存期限不符合要求。

六、案例分析

案例1 现场检查某咖啡生产企业留样记录时，企业只能提供近半年的留样记录且未留存任何样品，抽查一款咖啡豆产品近半年只有2批次留样记录，但其生产销售及出厂检验记录显示同时间段该款咖啡生产销售了10批次。

案例2 现场检查某米面制品生产企业时，发现未设置需冷藏贮存的成品留样区域，留样记录显示保质期标示为15天的发糕样品仅留存3天便进行报废处理；同时企业也未能提供产品留样制度。

案例3 某调味料生产企业的固态调味料成品规格为2kg/袋，留样为拆包后用塑料袋简易包装的散装形式，数量约100g。企业人员解释按成品包装留样太浪费，所以每个批次只留存了少量样品。

分析： 企业应建立产品留样制度，按要求保留样品。企业留样产品的包装、规格等应与出厂销售的产品相一致，留样产品的批号应与实际生产相符。案例1中企业存在没有按规定留样、只能提供近半年的留样记录、留样记录与实际生产情况不一致等问题，说明企业的留样管理完全失控，导致记录缺失无法追溯。案例2企业生产的部分产品（如发糕）需冷藏贮存，但企业未配备相应的成品留样区域，不能满足样品留存条件，无法对保质期内的产品进行安全性评价。另外，标示保质期为15天的发糕样品只留存了3天就进行报废处理，不符合"产品保质期少于两年的，留样产品保存期限不得少于产品的保质期"的规定。案例3企业未按产品原有的包装、规格留样，一旦产品监督抽查不合格或发生食品安全事故，无法提供可溯源的证据。

第十一章 管理职责、人员要求和培训检查

第一节 管理职责检查

一、背景知识

食品生产经营企业是食品安全的第一责任人。随着科学技术的发展，现代食品生产经营活动日趋复杂。食品企业的安全意识、安全条件和安全管理决定着企业的食品安全状况。食品安全法要求企业建立并落实食品安全管理制度，进行食品安全知识培训，加强食品检验工作，配备食品安全管理人员。

食品安全管理制度是企业保证其生产的食品达到安全要求的基本前提和必备条件。企业应根据自身实际情况，建立健全食品安全管理制度。一般来说，企业的食品安全管理制度包括：

（1）内部管理制度：食品安全管理机构、食品安全岗位要求、食品安全培训、食品安全责任等；

（2）生产过程控制制度：进货查验记录、生产过程控制、出厂检验记录、不合格品管理等；

（3）自查及应急响应制度：食品安全自查、不安全食品召回、食品安全事故处置方案等。

食品生产企业的主要负责人在建立和落实本企业食品安全管理制度过程中，必须担负起对本企业食品安全管理制度和食品安全管理工作的全面责任。

为更好落实食品安全管理制度，企业还应按照自身规模、产品类别和风险控制要求设置相应的安全管理机构或专兼职人员。一般来说，企业规模较大、组织结构较复杂时，应设置食品安全管理机构；企业规模较小，产品比

较单一时，则可以指定人员专职或兼职负责食品安全职责。有些类别食品有严格要求，如 GB 12693《食品安全国家标准 乳制品良好生产规范》规定，乳制品企业必须建立食品安全管理机构，负责企业的食品安全管理。食品安全管理机构要满足乳制品生产企业的专业覆盖范围的要求，由多专业的人员组成，包括从事卫生质量控制人员，产品研发人员，乳制品生产工艺技术人员，设备管理人员，生鲜乳及辅料采购、销售、仓储及运输管理等人员。

企业无论是设置专门的管理机构还是指定专兼职人员负责食品安全管理，都必须保证相应机构或人员能够履行食品安全管理的职责。

某食品企业的食品安全管理机构架构见图 11-1，其中总经理为企业法人授权的负责人，总经理授权企业质量保证经理兼任食品安全负责人，负责协助总经理组织制定本单位食品安全各项管理制度并组织实施，建立本单位质量安全管理体系，对本单位的食品安全工作负直接管理责任。

××××食品生产企业食品安全组织机构职责及责任

（1）总经理（厂长）质量职责

——负责贯彻执行《中华人民共和国食品安全法》及相关的食品安全法律法规，组织制定和实施本企业的食品安全方针、目标和食品安全管理制度。

——负责建立与企业食品安全管理相适应的组织机构，分配各部门的职责和权限，配置管理所需的物力和人力资源。

——负责企业食品安全的整体工作，定期召开专题会议，研究制定改进措施，解决重大食品安全问题。

（2）质量保证经理（食品安全负责人）职责

——严格遵守《中华人民共和国食品安全法》及相关的食品安全法律法规，执行食品安全监督管理机构的相关规定，接受食品监督管理部门的检查。

——严格执行生产过程卫生管理规范，对生产所使用的原料、半成品、包装物等的质量安全负有管理责任。领导对供应商的资质进行定期或不定期的监督检查。

——负责组织各类形式的食品检查，对违反食品安全法规的行为进行处理。

——定期监督检查全厂相关质量检测设备的校验工作，对有可能影响食品安全的环节提出整改意见。

——负责对食品质量监督、研发及采购人员进行食品安全知识的培训和考核。

——负责组织、主持食品安全例会。

（3）生产经理

——严格遵守《中华人民共和国食品安全法》及相关的食品安全法律法规，执行食品安全监督管理机构的相关规定，接受食品监督管理部门的检查。

——严格执行生产过程卫生管理规范，对生产过程的食品安全负有管理责任。

——监督检查食品生产原料、半成品、食品添加剂等是否符合食品安全生产的要求，同时核查生产设备、工具、容器等是否符合卫生规范的要求。

——监督检查生产车间各类生产设备、卫生防护设施设备及器具是否完好无损，对改进生产车间卫生工作提出合理建议和整改措施。

——负责对食品生产车间人员进行食品安全知识的培训和考核。

——保证从事直接接触食品生产过程的人员符合相应的健康条件并取得相关证件。

（4）采购经理

——严格遵守《中华人民共和国食品安全法》及相关的食品安全法律法规，执行食品安全监督管理机构的相关规定，接受食品监督管理部门的检查。

——建立完善的采购索证制度，配合质量部门进行进货验收和供应商资质审核。

——采购原料时，应向供应商索取相应的营业执照，该批食品原料的检验合格证、生产许可证、注册商标证、质量说明书等材料，对长期供应商每年还需进行一次核对和现场审核。索取材料应妥善保管。

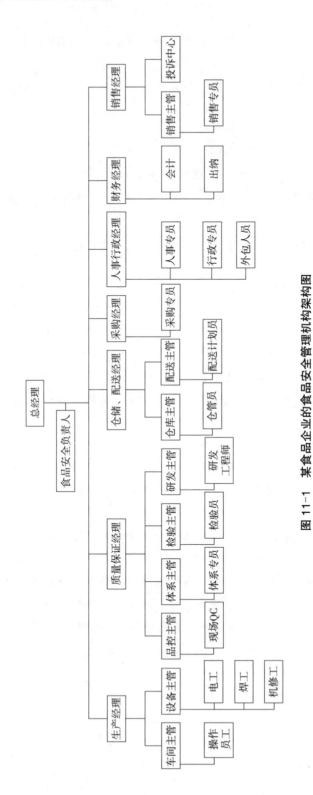

图 11-1 某食品企业的食品安全管理机构架构图

本节内容也可作为《食品生产监督检查要点表》中的条款 11.1"建立企业主要负责人全面负责食品安全工作制度，配备食品安全管理人员、食品安全专业技术人员"，条款 11.4"企业负责人在企业内部制度制定、过程控制、安全培训、安全检查以及食品安全事件或事故调查等环节履行了岗位职责并有记录"，以及《广东省食品生产企业食品安全审计评价表》中"人员管理制度"相应内容的检查技术要领应用。

二、检查依据

管理职责检查依据见表 11-1。

表 11-1　管理职责检查依据

检查依据	依据内容
食品安全法	第四十四条　食品生产经营企业的主要负责人应当落实企业食品安全管理制度，对本企业的食品安全工作全面负责。 食品生产经营企业应当配备食品安全管理人员，加强对其培训和考核。经考核不具备食品安全管理能力的，不得上岗。
GB 14881《食品安全国家标准　食品生产通用卫生规范》	13.1　应配备食品安全专业技术人员、管理人员，并建立保障食品安全的管理制度。 13.2　食品安全管理制度应与生产规模、工艺技术水平和食品的种类特性相适应，应根据生产实际和实施经验不断完善食品安全管理制度。
GB 12693《食品安全国家标准　乳制品良好生产规范》	14.1　应建立健全本单位的食品安全管理制度，采取相应管理措施，对乳制品生产实施从原料进厂到成品出厂全过程的安全质量控制，保证产品符合法律法规和相关标准的要求。 14.2　应建立食品安全管理机构，负责企业的食品安全管理。 14.3　食品安全管理机构负责人应是企业法人代表或企业法人授权的负责人。 14.4　机构中的各部门应有明确的管理职责，并确保与质量、安全相关的管理职责落实到位。各部门应有效分工，避免职责交叉、重复或缺位。对厂区内外环境、厂房设施和设备的维护和管理、生产过程质量安全管理、卫生管理、品质追踪等制定相应管理制度，并明确管理负责人与职责。

三、检查要点

（1）是否规定了与食品安全有关的部门、人员的岗位职责。各岗位职责的规定是否合理，是否明确相关人员的权限和相互关系。

（2）是否配备相应的食品安全管理机构或食品安全管理人员履行企业的食品安全管理责任。

（3）企业负责人是否在制度制定、过程控制、安全培训、安全检查以及食品安全事件或事故等环节履行了岗位职责。

四、检查方式

（1）查看企业的食品安全管理制度中是否对涉及食品安全管理、执行、验证人员的职责作出规定，各岗位的职责是否合理，权限和相互关系是否明确，能否确保从采购原辅材料、生产加工、半成品、成品的检验验收，到产品包装、贮存的每一个环节都有相应的管理部门（人员）负责。

（2）查看企业是否配备相应的食品安全管理机构或食品安全管理人员，相应人员是否具备履行食品安全管理职责所需的能力。

（3）抽查相关记录并询问企业负责人，看其是否在制度制定、过程控制、安全培训、安全检查以及食品安全事件或事故等环节履行了岗位职责。

五、常见问题

（1）没有制定食品安全管理制度或制度不完善。

（2）制度是一回事，执行起来又是一回事，制度和执行"两张皮"。

（3）企业负责人未履行相关职责。

六、案例

案例 1　某冷冻饮品企业，公司制度规定品控部门应每月监测水源水微生物指标；仓库部门每月对成品冷冻库进行彻底清洗、消毒并形成记录；运输车辆每天装货前应进行清洗消毒并记录。现场询问相关部门人员是否按照制度要求操作时，企业员工回答称工厂并未每月监测水源水微生物指标，只是每年一次送第三方检测机构进行检测；并未每月对成品冷冻库进行清洁消毒，亦未能提供相应记录；运输车辆每天装货前由清洁工进行清洁消毒，但未能提供相应记录。

分析：公司本来有比较完善的制度，但基本没有执行。制度是一套，执行又是另外一套，是典型的制度和执行"两张皮"。企业的食品安全管理机构（人员）也未通过自查制度发现问题并及时纠偏，本应通过科学、严谨的过程控制就能降低或者避免的风险有可能演变成不可控风险，给企业带来潜在的食品安全隐患。

案例 2　某速冻食品生产企业，公司制度规定企业负责人的岗位职责包括审批年度人员培训计划、设备改造计划、生产计划、采购计划和销售计划等内容，但查阅该企业 2021 年度人员培训计划及 2021 年 6 月、7 月生产计划表格，均无企业负责人的签批。

案例 3　某肉制品生产企业，公司制度规定企业负责人的岗位职责包括定期召开质量分析会议，研究制定质量改进措施等内容，但与企业负责人面谈时其称自己并未定期组织召开质量分析会议，仅在出现消费者投诉的时候负责协调解决。

案例 4　检查组在检查某肉制品生产企业的食品安全自查制度落实情况时，企业食品安全自查制度规定每季度进行一次自查并记录，但企业 2020 年度只能提供第一季度和第二季度的自查记录；检查员查看自查报告内容时发现 2019 年第四季度、2020 年第一季度、2020 年第二季度的三份报告问题内容记录完全一致，如：存在包装间纱网破损，二更洗手池水龙头漏水，车间刀具有锈蚀现象等，亦未能提供相应问题整改记录。现场询问企业负责人对于以上情况是否清楚，企业负责人解释说太忙了没有参与。

分析：食品生产企业的主要负责人在建立和落实本企业食品安全管理制度过程中，要发挥领导者作用，促使人员积极参与企业食品安全管理，支持和指导其他管理者在其职责范围内发挥食品安全管理的作用，确保企业食品安全目标的实现。案例 2～4 中，企业主要负责人并未很好履行管理者职责，对一些本应参与或知晓的食品安全过程或事件并未参与或不知情。企业负责人日常事务繁忙是很正常的现象，若在某些重大工作中负责人确因特殊原因不能参与的应授权委托企业其他管理人员代为执行，且事后受委托的人应主动向负责人汇报情况。负责人在签发一些文件、报告、方案前应对于事件过程和文件内容有较充分的了解，使得各项食品安全工作真正落到实处。

第二节　人员要求检查

一、背景知识

食品生产企业保障食品安全最核心的要素是人员，所有的管理策划、执行需要专业人员来完成，仪器、设备需要人员准确操作，每一项生产计划、每一个销售订单的完成都需要多部门人员协调沟通。食品安全法明确规定，食品生产经营企业应有专职或者兼职的食品安全专业技术人员、食品安全管理人员和保证食品安全的规章制度。食品生产经营企业的负责人应当落实企业食品安全管理制度，对本企业的食品安全工作全面负责。

企业负责人一般指企业的法定代表人、主要负责人或经授权的食品安全负责人等。企业法定代表人或主要负责人是本单位食品安全第一责任人，负责建立并落实本企业的食品安全责任制，加强供货者管理、进货查验和出厂检验、生产经营过程控制、食品安全自查等工作，对本企业食品安全工作全面负责。企业食品安全负责人协助做好食品安全管理工作。

食品安全管理人员是指从事食品生产经营的主体按法律法规要求所配备的，在食品生产经营活动中从事食品安全管理工作的从业人员。食品安全法明确规定，食品生产经营企业应配备食品安全管理人员，食品药品监督管理部门应对企业食品安全管理人员进行监督抽查考核。广东省食品安全管理人员分为高级、中级和初级，应取得由广东省市场监督管理局签发的《广东省食品安全管理人员考试合格证明》。食品生产企业应按照以下要求配备相应级别的食品安全管理人员：

（1）保健食品、婴幼儿配方食品、特殊医学用途配方食品、其他专供特定人群的主辅食品、乳制品、食品添加剂等食品生产单位应配备专职高级食品安全管理人员。

（2）白酒、食用植物油、大米、肉制品、面制品等食品生产单位应配备专职中级及以上级别食品安全管理人员。

（3）奶瓶、奶嘴、婴幼儿塑料餐饮具等食品相关产品生产企业应配备专职中级及以上级别食品安全管理人员。

（4）其他食品生产单位及食品相关产品生产许可获证企业应当根据实际情况，配备相应级别的专职食品安全管理人员。

专业技术人员一般指企业生产、检验技术人员。生产技术人员应具备与所生产食品相适应的专业技术知识和丰富的生产经验，熟悉相关质量安全标准，能从可能产生食品安全问题的地方找出相关原因并加以解决，如对微生物、污染物等危害因素的管理控制、生产工艺的合理性等。检验人员一般指企业内从事检验活动的专（兼）职人员，包括来料检验、过程检验和出厂检验人员等。对于自行开展食品检验的，企业应有能满足检验工作需要的、可独立行使检验职权的检验人员，以保证对产品检验结果作出客观、公正的评价。

食品生产企业应具有与所生产食品相适应的食品安全管理人员、专业技术人员和操作人员。企业负责人应当了解相关法律法规及质量安全管理知识。产品质量负责人应具有产品生产及质量、卫生管理经验，了解相关法律法规，掌握质量安全管理知识、食品专业技术知识和相关的质量安全标准。食品安全管理人员应了解食品安全的基本原则和操作规范，能够判断潜在的危险，采取适当的预防和纠正措施，确保有效管理。专业技术人员应当熟悉与所生产产品相适应的食品相关质量安全标准，并具备与所生产产品相适应的专业技术知识和食品质量安全知识。检验人员具有与工作相适应的质量安全知识和检验技能，了解检验方法、过程，能够独立完成检验工作。操作人员应当掌握本职岗位的作业指导书、操作规程或配方等工艺文件的相关要求，能够熟练操作本岗位设备。

本节内容也可作为《食品生产监督检查要点表》中的条款 11.1 "建立企业主要负责人全面负责食品安全工作制度，配备食品安全管理人员、食品安全专业技术人员"，以及《广东省食品生产企业食品安全审计评价表》中"人员管理制度"的检查技术要领应用。

二、检查依据

人员要求检查依据见表 11-2。

表 11-2　人员要求检查依据

检查依据	依据内容
食品安全法	第三十三条　食品生产经营应当符合食品安全标准，并符合下列要求：……（三）有专职或者兼职的食品安全专业技术人员、食品安全管理人员和保证食品安全的规章制度； 第四十四条　食品生产经营企业的主要负责人应当落实企业食品安全管理制度，对本企业的食品安全工作全面负责。

表 11-2（续）

检查依据	依据内容
广东省市场监督管理局关于广东省食品安全管理人员的管理办法（粤市监规字〔2019〕5号）	第四条　从事食品生产经营活动的主体（以下称食品生产经营者）应配备专职或兼职食品安全管理人员。 第十条　食品安全管理人员应当具备相应食品安全专业知识，能正确执行食品安全法律法规、食品安全标准；具备食品安全管理工作实践经验，并在食品生产经营单位从事食品安全管理工作。 食品生产经营者配备食品安全管理人员应为食品生产经营单位正式员工，无违法、违纪等不良记录。 第十一条　食品安全管理人员设置应当符合以下要求： （一）食品生产： 1. 保健食品、婴幼儿配方食品、特殊医学用途配方食品、其他专供特定人群的主辅食品、乳制品、食品添加剂等食品生产单位应配备专职高级食品安全管理人员； 2. 白酒、食用植物油、大米、肉制品、面制品等食品生产单位应配备专职中级及以上级别食品安全管理人员； 3. 奶瓶、奶嘴、婴幼儿塑料餐饮具等食品相关产品生产企业应配备专职中级及以上级别食品安全管理人员； 4. 其他食品生产单位及食品相关产品生产许可获证企业应当根据实际情况，配备相应级别的专职食品安全管理人员。
GB 14881《食品安全国家标准　食品生产通用卫生规范》	13.1　应配备食品安全专业技术人员、管理人员，并建立保障食品安全的管理制度。 13.3　管理人员应了解食品安全的基本原则和操作规范，能够判断潜在的危险，采取适当的预防和纠正措施，确保有效管理。
企业生产乳制品许可条件审查细则（2010版）	1. 生产管理人员和质量管理人员 企业生产、质量管理人员应有相关专业大专以上学历，或经国家有关部门职能培训后的合格人员担任，至少在乳制品企业生产管理岗位具有3年以上乳制品生产经验。应掌握乳制品产品涉及的质量法规，了解应承担的责任和义务。 企业领导层中至少有1名质量负责人，全面负责质量工作。并有与生产规模相适应的质量管理人员和专门质量保证人员，负责质量管理体系的执行、原料验收及产品检验。 2. 技术人员 企业生产、检验技术人员应具有相关大专以上学历，掌握乳制品生产、检验的专业知识。 企业检验人员应达到国家职业（技能）标准要求的能力，获得食品检验职业资格证书。检验人员中有三聚氰胺独立检验能力的至少2人。

表 11-2（续）

检查依据	依据内容
企业生产乳制品许可条件审查细则（2010版）	3. 生产操作人员 生产操作人员的数量应适应企业规模、工艺、设备水平。具有一定的技术经验，掌握生产工艺操作规程、按照技术文件进行生产，熟练操作生产设备。 特殊岗位的生产操作人员资格应符合有关规定。

三、检查要点

（1）企业是否建立了企业负责人、质量安全管理人员、生产管理人员、生产技术人员、检验人员、生产操作人员的岗位制度，包括岗位人员基本资质条件、职责范围和工作绩效考核等。

（2）企业是否设置了质量安全管理人员、生产管理人员、生产技术人员、检验人员等的岗位人员，食品安全管理人员是否具备相应级别的食品安全管理员资格证书。

四、检查方式

（1）查阅企业是否建立了各岗位人员的岗位管理制度，制度中是否包含人员的任职资质条件、工作职责和工作绩效考核方式等内容。

（2）通过现场察看方式检查企业是否设置了食品安全管理、生产管理、生产技术、检验等的岗位人员，并现场确认是否在岗，必要时可以留下相关影像资料。相应类别的食品生产企业是否具备相应级别的食品安全管理员。

（3）某些食品类别生产企业（如乳制品企业）对于人员学历、资历有特殊要求的，可检查食品安全管理机构各部门人员名单，并查看其教育学历或培训证明。检查企业员工花名册，逐一核对企业负责人、质量安全管理人员、生产管理人员、质量安全授权人、生产技术人员、检验人员及生产操作人员是否符合相应的《食品生产许可审查细则》要求。

对于有学历、专业限制要求的人员，检查员对企业提供的学历证明有疑问的，可以登录学信网 www.chsi.com.cn（选择零散查询，输入学历证书编号及姓名进行查询）进行核实。

（4）对于关键岗位人员，如检验负责人、检验员等，注意实际人员与名单是否一致。对于异常人员招录，可以索要离职证明或在被检查企业缴纳社保的证明等材料。

（5）检查特殊岗位的生产操作人员（如电工、锅炉操作工、压力容器操作工等）是否经过培训具备相应能力并取得相应资格证书。食品检验工的职业资格认定已于2017年9月正式取消，现场检查时主要是考核检验人员是否具备相关的实际操作能力。

五、常见问题

（1）未按要求设置相应的岗位人员，或者一个人担任数个岗位，未将各岗位职责真正落实到位。食品安全管理员未获得市场监管部门颁发的食品安全管理员资格证书，或者不具有与生产食品类别相适应的等级证书。

（2）未建立各岗位人员的岗位管理制度或制度不完善。

（3）对于有学历、专业限制要求的人员，不能满足相关要求。

（4）特殊岗位的操作人员未取得相应资格证书或不具备相应岗位的操作能力。

六、案例

案例1 某糕点生产企业，食品安全管理员由生产主管兼任，但其对食品安全相关法律、法规、产品工艺及执行标准等相关内容不了解，现场询问其是否清楚自身岗位职责，回答称是企业指定其担任食品安全管理员，自己并不清楚食品安全管理员的完整职责及任职要求。

案例2 某肉制品生产企业，食品安全管理员由品控主管兼任，但其仅持有初级食品安全管理员证书，正准备报考中级食品安全管理员。

分析： 企业的食品安全管理人员应当清楚自己的岗位职责，具备相应食品安全专业知识，能正确执行食品安全法律法规、食品安全标准，具备食品安全管理工作实践经验，能够判断潜在的危险，采取适当的预防和纠正措施，确保有效管理。广东省内食品生产经营企业的食品安全管理人员应取得由广东省市场监督管理局签发的与其生产食品类别相适应的《广东省食品安全管理人员考试合格证明》。案例1中的食品安全管理员不了解食品安全相关法律法规，也不清楚食品安全管理员的完整职责及任职要求，无法正确履行食品安全管理员的职责。案例 2 中的肉制品生产企业，未按要求配备专职中级及以上级别食品安全管理人员。

案例 3　一液体乳生产企业生产管理人员的生产岗位经验仅两年，不符合《企业生产乳制品许可条件审查细则（2010 版）》中的要求。

分析： 某些食品类别生产企业对于人员学历、资历有特殊要求的，企业应满足该类别食品的相关要求。《企业生产乳制品许可条件审查细则（2010 版）》要求乳制品企业生产管理人员至少在生产管理岗位具有 3 年乳制品生产经验，该液体乳生产企业生产管理人员的生产岗位经验仅两年，显然未达到要求。

案例 4　某速冻食品生产企业，检验人员是财务相关专业本科毕业，亦未接受过检验相关专业培训，现场询问其过氧化值检验的相关操作，能按检验作业指导书回答但称并未实际操作过。

案例 5　现场检查一糕点生产企业时，检查组发现该企业的检验员兼职负责另一距离较远的食品生产企业的检验工作，无法真正落实该企业出厂检验工作。

分析： 出厂检验是食品生产企业保障食品安全的最后一道防线。检验人员须具有与工作相适应的质量安全知识和检验技能，了解检验方法、过程，能够独立完成检验工作。虽然食品检验工的职业资格认定于 2017 年 9 月已经取消，但检验员必须具备所需检验项目的实际操作能力。案例 4 中检验员虽然熟悉相应的作业指导书，但并没有相应的专业背景，也没有经过相应的专业培训和实际操作，并不具备实际操作能力。案例 5 中的检验员同时负责距离较远的两家企业的检验工作，很难做到两家企业的产品批批检验，不符合食品安全法的要求。

第三节　培训检查

一、背景知识

食品安全法第四十四条规定食品生产企业应当建立健全食品安全管理制度，对职工进行食品安全知识培训，加强食品检验工作，依法从事生产经营活动。食品生产企业的主要负责人应当落实企业食品安全管理制度，对本企业的食品安全工作全面负责。食品生产经营企业应当配备食品安全管理人员，加强对其培训和考核。经考核不具备食品安全管理能力的，不得上岗。食品安全监督管理部门应当对企业食品安全管理人员随机进行监督抽查考核并公布考核情况。食品安全管理人员是法律要求必须设置的，应根据《广东省市场监督管理局关于广东省食品安全管理人员的管理办法》参加学习和培训，并参加考试，取证后每年仍然需要参加继续教育和考试。

企业应建立培训管理制度，内容包括培训目的、适用范围、培训类别、培训方式、实施方式等，企业可根据管理实际进行制度编写。在制度中应对不同类型培训的培训内容进行要求或区分。如规定根据培训对象的不同，培训可以分为岗前培训（入职培训、转岗人员培训）、岗位培训（管理岗位培训、质量相关岗位人员培训、生产相关岗位人员培训等）、内部培训、外部培训（特种作业人员培训，如电工、锅炉操作工、压力容器操作工等），针对不同的培训对象，培训内容应有所区分。

企业应制定年度培训计划，并按照培训计划组织开展培训工作。培训内容根据岗位的需求制定：企业所有人员均应进行食品安全法、食品安全知识、卫生知识培训。当食品安全相关的法律法规、标准更新时，应及时开展培训；生产相关人员培训内容可包括质量安全、加工技术、卫生知识、质量管理、法律法规及职业道德等；食品安全管理人员按法规要求参加指定的培训和考核，并获得证书；检验人员培训内容可包括检验专业知识、专业技能以及有关生物、化学安全和防护、救护知识等；新员工按职务层级和招聘岗位的不同，培训内容应有所区分，岗前培训一般包括所属部门工作内容、工作条件/环境、业务流程、业务知识和专业技能等方面的培训等。特殊岗位的生产操作人员（如电工、锅炉操作工、压力容器操作工等）应经过培训具备相应能力并取得相应资格证书。

企业应定期审核和修订培训计划，年度培训计划在实施过程中，可能存在培训项目不能按照计划实施，需要调整培训内容或培训时间或授课教师等情况，允许企业对计划进行调整，但培训负责部门（或制度中规定的相应部门）应及时提交说明并调整培训计划。

企业应评估培训效果，并进行常规检查，以确保培训计划的有效实施。培训组织部门在每次培训结束后应有针对性地进行培训效果评估，评估的对象主要包括被培训人和培训老师。对被培训人的培训效果评估可以根据培训内容性质采用现场提问考核、现场操作考核、笔试考核等方式，对培训老师的培训效果评估可以通过被培训对象填写反馈表的方式进行，对于企业内部培训，检查员应对培训老师的资质和能力进行评估或检查培训老师是否进行过相应内容的学习和外部培训。

本节内容可作为《食品生产监督检查要点表》中的条款 11.2 "有食品安全管理人员、食品安全专业技术人员培训和考核记录，未发现考核不合格人员上岗"，条款 11.6 "有从业人员食品安全知识培训制度，并有相关培训记录"，以及《广东省食品生产企业食品安全审计评价表》中编号 29 "食品生产相关岗位培训制度"的检查技术要领应用。

二、检查依据

培训检查依据见表 11-3。

表 11-3　培训检查依据

检查依据	依据内容
食品安全法	第四十四条　食品生产经营企业应当建立健全食品安全管理制度，对职工进行食品安全知识培训，加强食品检验工作，依法从事生产经营活动。 食品生产经营企业的主要负责人应当落实企业食品安全管理制度，对本企业的食品安全工作全面负责。 食品生产经营企业应当配备食品安全管理人员，加强对其培训和考核。经考核不具备食品安全管理能力的，不得上岗。食品药品监督管理部门应当对企业食品安全管理人员随机进行监督抽查考核并公布考核情况。监督抽查考核不得收取费用。
GB 14881《食品安全国家标准　食品生产通用卫生规范》	12.1　应建立食品生产相关岗位的培训制度，对食品加工人员以及相关岗位的从业人员进行相应的食品安全知识培训。 12.2　应通过培训促进各岗位从业人员遵守食品安全相关法律法规标准和执行各项食品安全管理制度的意识和责任，提高相应的知识水平。 12.3　应根据食品生产不同岗位的实际需求制定和实施食品安全年度培训计划并进行考核，做好培训记录。 12.4　当食品安全相关的法律法规标准更新时，应及时开展培训。 12.5　应定期审核和修订培训计划，评估培训效果，并进行常规检查，以确保培训计划的有效实施。

三、检查要点

（1）是否建立培训制度，是否对本企业所有从业人员进行食品安全知识培训。

（2）是否根据岗位的不同需求制定年度培训计划，并进行相应培训，特殊工种是否持证上岗。

（3）是否定期审核和修订培训计划，评估培训效果，并进行常规检查，以确保计划的有效实施。

（4）培训是否形成记录，如培训人员签到表、培训对象考核表或考试试卷，对培训讲师的反馈表等。

四、检查方式

（1）查看培训制度和培训计划，检查培训制度和培训计划内容是否合理，培训计划是否按时完成，是否定期审核和修订培训计划。

（2）查看培训考核相关记录，让企业提供员工花名册，检查生产、技术、检验人员培训计划是否落实，培训内容是否包括食品安全、专业知识、专业技能以及有关生物、化学安全和防护、救护知识。抽查部分新入职员工培训、考核记录，确定新入职员工是否进行岗前培训，是否经考核合格，批准后上岗。抽查部分转岗人员培训、考核记录，确定转岗人员是否进行岗前培训，是否经考核合格，批准后上岗。抽查部分培训效果评估的记录，如授课讲师为企业人员的内部培训，可抽查讲师讲课教案及培训试卷等内容。

（3）现场抽查若干名食品加工人员，提问有关食品安全知识。检查过程中可抽查被培训人对培训内容的了解情况，以确定培训是否达到预期效果。如提问食品安全管理人员食品卫生原理和规范知识等相关内容（抽检不合格企业，可针对不合格项目进行考核），考核食品安全管理人员是否具备判断潜在风险，并采取必要措施来纠正缺陷的能力。如果相关人员不具备相应的管理能力，需进一步检查是否接受过相关内容的培训。

（4）抽查部分特殊岗位的生产操作人员（如电工、锅炉操作工、压力容器操作工等）是否经过培训具备相应能力并取得相应资格证书。

五、常见问题

（1）未制定相关岗位人员的培训、考核内容和计划，或内容和计划不合理。

（2）记录不完善，不能真实反映培训、考核是否落到实处，甚至是伪造培训和考核记录。

六、案例

案例 1　某饮料生产企业，工厂培训计划及培训记录显示 2020 年 12 月 5 日，工厂组织食品安全管理人员、检验员及其他相关管理人员参加食品安全法规培训，但现场询问检验员时，其称并未参加此培训。

分析：对各层级人员进行专业化、标准化的培训和考核是企业能够持续稳定运行的保证。企业应根据实际情况制定某一时期内的培训考核计划，并留下相应的记录，培训记录应真实准确。案例 1 中如果检验员所述属实，那么培训记录就不是真实的记录。

案例 2　某粮食加工品生产企业，现场检查培训记录时，有食品安全管理人员、检验人员、负责人培训记录但无培训签到表及相应考核记录。

分析：考核是检查培训效果的有力手段，培训和考核可以由企业内部组织，也可以由第三方或者食品安全监管部门组织。培训考核方式可以是面谈、纸质考试，也可以通过现场操作考核等，这些都应该留下记录，企业无记录则无法证明企业做了相关工作。

案例 3　检查某液体乳生产企业的人员培训落实情况时发现，培训计划与培训记录不一致，企业负责人解释说计划发生临时调整，但未有相应调整事由和记录。

分析：企业可以根据实际情况对培训计划进行调整，但培训负责部门（或制度中规定的相应部门）应及时提交说明并调整培训计划，同时要做好相应记录。

第十二章　贮存和运输检查

贮存、运输是食品生产过程控制的重要环节。食品安全法规定食品生产者应具有与生产的食品品种、数量相适应的食品原料处理和食品加工、包装、贮存等场所，保持该场所环境整洁，并与有毒、有害场所以及其他污染源保持规定的距离；贮存、运输和装卸食品的容器、工具和设备应当安全、无害，保持清洁，防止食品污染，并符合保证食品安全所需的温度、湿度等特殊要求，不得将食品与有毒、有害物品一同贮存、运输。食品生产企业应按照食品相关法律法规和标准要求进行贮存、运输食品。良好、适宜的仓储、运输设施能最大限度地保证食品的质量安全。

第一节　仓储设施检查

一、背景知识

根据 GB 14881—2013《食品安全国家标准　食品生产通用卫生规范》的规定，食品企业应根据产能和自身的生产需要，设置与生产能力相适应的原材料、包装材料、半成品、成品及非生产物料存储设施。其数量应与实际生产需要、物料及产品周转周期相匹配。贮存条件应满足各物料和产品的具体存储要求，保护物料免受虫害、灰尘、异味及天气的影响，必要时应有温湿度控制设施，防止物品腐败、变质。仓库建筑及其设施不应对物料造成污染或影响物料质量，应采用无毒、坚固的材料建造。仓库的设计应易于清洁、维护和检查，地面平整无卫生死角，仓库应有良好通风，并能防尘、防冷凝水、防异味或其他污染源，同时有防虫害措施，如纱窗、挡鼠板、捕鼠器、灭蝇灯、风幕、门帘、快速门等。

企业还应加强对仓库的管理维护，潮湿、发霉、脏乱的仓库都不利于食品物料的存储，并可能造成食品的污染。企业要经常检查仓库的墙壁、顶棚、地面、门、窗、通风设施以及防虫害设施等，发现有坏损、发霉、不洁等不良现象时应及时修补或更换，定时通风换气并清洁、整理仓库。

有些食品品种对仓库有特别的要求，如：（1）速冻食品的企业，按照《速冻食品审查细则（2006版）》和GB 31646—2018《食品安全国家标准 速冻食品生产和经营卫生规范》的要求应配备成品冷冻库，库温不高于-18℃，波动应控制在±2℃以内；（2）生产巧克力的企业，按照GB/T 19343—2016《巧克力及巧克力制品（含代可可脂巧克力及代可可脂巧克力制品）通则》要求，库房温度不宜超过25℃，相对湿度不宜超过65%；（3）生产茶叶的企业，按照《茶叶生产许可审查细则（2006版）》的要求，茶叶应独立存放，不应与其他物料一起贮存，避免影响茶叶风味。

本节内容可作为《食品生产监督检查要点表》中的条款7.4"根据产品特点建立和执行相适应的贮存、运输及交付控制制度和记录"，条款7.5"仓库温湿度符合要求"，以及《广东省食品生产企业食品安全审计评价表》中编号22"仓储设施"相应内容的检查技术要领应用。

二、检查依据

仓储设施检查依据见表12-1。

表 12-1　仓储设施检查依据

检查依据	依据内容
食品安全法	第三十三条　食品生产经营应当符合食品安全标准，并符合下列要求： （一）具有与生产经营的食品品种、数量相适应的食品原料处理和食品加工、包装、贮存等场所，保持该场所环境整洁，并与有毒、有害场所以及其他污染源保持规定的距离； …… （六）贮存、运输和装卸食品的容器、工具和设备应当安全、无害，保持清洁，防止食品污染，并符合保证食品安全所需的温度、湿度等特殊要求，不得将食品与有毒、有害物品一同贮存、运输；
GB 14881《食品安全国家标准　食品生产通用卫生规范》	5.1.8.1　应具有与所生产产品的数量、贮存要求相适应的仓储设施。 5.1.8.2　仓库应以无毒、坚固的材料建成；仓库地面应平整，便于通风换气。仓库的设计应能易于维护和清洁，防止虫害藏匿，并应有防止虫害侵入的装置。

三、检查要点

（1）仓库的种类、容量、贮存条件和卫生状况是否满足生产需要和贮存要求。

（2）仓库是否以无毒、坚固的材料建成，地面是否平整，是否便于通风换气。仓库的设计是否易于维护和清洁，防止虫害藏匿，并有防止虫害侵入的装置。检查仓库是否存放与生产无关的物品或有毒有害、易燃易爆物品，成品是否离地、离墙存放。仓库温湿度记录表是否齐全、清晰、无缺陷。查看库房地面、墙壁、墙顶和防虫害设施是否符合要求。

（3）有特殊温湿度要求物料的，查看是否具备相应的库房及其存储条件是否符合要求。

四、检查方式

（1）根据企业生产量和现场物料存放情况，检查仓库的种类、容量、贮存条件和卫生状况是否满足贮存需求。检查时需注意查看企业的仓库是否满负荷存放，若是则需仔细询问和查看有无其他贮存场所，该场所是否符合相关要求。

（2）查看仓库地面是否平整、有无裂缝、有无积尘，墙面、墙角、墙顶是否有水迹、霉斑、脱皮现象，是否有墙洞墙缝未密闭情况；仓库的大门、通风设施（排气扇、窗户等）是否设置防虫害侵入措施，如挡鼠板、防虫纱网、灭蝇灯等，仓库内是否有藏匿虫害的场所。

（3）根据企业的实际情况查看企业的仓库种类和容量是否符合需求，如需常温贮存的物料是否具备常温库房，需低温（冷藏或冷冻）贮存的物料是否具备低温储存库（设施）。

（4）查看仓库是否整洁，贮存的各物料摆放是否整齐有序，与墙壁、地面是否保持适当距离。

（5）检查有温湿度要求的物料贮存条件是否符合相应要求，是否有相应的温湿度监控设施。

五、常见问题

（1）仓库地面有裂缝、有积尘，墙壁或墙顶有水迹、霉斑或脱皮现象。

（2）仓库的窗户或通风设施未安装防虫纱网。

（3）仓库的种类或者容量不够。

（4）有贮存温湿度要求的，仓库未安装温湿度控制设备或者设备不能正常使用。

六、案例

案例1　某大米生产企业因生产量较大，原料仓库使用较频繁，造成该仓库的地面破损严重，凹凸不平，存在较多积尘，且墙面和墙顶局部有霉斑，排气扇的挡板老化不能闭合，亦未安装防虫纱网进行防护。

分析：食品在贮存过程中应避免被污染，仓库中积尘较多、墙面和墙顶有霉斑可能会直接或间接污染食品；窗户开启无法闭合以及排气扇无防虫纱网等情形容易被虫害侵入，这些都会增加食品原料在贮存过程中被污染的风险。企业在仓库管理过程中应定期检查、维修或维护仓库的相关设施，确保仓库条件符合食品贮存要求。

案例2　某饮用纯净水生产企业，因与另一企业合并后导致生产量激增，造成大量的回收桶和新桶无处存放，企业就将这些桶露天存放在厂区周边的山脚空地上，周围无任何遮挡，且地面是松软的黄土地。

分析：《饮料生产许可审查细则（2017版）》第六条规定，采用可周转的容器生产包装饮用水，应单独设立周转容器的检查和预处理区。周转容器不得露天储存，以免受到污染。案例2中的企业因生产量激增，原有的周转区域和仓库已无法满足周转桶的存放需求，企业临时寻找厂区周边的山脚空地作为周转桶的存放场所显然不符合《饮料生产许可审查细则（2017版）》的要求，露天存放风吹日晒容易让PC桶变黄、老化、孳生微生物，加上山脚本来虫害就比较多，而且又是松软的黄土地，这些都是容易污染周转桶的环境。企业应在产量增加初始时，立刻想方设法增加符合要求的存放场所，避免造成饮用水的污染。

案例3　某巧克力分装企业，其原料和成品储存条件要求温度小于或等于25℃，检查时发现该企业成品仓库温度过高（温度计测试库温已超过28℃），经企业相关人员检查确认是因为空调坏损不能正常制冷，检查人员还发现仓库内无温湿度监控设施及其相关记录。

分析：巧克力产品应贮存在与其相适应的温湿度环境条件下，需低温储存的巧克力产品若储存温度过高，容易融化变质。企业应按产品要求在库房设置温度和湿度控制装置以及相应的监测设施，并定期检查、维护保养和做好相关记录。企业仓管人员或设备管理人员未按要求定期检查相关设备，且未对仓库的温湿度进行监测和记录，导致空调已坏损一段时间而未发现，可能影响到产品质量。企业相关人员应加强相关设备的检查和维护保养，并加强监控，一旦在检查或监控过程中发现问题，应及时报相关部门进行解决，避免出现仓储条件不符合产品储存要求的情况。

第二节 食品原料、食品添加剂、食品相关产品贮存检查

一、背景知识

良好的仓库管理不仅可以提高食品质量安全和仓库安全，还可以加快企业的货物进出效率，节约成本。根据 GB 14881—2013 的规定，原料、半成品、成品、包装材料等应依据性质的不同分设贮存场所或分区域码放，并有明确标识，防止交叉污染。分设贮存场所是指贮存在有物理隔离的不同区域，分区域码放是指在同一建筑物内将一块大的区域用标识标示的方法划分成几个小区域。明确标识是指能让员工很容易区分不同仓储物的标识方式。贮存物品应与墙壁、地面保持适当距离，不同类货物之间也应保持距离，以利于空气流通、人员的日常作业以及检查和清洁。

食品添加剂应有专用贮存区域，与食品分开存放，并由专人保管。使用量非常小时，可以在食品原料仓库中设专门的存放柜子。食品添加剂要定位存放，分门别类，标示清楚，以防止误用及污染，放置要离地离墙、通风干燥，应保持库内整洁卫生、防暑防潮。

清洁剂、消毒剂、杀虫剂、润滑剂、燃料等物质应存放在其原始的包装物中或专用的容器中，不能有挥发或泄漏的情况发生，同时有清晰易懂的标识，并与原料、半成品、成品、包装材料等分隔放置。分隔放置是指有物理隔离的存放方式。食品作业场所内，除维护卫生所必须使用的清洁剂、消毒剂外，其余均不得在生产车间暂存。用于清洁、消毒类化学物质应与杀虫剂、化学检验试剂等分隔存放，以免意外混合或误用。

仓库需专人管理。仓管人员需按收货、验货、退／换货、货物储存、入库、出库、盘点的流程对仓库的货物进行管理。（1）收货：在收货前应及时整理仓库物料存放区域或货架，以便将新进的货物存入后再将遗留货物存放到同类货物的最明显处，方便遵循先进先出的原则；然后根据订货清单和送货清单清点数量，做到清单与实际数量一致，并做好记录，保存单据和记录。（2）验货：货物收到后应通知品控部门的人员进行货物验收或检验，验收／检验合格并由验收人员签字确认后方可入库储存。（3）退／换货：购买的货物来料验收不合格或成品检验不合格时，应立即通知相关人员按《不合格品管理制度》进行处理，并将不合格物料存放在指定区域，做好标识，等待下一步处置。（4）货物存储、入库：货物摆放应整齐、有序，按照效期先后排列，货物与货物之间，货物与墙壁、地面之间应保持适当距离，货物堆叠摆放时应注意稳定性，保证安全；货物摆放好之后应及时做标识、物料卡以及填写入库单并保存相关记录。（5）出库：出库须遵循先进先出的原则，必要时应根据不同食品原辅料的特性确定出货顺序；填写出库单，并由相关人员签字确认。（6）盘点：需定时定期对仓库进行盘点，确保库存和记录一致，通过盘点分析，还会对货物的经营情况有更清楚、细致的了解，从而对销售和生产有更明确的方向。

总之，仓库中的物料应按类别、品种分别存放，标识清楚，码放整齐，并与墙壁、地面保持适当距离，仓管人员做好库房管理和登记工作，做到出入有记录，领用有批准，账物一致。

本节内容可作为《食品生产监督检查要点表》中的条款3.3"建立和保存食品原料、食品添加剂、食品相关产品的贮存、保管纪录、领用出库和退库记录"，条款7.1"食品原料、食品相关产品的贮存有专人管理，贮存条件符合要求"，条款7.2"食品添加剂专库或专区贮存，明显标识，专人管理"，条款7.3"不合格品在划定区域存放，具有明显标示"，以及《广东省食品生产企业食品安全审计评价表》中编号22"仓储设施"，编号33"仓储制度"相应内容的检查技术要领应用。

二、检查依据

食品原料、食品添加剂、食品相关产品贮存检查依据见表12-2。

表 12-2　食品原料、食品添加剂、食品相关产品贮存检查依据

检查依据	依据内容
食品安全法	第四十六条　食品生产企业应当就下列事项制定并实施控制要求，保证所生产的食品符合食品安全标准： …… （二）生产工序、设备、贮存、包装等生产关键环节控制；
GB 14881《食品安全国家标准　食品生产通用卫生规范》	5.1.8.3　原料、半成品、成品、包装材料等应依据性质的不同分设贮存场所，或分区域码放，并有明确标识，防止交叉污染。必要时仓库应设有温、湿度控制设施。 5.1.8.4　贮存物品应与墙壁、地面保持距离，以利于空气流通及物品搬运。 5.1.8.5　清洁剂、消毒剂、杀虫剂、润滑剂、燃料等物质应分别安全包装，明确标识，并与原料、半成品、成品、包装材料等分隔放置。 7.1　一般要求 应建立食品原料、食品添加剂和食品相关产品的采购、验收、运输和贮存管理制度，确保所使用的食品原料、食品添加剂和食品相关产品符合国家有关要求。不得将任何危害人体健康和生命安全的物质添加到食品中。 7.2.4　食品原料运输及贮存中应避免日光直射、备有防雨防尘设施；根据食品原料的特点和卫生需要，必要时还应具备保温、冷藏、保鲜等设施。 7.2.6　食品原料仓库应设专人管理，建立管理制度，定期检查质量和卫生情况，及时清理变质或超过保质期的食品原料。仓库出货顺序应遵循先进先出的原则，必要时应根据不同食品原料的特性确定出货顺序。 7.3.3　食品添加剂的贮藏应有专人管理，定期检查质量和卫生情况，及时清理变质或超过保质期的食品添加剂。仓库出货顺序应遵循先进先出的原则，必要时应根据食品添加剂的特性确定出货顺序。 7.4.3　食品相关产品的贮藏应有专人管理，定期检查质量和卫生情况，及时清理变质或超过保质期的食品相关产品。仓库出货顺序应遵循先进先出的原则。 8.3.6　食品添加剂、清洁剂、消毒剂等均应采用适宜的容器妥善保存，且应明显标示、分类贮存；领用时应准确计量、做好使用记录。 10.2　应建立和执行适当的仓储制度，发现异常及时处理。

三、检查要点

（1）原辅料存放是否离墙、离地（离墙，通常离开墙面10cm以上；离

地，应堆放在垫仓板上），是否按先进先出或近效期先出的原则出入库。

（2）库房内存放的原辅料是否按品种分类贮存、有明显标识；原料、半成品、成品和包材同库房存放时是否分区存放、明确标识；同一库房内是否贮存相互影响导致污染的物品。

（3）是否建立和保存了贮存、保管记录和领用出库记录。

（4）食品添加剂应专门存放，有明显标识，并有专人管理，定期检查质量和卫生情况。

（5）原辅料仓库不得存放有毒有害及易燃易爆物品，生产过程中使用的清洗剂、消毒剂、杀虫剂应分类专门贮存。

（6）不合格或过期物料是否存放在指定区域，与其他物料保持适当距离，明确标识，并及时处理。

（7）原料库内不得存放与生产无关的物品。

（8）原料库内不得存放成品或半成品，尤指回收食品。

四、检查方式

（1）查看企业仓库管理制度，制度中是否对仓库条件、卫生要求、物料摆放、出入库要求以及记录作出规定。

（2）对照仓库管理制度，查看仓库中的物料储存是否符合规定，如各类物料是否存放在指定区域、有无标识，摆放是否整齐有序，物料表面是否清洁卫生。

（3）抽查仓库中物料的生产日期或批号，对照物料出入库记录中记录的物料批次和出入库时间，查看是否遵循先进先出或近效期先出的原则。

（4）查看物料标签标注的贮存要求，看现有的仓储条件是否符合其贮存要求，如标签上标注该物料应小于或等于25℃存放，那么仓库中应设置低温设施（如空调等）；查看仓库中的物料包装是否完整、无损，若已经破损的是否有采取相应的防护措施。

（5）查看企业是否建立仓库记录。出入库记录的信息是否包括相应物料的名称、生产日期或批号，出入库数量以及收发双方的签名等；结合生产过程记录、销售记录，查看企业的出入库记录是否完整、真实。查看有无定期对仓库的检查记录，如仓库卫生检查记录、温湿度记录（物料有此存储要求时）。

（6）查看生产现场或半成品仓库内半成品的贮存有无做防护措施，如盛装半成品的容器有无盖子或者防罩膜，是否贴上标识，标识信息包括物料名称、生产日期和保质期（或限期使用日期）。熟制后（有此工艺的）的半成品（如裱花蛋糕坯）是否与其他物料分开存放。

（7）查看食品添加剂（有使用的情况）是否与其他物料分隔存放；有毒有害物品（清洁剂、消毒剂、杀虫剂、润滑剂、燃料等）是否分隔独立存放；原料、半成品、成品和包材同库房存放时是否分区存放、明确标识；不合格或过期物料是否存放在指定区域，与其他物料保持适当距离，并有明确标识。

五、常见问题

（1）仓库中各物料混放（未分类存放），未按物料品种划分区域或区域划分不明显，无物料标识卡。

（2）仓库中部分物料未离墙、离地存放。

（3）不合格产品未按指定区域存放且无标识、无记录。

（4）仓库中部分物料包装已破损或被拆除，但无相应的防护措施。

（5）无原辅料的贮存、领用记录或者记录缺失或记录不完整。

（6）半成品贮存过程中未做标识或防护措施不到位。

六、案例

案例1 某糕点生产企业原料品种较多，各物料未按划分的区域离墙、离地存放，堆放杂乱无章，且仓库内存放有较多与生产无关的杂物，无标识。

分析： 食品在贮存过程中应避免被污染。仓库中堆放与生产无关的杂物，有可能造成物料被污染，且杂物多了不利于清洁卫生，时间长了容易积灰和孳生虫害，同样有可能污染食品物料。再者，物料堆放杂乱、无标识还不利于仓库原料的管理，例如不能保证物料的先进先出或近效期先出原则，不能及时监控、统计各物料的保质期、数量等。

案例2 某糕点生产企业中秋节过后在市场中有部分未销售完且已过保质期的月饼退回到企业，随意堆放在原料仓库中，未及时处理，且无任何标识和相关记录。

分析： 已过保质期并被退回企业的月饼应被判定为回收食品，属于不合格产品，被退回企业后，应将不合格品存放在指定区域内，且须做显著标识和相关记录，并安排相关人员及时处理不合格的月饼，以防止被误用或误放行。

案例3　某糖果企业因生产量较大，使用的食品添加剂品种和数量也较多，但食品添加剂仓库面积偏小，导致无水柠檬酸、山梨糖醇液等使用量和采购量比较大的食品添加剂无法存放在食品添加剂专库中，只能存放在普通的食品原料仓库中。

分析：食品添加剂的使用和贮存有严格的要求，应设专库或专柜存放，做出标识。食品添加剂应有专人管理，每次领用食品添加剂时，必须进行登记，包括领用日期，食品添加剂的名称、生产日期，领用量，领用人等信息。案例中的企业因食品添加剂仓库过小导致部分食品添加剂与普通食品原料混放，明显违反了相关规定。企业应设法扩充或增加食品添加剂仓库，避免食品添加剂在存储或搬运过程中与普通食品原料交叉混合。

案例4　检查某糕点生产企业仓库，发现其内包材仓库中部分内包材的包装口已被拆开，内包材敞开存放。

分析：该生产企业生产的部分产品为直接入口的热加工糕点，热加工熟制工序后的所有与食品直接接触的设备设施、人员手部以及内包装材料都应保持清洁状态。而内包材敞开存放过程中有可能被污染，从而与食品接触时造成二次污染。因此，物料在储存过程中应尽量保持原包装的完整性或采取其他措施进行防护，避免物料被污染或交叉污染。

案例5　某肉制品生产企业无原辅料的领用出库记录，只有投料记录，企业解释说每天领多少料就投多少料，所以没必要记录原辅料的领用出库记录。

分析：企业用投料记录代替领用出库记录，则无法追溯领用人员，无法及时统计仓库中的剩余物料数量，仓库物料品种多时，更无法及时监控物料的保质期以及余料是否是最新的批次，也难以做到先进先出的原则。

案例6　某糕点生产企业生产的部分蛋糕坯存放在半成品冻库中，存放架无任何遮挡防护措施，且未做任何标识。

分析：裱花蛋糕的糖分、油脂和蛋白质含量都较高，容易腐败变质，而且该类产品都是即食产品，大多采用非完全密封的包装形式。因此，裱花蛋糕是风险相对较高的一类产品，在生产过程中应严格控制生产过程的各个环节，加强防护，特别是熟制后的半成品储存、加工、包装过程。冻库被开启时，由于温差的原因库房顶部容易出现冷凝水，因此半成品在冻库存放过程中，存放半成品的设施（如不锈钢架、不锈钢桶等）应设置遮挡设施防止半成品被污染。而半成品不做标识管理，操作员工在生产过程中有可能拿错物料造成混用误用的情况发生，未标注生产日期和保质期，更有可能造成使用已过期变质的半成品，从而出现食品质量安全问题。

第三节　产品贮存和运输检查

一、背景知识

产品贮存和运输是防止食品二次污染的关键环节，也是食品安全追溯的重要组成部分。食品安全法第四十六条规定：贮存、运输和装卸食品的容器、工具和设备应当安全、无害，保持清洁，防止食品污染，并符合保证食品安全所需的温度、湿度等特殊要求，不得将食品与有毒、有害物品一同贮存、运输。第五十一条规定：食品生产企业应当建立食品出厂检验记录制度，如实记录产品出厂及销售的相关信息。

食品贮存运输的条件要与食品特点和卫生要求相一致，应当有条件适宜的设备与设施，避开污染源；食品生产企业应选择合适的贮存运输工具和方式，运输工具的选择应根据产品属性、保质期以及销售方式而确定。运输工具（包括车辆、船舶、保温箱和各种容器等）应符合卫生要求，保持清洁、干燥、无异味。另外还应根据产品属性配备冷藏、保温、防雨、防尘等设施，如冷藏冷冻食品应按 GB 31605—2020《食品安全国家标准　食品冷链物流卫生规范》配备相应的冷藏设施，需冷冻的食品在运输过程中温度不应高于 $-18℃$；需冷藏的食品在运输过程中温度应为 $0℃\sim10℃$。运输过程中应注意产品的防护，避免食品受到污染。产品在装卸前后运输人员应检查运输工具的卫生、温度（有温度要求的产品）等情况，并做好记录；运输人员应随货携带运输单据、货票、产品合格证明以及证照复印件等文件。

另外，企业应有销售台账，台账记录真实、完整，并如实记录食品的名称、规格、数量、生产日期或者生产批号、检验合格证明、销售日期以及购货者名称、地址、联系方式等内容。

本节内容可作为《食品生产监督检查要点表》中的条款 7.4 "根据产品特点建立和执行相适应的贮存、运输及交付控制制度和记录"，条款 7.6 "有出厂记录，并如实记录食品的名称、规格、数量、生产日期或者生产批号、检验合格证明、销售日期以及购货者名称、地址、联系方式等内容"，以及

《广东省食品生产企业食品安全审计评价表》中编号 26 "运输设备"，编号 51 "产品销售管理制度" 相应内容的检查技术要领应用。

二、检查依据

产品贮存和运输检查依据见表 12-3。

表 12-3　产品贮存和运输检查依据

检查依据	依据内容
食品安全法	第三十三条　食品生产经营应当符合食品安全标准，并符合下列要求： …… （六）贮存、运输和装卸食品的容器、工具和设备应当安全、无害，保持清洁，防止食品污染，并符合保证食品安全所需的温度、湿度等特殊要求，不得将食品与有毒、有害物品一同贮存、运输。 第四十六条　食品生产企业应当就下列事项制定并实施控制要求，保证所生产的食品符合食品安全标准： …… （四）运输和交付控制。 第五十一条　食品生产企业应当建立食品出厂检验记录制度，查验出厂食品的检验合格证和安全状况，如实记录食品的名称、规格、数量、生产日期或生产批号、保质期、检验合格证号、销售日期以及购货者名称、地址、联系方式等内容，并保存相关凭证。
GB 14881《食品安全国家标准　食品生产通用卫生规范》	5.2.1.2.1　与原料、半成品、成品接触的设备与用具，应使用无毒、无味、抗腐蚀、不易脱落的材料制作，并应易于清洁和保养。 7.2.4　食品原料运输及贮存中应避免日光直射、备有防雨防尘设施；根据食品原料的特点和卫生需要，必要时还应具备保温、冷藏、保鲜等设施。 7.2.5　食品原料运输工具和容器应保持清洁、维护良好，必要时应进行消毒。食品原料不得与有毒、有害物品同时装运，避免污染食品原料。 7.3.2　运输食品添加剂的工具和容器应保持清洁、维护良好，并能提供必要的保护，避免污染食品添加剂。 7.4.2　运输食品相关产品的工具和容器应保持清洁、维护良好，并能提供必要的保护，避免污染食品原料和交叉污染。 10.1　根据食品的特点和卫生需要选择适宜的贮存和运输条件，必要时应配备保温、冷藏、保鲜等设施。不得将食品与有毒、有害、或有异味的物品一同贮存运输。 10.3　贮存、运输和装卸食品的容器、工器具和设备应当安全、无害，保持清洁，降低食品污染的风险。 10.4　贮存和运输过程中应避免日光直射、雨淋、显著的温湿度变化和剧烈撞击等，防止食品受到不良影响。 14.1.1.3　应如实记录出厂产品的名称、规格、数量、生产日期或者生产批号、检验合格单、销售日期等内容。

三、检查要点

（1）贮存食品的设备、容器的材质、清洁卫生状况及相应的清洁消毒要求和记录是否符合要求。

（2）运输条件是否符合产品特性，有冷链要求的产品重点检查冷链情况，以及是否制定并执行相应的运输管控要求及记录。

（3）企业是否有销售记录，是否如实记录了食品的名称、规格、数量、生产日期或者生产批号、检验合格证明、销售日期以及购货者名称、地址、联系方式等内容。

四、检查方式

（1）查看生产现场贮存食品的设备、设施（包括生产设备、冷库、冰箱、容器、管道、工器具、工作台）的材质和卫生清洁状况，特别是清洁作业区中待使用的设备、设施，必要时抽查相应设施的食品级使用证明材料，如盛装食品的塑胶桶需提供塑料包装容器的生产许可证及产品合格证明文件。查看贮存设备设施清洁消毒操作程序，程序中是否规定了清洁消毒的方式方法、频次、清洗剂和消毒剂的品种以及清洁消毒后的保管方式；现场抽查部分贮存设备或设施，询问员工其清洁消毒的方法、频次，对照设备设施清洁消毒要求，看其操作和记录与要求是否一致，记录是否齐全。

（2）检查企业是否建立并执行运输管理要求，要求中是否明确规定了运输的方式、运输条件、清洁卫生要求以及不得将食品与有毒、有害，或有异味的物品一同贮存运输，避免污染食品。查看运输管理记录，自运输的，查看企业的运输档案和清洁卫生记录；委托他人运输的，查看其是否有委托运输协议，协议中是否规定了相应的运输管理要求（包括运输的方式、运输条件、清洁卫生要求以及不得将食品与有毒、有害，或有异味的物品一同贮存运输的要求）、运输人员的条件以及交付控制要求，是否明确了双方的责任，以及对违反运输规定而造成食品污染的责任和处理方法，查看企业是否定期对委托运输车辆进行检查和监控并记录。若企业有冷链运输的产品查看时需注意抽查冷链运输情况，尤其是冷链车的温度条件是否符合产品要求。

（3）抽查1～3批次产品销售记录，首先查看其记录的项目是否符合要求；其次验证其真实性、完整性，查看同一批次产品的数量、生产日期／生产批号信息要与生产记录、检验报告、入库记录、出库记录相符，购货者名称要与销售发票、发货单名称一致。

五、常见问题

（1）贮存和运输条件不符合食品储运的特殊要求，如盛装物料的塑胶桶未能提供食品级证明材料。

（2）未对出入库管理、仓储、运输和交付控制等进行记录或相关记录不规范。

（3）有冷链要求的但无冷链控制制度和相关记录。

（4）未建立销售台账，或记录缺失不完整；销售记录与生产记录不一致。

六、案例

案例 1 某腌腊肉生产企业用家用的红色大塑料盆腌制腊肉，未能提供塑料盆的食品级证明材料。

分析：食品安全法第四十一条规定：生产食品相关产品应当符合法律、法规和食品安全国家标准。对直接接触食品的包装材料等具有较高风险的食品相关产品，按照国家有关工业产品生产许可证管理的规定实施生产许可。食品相关产品包括：用于食品的包装材料、容器、洗涤剂、消毒剂和用于食品生产经营的工具、设备。一般的家用塑料盆是不需要获取生产许可证的，而盛装或腌制食品的塑胶盆属于食品相关产品，需取得生产许可证，两者的生产条件是有明显差别的，例如生产环境、生产原料等，因此购买和使用该产品的企业需向供货商索取营业执照、生产许可证以及产品合格证明文件。

案例 2 某速冻食品生产企业的产品是委托运输公司运输配送的，但是签订的相关合同中未对承担食品冷链物流的车辆在运输过程中的温度及其监控情况、清洁卫生等相关要求作出具体的规定及记录。

分析：速冻食品按照 GB 31605—2020 的要求，运输过程的温度应不高于 −18℃，运输过程中需定时监控温度波动情况并做记录，运输车辆内部应整洁卫生、无毒、无害、无污染、无异味；运输时不得将食品与有毒、有害，或有异味的物品一同贮存运输，以避免污染食品。交接时应检查食品状态，并确认食品物流包装完整、清洁，无污染、无异味，以及食品的种类、数量、温度等信息；运输过程中装叠要稳固、防雨、防潮、防暴晒、防剧烈撞击等，防止食品受到不良影响。委托运输的应将以上要求写入协议中，避免因违反运输规定而出现的不必要的责任纠纷和造成食品污染事件或食品安全事故。

第十三章　记录和文件管理检查

　　记录和文件管理是企业食品安全管理体系的重要组成部分，是进行有效追溯的客观证据，也是验证、预防和纠正措施的证据。食品安全法要求食品生产企业要建立食品安全追溯体系，保证食品安全可追溯。GB 14881 要求企业要建立记录和文件管理制度，对食品生产中采购、加工、贮存、检验、销售等环节详细记录，对文件进行有效管理，确保各相关场所使用的文件均为有效版本。

第一节　记录管理检查

一、背景知识

　　记录是企业生产过程中记载过程状态和过程结果的文件，是质量管理体系文件的一个重要组成部分。过程状态主要针对产品质量的形成过程和体系的运行过程，而过程结果则是指体系运行效果和产品满足质量要求的程度。GB/T 22000 规定：应建立并保持记录，以提供符合要求和食品安全管理体系有效运行的证据。记录应保持清晰、易于识别和检索。应编制形成文件的程序，规定记录的标志、贮存、保护、检索、保存期限和处理所需的控制。

　　按照食品安全法及相关标准、审查通则、监管规范的规定，企业必须填写形成的档案、台账记录包括：（1）原辅材料进货查验记录（食品安全法第五十条）；（2）原料验收记录（食品安全法、GB 14881—2013 中 14.1.1）；（3）食品贮存记录（出入库记录、GB 14881 中 14.1.1）；（4）投料记录（食品安全法第四十六条）；（5）关键控制点记录（《食品生产许可审查通则》中 1.11）；（6）清洁消毒记录（GB 14881 中 8.2.1）；（7）洗涤剂、消毒剂使用记录（《食品生产监督检查要点表》中 2.7）；（8）半成品检验（过程检验）（食品安全法第四十六条）；（9）包装记录（食品安全法第四十六条）；（10）成品检验记录（食品安全法第五十一条）；（11）产品留样记录（GB 14881 中 9.3）；（12）产品销售记录（GB 14881 中 14.1.1）；（13）运输交付记录（食品安全法第四十六条）；（14）防鼠、防蝇、防虫害检查记录（《食品生产监督检查要点表》中 2.10）；（15）温、湿度监测记录（《食品生产监督检查要点表》中 4.11）；（16）生产设备、设施维护保养记录（《食品生产监督检查要点表》中 2.8）；（17）卫生检查记录（GB 14881—2013 中 6.1.3）；（18）生产过程微生物监测记录（GB 14881—2013 中 8.2）；（19）废弃物处置记录（GB 14881—2013 中 6.5）；（20）食品召回记录（食品安全法第六十三条）；（21）不合格食品（原辅料、半成品、成品）处置记录（《食品生产许可审查通则》）；（22）职工培训计划（《食品生产许可审查通则》中 4.2）；（23）食品安全管理人员、检验人员、负责人培训和考核记录（《食品生产监督检查要点表》中 11.2）；（24）职工培训记录（食品安全法第四十四条第一款）；（25）从业人员健康档案（食品安全法第四十五条）；（26）食品安全自查记录（食品安全法第四十七条）；（27）排查食品安全风险隐患记录（《食品生产监督检查要点表》中 13.1）；（28）食品安全追溯体系（采购到销售全程记录）（食品安全法第四十二条）；（29）客户投诉记录（GB 14881—2013 中 14.1.3）等。共计 29 处。

食品企业需要全面对照上述规定要求，结合日常食品生产实际情况，全面遵照执行。食品生产的所有环节，从采购、生产、检验到销售都要有记录可查证追溯。记录必须真实、准确、完整，体现生产过程中的实际情况。记录可以是纸质文件或电子记录。记录不得随意更改或更新，因记录有误等确有必要更改或更新时，应当遵循相应的规程操作。

企业可以编制程序文件（记录控制程序）对记录进行管理，并以此作为企业卫生规范管理活动记录的依据。某企业编制的记录控制程序见表 13-1。

表 13-1　某企业记录控制程序

程序文件	文件编号：YD-B-02
	受控日期：2021 年 5 月 6 日
记录控制程序	版本／版次：A/0
	页码：第 × 页　　共 × 页

表 13-1（续）

1　目的

　　为便于文件的收集、标识、编目、查找、归档、贮存、保管和处理质量及安全记录，规范本司所有质量及安全记录的管理，为食品安全管理体系有效运行提供证据和追溯。

2　范围

　　适用于公司所有与食品安全管理体系有关的记录

3　权责

3.1　行政部负责统筹质量及食品安全相关记录的管理。

3.2　各部门负责相关质量及食品安全相关记录的建立、贮存、保管及到期销毁处理。

4　定义

　　记录是指所有作为证明达到质量要求和食品安全管理体系有效运作的记录证据。

5　作业内容

5.1　各部门负责按要求建立、收集、管理、贮存及销毁本部门的相关记录。

5.2　记录的标识、编号按《文件控制程序》执行。

5.3　记录的填写及修改：

5.3.1　记录的填写要及时、真实、完整、字迹清晰，应用圆珠笔或钢笔进行填写，并保证不容易被抹掉。

5.3.2　记录一经填写不得随意修改，如因笔误或数据错误需进行修改原数据时，必须划改。

5.3.3　划改原数据时应采用单杠线划去原数据，在其上方写上更改后的数据，加盖更改人的印章或签名及更改日期。不能使用涂改液进行修改。

5.3.4　如在修改原数据时，待修改区域空间不够填写时，可用箭头延伸至足够空间处进行修订。

5.3.5　原则上一份记录表上不得修改三次，如修改超过三次（含三次）时应考虑进行重新更换。

5.4　记录的控制及管理：

　　记录分为表单记录形式和电子档两种。

5.4.1　记录的保管：

5.4.1.1　各部门应定期对所有记录进行收集、标识、分类并依日期整理，使记录方便查找。

5.4.1.2　各部门的记录原则上应指定专人进行管理，也可进行授权指定人员进行管理。

5.4.1.3　记录的保管可用以下方式进行：

　　a）采用文件夹或其他方式进行贮存。

　　b）按每一种类进行贮存。

　　c）放在使用起来方便的场所，并进行目录及标识区分，看起来一目了然。

　　d）对于网络资源应由网络管理员采用磁盘、硬盘进行定期备份处理。防止资源破坏丢失。

5.4.2　记录的贮存：

5.4.2.1　记录的贮存应保证通风，不易潮湿，并防虫害。防止丢失或不准随便人员携带。实施很快检索的管理方法。

表 13-1（续）

5.4.2.2 尽量贮存在专门场所。 5.4.2.3 避免高温度、日光直射，防止尘埃覆盖。 5.4.2.4 对于多媒体资料的拷贝，其贮存的磁盘、硬件应妥善保管，涉及公司机密时应设专人管理，多备份，防止他人盗卖。 5.4.2.5 记录贮存期限具体依相关要求，所有的记录和文件保存期限为 3 年，如客户有特殊要求时应按客户要求进行保存。 5.4.3　记录的借阅和复制： 5.4.3.1 各部门应保证记录便于检索，在借阅时需填写《资料借阅登记表》，作好记录，并及时归还。 5.4.3.2 如工作需要，需外借的记录应取得食品安全小组组长的批准后方可进行。并做好记录。 5.4.4　记录的销毁处理： 5.4.4.1 各部门应定期对本部门的记录进行清查，对超过贮存期限的记录应填写《记录销毁申请表》，经食品安全小组组长批准后方可进行销毁。 5.4.4.2 行政部不定期地对各部门的文件及记录的管理进行稽查，以确保文件及记录的有效管理。 **6　相关文件** 　《文件控制程序》 **7　相关表单** 　《资料借阅登记表》 　《记录销毁申请表》

二、检查依据

记录管理检查依据见表 13-2。

表 13-2　记录管理检查依据

检查依据	依据内容
食品安全法	第五十条　食品生产企业应当建立食品原料、食品添加剂、食品相关产品进货查验记录制度，如实记录食品原料、食品添加剂、食品相关产品的名称、规格、数量、生产日期或者生产批号、保质期、进货日期以及供货者名称、地址、联系方式等内容，并保存相关凭证。记录和凭证保存期限不得少于产品保质期满后六个月；没有明确保质期的，保存期限不得少于二年。

表 13-2（续）

检查依据	依据内容
食品安全法	第四十六条　食品生产企业应当就下列事项制定并实施控制要求，保证所生产的食品符合食品安全标准：原料采购、原料验收、投料等原料控制。 第五十一条　食品生产企业应当建立食品出厂检验记录制度，查验出厂食品的检验合格证和安全状况，如实记录食品的名称、规格、数量、生产日期或者生产批号、保质期、检验合格证号、销售日期以及购货者名称、地址、联系方式等内容，并保存相关凭证。记录和凭证保存期限应当符合本法第五十条第二款的规定。 第六十三条　国家建立食品召回制度。食品生产者发现其生产的食品不符合食品安全标准或者有证据证明可能危害人体健康的，应当立即停止生产，召回已经上市销售的食品，通知相关生产经营者和消费者，并记录召回和通知情况。
GB 14881《食品安全国家标准　食品生产通用卫生规范》	14.1.1　应建立记录制度，对食品生产中采购、加工、贮存、检验、销售等环节详细记录。记录内容应完整、真实，确保对产品从原料采购到产品销售的所有环节都可进行有效追溯。 14.1.1.1　应如实记录食品原料、食品添加剂和食品包装材料等食品相关产品的名称、规格、数量、供货者名称及联系方式、进货日期等内容。 14.1.1.2　应如实记录食品的加工过程（包括工艺参数、环境监测等）、产品贮存情况及产品的检验批号、检验日期、检验人员、检验方法、检验结果等内容。 14.1.1.3　应如实记录出厂产品的名称、规格、数量、生产日期、生产批号、购货者名称及联系方式、检验合格单、销售日期等内容。 14.1.1.4　应如实记录发生召回的食品名称、批次、规格、数量、发生召回的原因及后续整改方案等内容。 14.1.2　食品原料、食品添加剂和食品包装材料等食品相关产品进货查验记录、食品出厂检验记录应由记录和审核人员复核签名，记录内容应完整。保存期限不得少于 2 年。 14.1.3　应建立客户投诉处理机制。对客户提出的书面或口头意见、投诉，企业相关管理部门应作记录并查找原因，妥善处理。
ISO 22000《食品安全管理体系　食品链中各类组织的要求》	4.2.3　应建立并保持记录，以提供符合要求和食品安全管理体系有效运行的证据。记录应保持清晰、易于识别和检索。应编制形成文件的程序，规定记录的标志、贮存、保护、检索、保存期限和处理所需的控制。

三、检查要点

（1）企业是否建立从原料采购、进货查验到生产过程、产品检验、成品贮存，以及销售等各个环节的管理记录，查看记录是否齐全、清晰、无缺项。

（2）企业的记录是否真实，是否和实际生产情况相符合。

四、检查方式

（1）检查整个生产环节记录的完整性。检查食品原料和食品添加剂的原料验收、进货查验记录、原料领用记录、生产配料（投料）记录。检查食品的加工过程（包括工艺参数、环境监测等）及生产关键环节的控制情况是否按照文件规定对生产加工的关键工序、工艺参数以及环境监测等情况如实记录；是否对设备的安装、调试、验收以及清洗、消毒、维护和保养的方法如实记录；是否对原辅料、半成品及成品的贮存方式及贮存条件如实记录；是否确定了产品的包装材料、包装方式、包装要求及防护措施，记录是否完整。检查不合格的控制情况。生产过程出现不合格品时，是否按规定对出现的不合格品进行分析，对出现偏差的报告、记录进行调查、处理，采取纠正措施，并有相应的记录。检查岗位操作规程的控制情况。查阅文件，核对企业是否按照所生产产品的工艺流程制定了相应的岗位操作规程；现场抽查操作人员是否掌握生产岗位规程并熟练操作本岗位设备，询问其是否知晓岗位规程的内容和要求。

（2）检查记录的真实性。可以抽取一段时间内2～3个产品的批生产记录，从原料验收、进货查验、原料入库、原料出库、投料、配料记录要一一对应，同时结合原料仓库的现场考察。生产数量和品种、原辅料厂家名称及产品批次等信息登记是否齐全，确定原辅料的配料、投料等工艺工序的记录，不得使用非食品原料、食品添加剂以外的化学物质、回收食品、超过保质期的原料和其他可能危害人体健康物质的原料生产食品等。生产过程的记录是否及时，关键工序、技术参数记录是否符合实际生产情况；原料、半成品、成品的防护记录和实际情况是否一致；包装材料的采购验收及领用情况；是否生产无包装无标签的食品等。不合格产品的记录是否真实完整。另外，还可以通过检查物料平衡的控制情况来验证成品入库数量和投料、生产过程、包装记录等是否有逻辑对应关系。具体的核算方法可以参见下面的案例分析。

五、常见问题

（1）企业记录不完整。

（2）企业的记录不真实，与实际生产情况不符。

六、案例分析

案例1 审查员对企业进行现场核查，发现企业只有生产过程记录，无原料采购记录和销售记录，询问企业负责人，说原料采购和销售都是老板亲自做的，所以没记录。

案例2 审查员对企业进行现场核查，发现企业仓库没有空调等恒温设施，但每天的温湿度数据都是一样的，询问仓库负责人，说平时未进行温湿度监控记录，应付检查时突击抄出来的。

分析： 企业要对全部的生产过程进行完整的记录，包括原料采购及进货查验记录、生产过程记录、过程检验和出厂检验记录、原料及成品运输和贮存记录、销售管理记录、人员管理记录、设备管理记录、温湿度监控记录、卫生管理记录、产品召回记录、客户投诉记录等内容。这也是法律法规要求，案例1中依靠老板记在脑子里的做法显然不符合规定；案例2采用虚假记录更是违反了相关要求。

案例3 2020年7月23日上午9点30分左右，某河粉生产厂在统计前一天产品生产情况时发现出库大米、淀粉与生产的河粉、湿粉条的数量不能一一对应。当天公司的生产计划是生产河粉1000kg，湿粉条2600kg，按照配方应使用大米2340kg，淀粉7072kg，当天的记录是使用大米3510kg，使用淀粉7202kg。物料不能平衡，根据情况公司立刻进行自查。自查结果发现，当天有一位客户临时增加500kg河粉订单，由于是临时增加的，生产主管忘记记录了。通过物料平衡检验，查到了问题的原因。

分析： 物料平衡是查验产品生产过程是否出现错误的有效检验手段，可以通过抽查一天或一段时间内（一个月或一个季度）2～3个产品的批生产记录，查看产品的物料平衡计算方法和标准，核对其方法和标准是否考虑生产过程损耗情况，并通过查看相关产品的批生产记录，结合原辅料及包装材料的消耗量、成品入库量、销售出库量、库存量、退货量及不合格产品量等情况，对其物料平衡进行核算。通过物料平衡计算不仅能对生产过程的损耗进行分析改进，减少物料消耗，同时也是检验生产过程失误的有效办法。案例3中企业通过物料平衡原理很快找到问题点，说明企业平时就认真做记录，自查发现问题后能够很快找到原因。

第二节　文件管理检查

一、背景知识

按照 ISO 9000 的定义，文件就是信息及其载体。企业的文件包括质量手册、程序文件、记录、技术图纸、报告、标准等。载体可以是纸张，也可以是计算机磁盘、光盘、软件系统或其他电子媒体，或它们的组合。文件管理是指对文件的制定、审核、批准、发放、使用、更改、标识、回收和作废等活动作出规定。

企业应该建立文件管理制度，一般包括以下内容：

（1）有制定、审核、修改程序，明确文件发放部门；

（2）当客观情况发生变化，如组织机构变化、产品变更、相关法律法规变化时，应对文件进行审核，必要时进行修改；

（3）应对文件的修订状态进行标识，即版本号、修订状态、修订一览表等；

（4）除现行有效版本外，其他版本不得出现在文件应用场所，以免混淆，收发文登记表、受控文件清单等也应有详细记载；

（5）文件的字迹应清晰、有编号，易于识别；

（6）与产品（或服务）有关的外来文件，如与产品有关的标准、法律、法规等，应有单独标志或单独存放，应有保管和使用措施等的规定；

（7）作废文件要及时收回，如需保存应加注"作废"字样。

企业可以采用电子计算机信息系统等手段对记录和文件进行管理，方便查询和保管，提高管理效率。电子记录视同纸质记录。

企业可以编制程序文件（文件控制程序）对文件进行管理。某企业编制的文件控制程序见表 13-3。

表 13-3　某企业文件控制程序

程序文件	文件编号：YD-B-01
	受控日期：2014 年 1 月 6 日
文件控制程序	版本 / 版次：A/0
	页码：第 × 页　　共 × 页

1　目的

为了对与食品安全管理体系相关的文件进行有效控制，保证文件的符合性、适用性、系统性、协调性和完整性，确保各个部门、车间等场所使用的文件均为有效版本。

2　范围

本程序适用于本公司食品安全管理体系范围内与食品安全管理体系有关的文件的控制。

3　定义

文件——信息（有意义的资料）及其承载媒体，例如管理手册、程序文件、作业指导书、记录、图表、报告等。

4　职责

品质部——公司文件控制的主管部门，负责管理体系文件、资料和相关外来文件的管理。

各部门——负责本部门相关文件的管理，外来文件收集，部门负责人负责审核本部门编写的质量和食品安全管理文件。

食品安全小组组长——负责组织编写管理手册和程序文件，批准作业指导书等质量和食品安全管理文件。

总经理——负责批准管理手册和程序文件。

5　工作程序

5.1　文件分类及保管

5.1.1　食品安全管理手册（包含了所有过程控制的程序文件），由公司行政部保存。

5.1.2　公司第二级食品安全管理体系文件分为两类：

a）部门工作手册，作为各部门运行食品安全管理体系的常用实施细则，包括：管理标准（部门管理制度等），工作标准（岗位责任和任职要求等），技术标准（国家标准、行业标准、企业标准及作业指导书、检验规范等），部门食品安全管理记录文件等。由各相关部门自行保存。

b）其他食品安全管理文件：针对特定产品、产品或合同编制的食品安全管理计划、设计输出文件或其他标准、规范等，文件的组成应适用于其特有的活动方式，由各相应的部门保存、使用。

5.1.3　公司级管理性文件，如各种行政管理制度、部分外来的管理性文件，包括与食品安全管理体系有关的政策，法规文件等。由公司行政部保存。

5.2　文件标识编号规定

5.2.1　管理手册标识：YD-A-XX。

YD——本企业代号；

A——一级文件（管理手册）；

XX——章节序列号。

表 13-3（续）

5.2.2　程序文件标识：YD-B-00。 　　　　YD——本企业代号； 　　　　B——二级文件（程序文件）； 　　　　00——文件流水号，01、02、03、04……
5.2.3　作业指导书和操作规程标识：XX-C-000。 　　　　XX——部门代码； 　　　　C——三级文件（作业指导书和操作规程）； 　　　　000——文件流水号，001、002、003、004……
5.2.4　记录、表格标识：YD（XX）-D-00。 　　　　XX——部门代码； 　　　　D——四级文件（记录、表格）； 　　　　00——文件流水号，01、02、03、04……
5.2.5　文件标识编号规定： 　　　　外来文件标识：YD-W-000。 　　　　YD——本企业代号； 　　　　W——外来文件； 　　　　000——文件流水号，001、002、003、004……
5.2.6　部门代码： 　　　　因记录简便需要，采用部门代码记录方式，各部门代码为： 　　　　ZJ——总经理；　　　　SA——食品安全小组；　　XZ——行政部； 　　　　CW——财务部；　　　　SC——生产部；　　　　QC——品质部； 　　　　CG——采购部；　　　　XS——销售部；　　　　WL——物流部。
5.3　文件的编写、审核、批准、发放 5.3.1　食品安全管理手册（含相关程序及 SSOP 文件、HACCP 计划）由食品安全小组负责组织编写，食品安全小组组长审核，总经理审批，公司行政部负责登记、发放。 5.3.2　各部门工作手册由各部门经理组织编写、汇总，食品安全小组组长审批，公司行政部负责登记、发放。 5.3.3　文件发布前应得到批准，以确保文件的适宜性。应确保文件使用的各场所都得到相关文件的适用版本。文件的发放、回收要填写《文件发放、回收记录》。
5.4　文件的受控状况 　　　　本公司食品安全管理体系文件分为"受控"和"非受控"两大类，凡与食品安全管理体系运行紧密相关的文件为受控，受控文件必须加盖表明受控状态的印章，并注明分发号。
5.5　文件的更改与换版 5.5.1　更改文件由该文件产生部门填写《文件更改申请单》说明更改理由，必要时还应附文件更改的依据。由原文件审批人审批，该部门实施更改，并到文件存档部门备案。 5.5.2　更改文件应注明更改标记和更改时间，按原发放范围发放，同时收回作废文件。 5.5.3　文件少量更改可采取划改或换页的方式，文件经多次更改或文件进行了大幅修改应换版，原版文件作废，换发新版本。

表 13-3（续）

5.6　文件的发放
5.6.1　各部门文件管理人员按签发范围发放文件，文件领用人须在《文件发放、回收记录》上签名。
5.6.2　公司范围内发放的文件为"受控"文件，在封面加盖"受控"印章，并形成《受控文件清单》；向顾客提供的文件为"非受控"文件，不盖印章。
5.6.3　当文件破损严重影响使用时，文件使用人应到原文件管理部门办理更换手续，交回破损文件，补发新文件。破损文件由原文件管理人员负责销毁。
5.6.4　文件丢失，文件使用人须重新办理文件领用手续，并予以说明。原文件管理人员补发文件应重新编分发号，注明丢失文件分发号作废。
5.7　文件的保存、作废与销毁
5.7.1　文件的保存：
a）公司行政部统一保管所有文件的原稿及其《文件发放、回收记录》，并分类存放在干燥通风、安全的地方；
b）各部门文件由本部门资料员保管，行政部不定时检查文件保管情况；
c）任何人不得在受控文件上乱画涂改，不私自外借，确保文件清晰、易于识别和检索。
5.7.2　文件的作废与销毁：
a）所有失效或作废文件由相关部门资料员及时从所有发放或使用场所撤出，加盖"作废"印章，确保防止作废文件的非预期使用；
b）为某种原因需保留的任何已作废的文件，都应进行适当的标识；
c）对要销毁的作废文件，由相关部门填写《文件销毁申请》，经总经理批准后，由公司行政部统一销毁或授权相关部门销毁。
5.7.3　文件的借阅、复制：
借阅、复制与食品安全管理体系有关的文件，应填写《文件借阅、复制记录》，由相关部门负责人按规定权限审批后向资料管理人借阅、复制。复制的受控文件必须由资料管理人登记编号。
5.8　外来文件的控制
5.8.1　收到外来文件的部门，需识别其适用性，并控制分发以确保其有效。
5.8.2　公司行政部负责收集相关国家、行业标准的最新版本，统一编号、加盖受控印章，分发到相关部门使用，并把旧标准收回。
5.9　评审
每年由公司行政部对现有食品安全管理体系文件进行定期评审，各部门结合平时使用情况进行适时评审，必要时予以修改。修改时执行 5.5 规定。
5.10　电子文件的控制要求
对承载媒体不是纸张的文件的控制，也应参照上述规定执行。
5.11　其他记录的要求
为食品安全管理提供证据的记录应执行《记录控制程序》。

表 13-3（续）

6 相关文件
（无）
7 相关记录
YD（XZ）-D-03 《受控文件清单》
YD（XZ）-D-02 《文件发放 / 回收记录表》
YD-D-004-00 《外部文件登记表》
YD-D-005-00 《文件更改申请单》

二、检查依据

文件管理检查依据见表 13-4。

表 13-4　文件管理检查依据

检查依据	依据内容
GB 14881《食品安全国家标准 食品生产通用卫生规范》	14.2　应建立文件的管理制度，对文件进行有效管理，确保各相关场所使用的文件均为有效版本。 14.3　鼓励采用先进技术手段（如电子计算机信息系统），进行记录和文件管理。

三、检查要点

（1）企业是否实施有效的文件管理。
（2）档案文件管理人员是否熟悉业务。

四、检查方式

（1）检查企业是否制定文件控制程序。
（2）检查公司是否有负责组织编写管理手册和程序文件的部门；是否有部门负责体系文件、资料和相关外来文件的管理；各生产部门是否负责本部门相关文件的管理，外来文件收集，部门负责人是否负责审核本部门编写的质量和食品安全管理文件；公司文件是否分类、分级保管和实施，切实做到全员参与。

（3）档案管理人员是否按计划进行培训。

五、常见问题

（1）企业没有建立文件控制程序。
（2）企业建立的文件控制程序没有有效实施。
（3）档案管理人员业务不熟悉。

六、案例分析

案例　检查员在某企业现场检查时，发现企业没有制定《文件控制程序》，文件的管理和借阅很乱，现场抽查的文件很难找到，企业法人说他们没有指定部门实施文件管理，只有一个文员兼管，但该文员回去结婚了，其他人员就找不到文件。

分析：企业的文件和档案管理对企业的生产和运作至关重要，是保障企业正常运作的基本要求，也是食品安全追溯的有效保障。企业应建立文件管理制度，对文件的制定、审核、批准、发放、使用、更改、标识、回收和作废等活动作出规定，并有部门或人员负责对企业文件的各个方面进行有效的控制和规范。该企业没有制定文件控制的制度，也没有给负责文件管理的人员设置 AB 角，导致出现文件管理混乱、员工因事离开后无人负责的局面。

第十四章　食品安全其他管理制度检查

第一节　产品追溯和召回检查

一、背景知识

食品追溯与召回是保护消费者安全、降低社会经济损失的一种国际通行做法，也是促进食品行业质量提升的一种重要方法。食品安全法第四十二条和第六十三条明确规定国家建立食品安全全程追溯制度和食品召回制度。要求食品生产企业建立食品安全追溯体系，保证食品可追溯；当发现其生产的食品存在不安全隐患时，立即停止生产并实施召回。

1. 产品追溯

食品安全问题涉及从农田到餐桌的全过程。食品从源头生产到最终消费，往往需要经过多个环节和多个场所。为了实现食品安全全过程可溯可控，食品安全法明确了国家建立食品安全全程追溯制度。追溯制度包括两方面：一是食品生产经营者建立食品安全追溯体系，保证食品可追溯；二是食品安全监督管理部门会同农业行政等有关部门建立食品安全全程追溯协作机制。

食品安全追溯体系可分为传统追溯体系和现代追溯体系。传统追溯体系主要是通过食品生产经营记录、索证索票、购销台账等方式进行追溯。如食品安全法规定，食品生产企业应当建立食品原料、食品添加剂、食品相关产品进货查验记录制度，如实记录食品原料、食品添加剂、食品相关产品的名称、规格、数量、生产日期或者生产批号、保质期、进货日期以及供货者名称、地址、联系方式等内容，并保存相关凭证。记录和凭证保留期限不得少于产品保质期满后六个月，没有明确保质期的，保质期限不得少于两年。传统追溯方式具有方便、经济等优点，但也存在工作量大、重复繁琐、操作不便、效率低下、资源难以共享等弊端。现代追溯方式是采用高科技手段，运用电子信息追溯系统实现的。该方式可以采集和自动留存生产经营信息。同时具有产品录入查询、消费警示信息发布、监管信息发布等综合功能，能有效弥补传统追溯方式的缺陷。所以，国家鼓励食品生产经营者采用信息化手段建立食品安全追溯体系。

［示例一］：某乳制品公司的产品追溯控制程序见表 14-1。

表 14-1　某乳制品公司的产品追溯控制程序

程序文件	文件编号：YD-B-02
	受控日期：2021 年 5 月 6 日
标识和可追溯控制程序	版本 / 版次：A/0
	页码：第 × 页　　　共 × 页

1　目的

本程序规定对产品及其检验状态的标识方法，以满足对原辅材料及产品的识别和可追溯性的要求。

2　范围

本程序适用于从原辅材料进厂至产品出厂的各阶段的产品标识和流向记录。

3　权责

3.1　供应链管理部负责对原辅材料包括包装材料的贮存、检验状态及领用进行标识和记录；负责对成品的贮存检验状态及出厂时间、数量和去向进行标识和记录。

3.2　生产部门负责对本车间所使用的原材料及包装材料进行记录，对半成品和成品按规定进行标识。

3.3　品质管理部负责监督检查标识及相关记录的执行情况。在需要时对产品和原料进行追溯。

4　程序

4.1　原材料标识

4.1.1　原材料按种类分区域堆放，不同批的原材料分不同的货位，用《原料库存情况一览表》标明物品名称、型号、数量、来料日期、检验状态及领用情况等，该表一式两份，一份交由采购汇总，另一份仓管员留底以备查核。《原料仓库出料单》记录物料的领用情况，标明物料的名称、型号、来料日期、领用数量、领用单位等。生产车间将暂时用不着的物料退回原料仓库保管，用《生产物料退料单》记录。

4.1.2　原料奶的贮存由《低温消毒生产报告表》记录。

4.2　生产过程中对产品的标识

4.2.1　生产车间用《软包装产品投料报告》《酸奶车间生产投料表》《鲜奶车间产品投料报告》记录物料的使用情况。

4.2.2　原料奶的流向标识由《低温消毒生产报告表》记录。

4.2.3　半成品缸要根据实际情况挂上"未检验"和"检验合格"的牌子。

4.3　成品的标识

4.3.1　利乐产品保质期为 10 个月，供港壹号纯牛奶保质期为 6 个月。产品标识方法为：生产车间在包装顶部打上饮用日期和机器代码，在包装顶部打上生产日期、工厂代码、钟点和班次代码。

表 14-1（续）

4.3.2 利乐包产品在成品仓按类别及生产批号分区域堆放，仓管员视具体情况不同分别挂上"另放""未翻板""已翻板""可出货"或"不合格品"等牌子，未挂牌表明未检验。

瓶装产品和屋型产品的标识方法：生产车间在包装上打上生产日期、生产机器代码和班次代码。冷库里成品分别挂上"检验合格""扣货重检及数量"或"重产及数量"牌，未挂牌表明未检验。

4.3.3 杯装产品在包装上打上生产日期、班次代码。冷库里成品分别挂上"检验合格""扣货重检及数量"或"重产及数量"牌，未挂牌表明未检验。

4.3.4 所有产品的标签要符合 GB 7718《食品安全国家标准 预包装食品标签通则》和 GB 28050《食品安全国家标准 预包装食品营养标签通则》要求，同时要符合相关的国家食品标识管理规定。

4.3.5 品质管理部在相应的检验记录本上记录各原材料、半成品、成品的检验结果。

4.4 不合格品按《不合格品控制程序》处理。

4.5 出货标识：仓管员在《成品仓产品出库记录表》上标明货名、生产批号、数量及产品去向。

4.6 追溯路线

若经销商产品有问题，在排除了是由于包装等偶然事件的情况下，启动以下追溯程序：

4.6.1 根据经销商提供的问题产品名称、生产日期、时间、设备编号等信息，由《纸包产品入库专用单》《成品仓产品出库记录表》查得该批次产品的去向。

（1）利乐包产品

查询当天生产、设备运作、清洗消毒等情况是否正常：当天的《无菌包装机操作记录表》、自动温度记录仪所打印的温度记录，《生产途中取样检查报告表》《无菌消毒机生产报告》《TBA19 管式消毒机生产报告》《鲜奶设备清洗报告表》《酸、碱液检测记录表》等记录。

检验查询该批次产品的检验情况：当天的《含乳饮料生产检验记录》《超高温纸包奶检查》《纸包产品过机情况记录》《茶饮料生产配料记录》《茶饮料生产成品检验记录》《纸包产品重量及出厂情况》《产品出货检验报告单》等记录。

（2）巴氏消毒产品

查询当天生产、设备运作、清洗消毒等情况是否正常：当天的《低温消毒生产报告表》《洗瓶机行机记录表》《瓶装生产报表》《软包装机生产记录表》《屋型奶生产报告及行机记录表》《设备清洗报告表》自动温度记录仪所打印的温度记录等。

查询该批次产品的检验情况和生产当天设备及车间环境、操作工人等卫生状况是否符合要求：由《酸奶生产化验记录》《屋型巴氏杀菌乳检验记录表》《瓶装巴氏杀菌乳检验记录表》《含乳饮料生产检验记录》《十日奶检验记录表》《空瓶检验记录》《鲜奶车间取样化验记录》等记录。

表 14-1（续）

（3）发酵酸奶产品

查询当天的生产、设备运作、清洗消毒等情况是否正常：当天的《发酵酸奶生产报表》、自动温度记录仪所打印的温度记录、《发酵酸奶设备清洗报告表》、《杯装机运行记录》、《酸、碱液检测记录表》等记录。

查询该批次产品的检验情况：《杯装酸奶检测报告》《屋型巴氏杀菌乳检验记录表》。

（4）乳制品

查得所用原料奶牛场信息及收奶后的贮存及处理情况：《低温消毒生产报告表》；

查得该牛场所供原料奶的各项指标：《原料奶检验记录》《生奶检验记录》《牛奶冰点检验记录》《牛乳抗生素残留检验记录》。

4.6.2　由《水处理生产报告表》《处理水检验记录表》可查得当天的水质情况。

4.6.3　由《原材料入出仓记录卡》和《领料单》可知所用原辅料的入库时间、数量、库存数量、领用时间、数量、领用单位等信息。根据该批原辅料的《原材料检验报告单》可知其质量情况。由《物资材料验收入库单》可知该物料的供应商。

4.7　可追溯演练

食品安全小组组长应组织各部门在不超过 12 个月内或内审前进行产品可追溯的演练，以评价现有追溯体系的有效性，并持续改进。

5　相关文件

GB 7718《食品安全国家标准　预包装食品标签通则》

GB 28050《食品安全国家标准　预包装食品营养标签通则》

《不合格品控制程序》

6　记录

出货记录、生产记录、检验记录等。

2. 食品召回

食品召回，是指食品生产者按照规定程序，对由其生产原因造成的某一批次或类别的不安全食品，通过换货、退货、补充或修正消费说明等方式，及时消除或减少食品安全危害的活动。

食品生产者发现其生产的食品不符合食品安全标准或者有证据证明可能危害人体健康的，应当立即停止生产，召回已经上市销售的食品，通知相关生产经营者和消费者，并记录召回和通知情况。一般情况下，召回的食品不符合食品安全标准或者可能存在食品安全隐患，食品生产者应当对召回的食品采取无害化处理、销毁等措施，防止其再次流入市场。但是，对因标签、标志或者说明书不符合食品安全标准而被召回的食品，食品生产者在采取补救措施且能保证食品安全的情况下可以继续销售，但销售时应当向消费者明示补救措施。

食品生产者应当将食品召回和处理情况向所在地食品安全监管部门报告，需要对召回的食品进行无害化处理、销毁的，应当提前报告时间、地点。食品安全监管部门认为必要的，可以赴无害化处理或者销毁现场进行监督，以确保存在安全隐患的被召回食品不会再次流入市场。

食品安全监管部门发现食品生产者生产的食品不符合食品安全标准或者有证据证明可能危害人体健康，但未依照规定召回的，可以责令其召回。食品生产者接到责令召回的通知后，应当立即停止生产，并按照规定程序召回不符合食品安全标准的食品，进行相应的处理，并将食品召回和处理情况向所在地食品安全监管部门报告。

[示例二]：产品追溯及召回示例。

某油脂生产企业产品追溯演练报告

2020 年 9 月 1 日公司在油脂工厂开展现场追溯，报告总结如下：

一、演练产品信息

追溯产品：16L××调和油，生产日期：2020-02-26。

二、演练人员

油脂厂生产、物流、品质等部门。

三、演练过程

1.精炼部负责精炼仓储过程追溯，反馈追溯结果见表1。

表 1　精炼仓储过程追溯结果

用油种类	缸号	批次信息	供应商名称	到货时间	到货数量 /t
精炼菜油	T209	2012763	上海××粮油贸易有限公司	2020-01-08	31.7
精炼豆油	T208	2008505	东莞××粮油有限公司	2019-10-21	109.64
				2019-10-22	110.74
精炼花生油	T211	2009561	濮阳××粮油股份有限公司	2019-12-28	67.91
				2019-12-29	130.62
精炼玉米油	T204	2009550	深圳××油脂工业有限公司	2019-12-28	245.69
				2019-12-29	235.187
芝麻油	桶装	20191106	河南××粮油有限公司	2019-11-12	4.75

2.灌装部负责灌装生产过程追溯，反馈追溯结果见表2。

表2　灌装生产过程追溯结果

产品名称	16L××调和油		生产日期	2020-02-26	生产数量	1999箱
产品BOM组成（原料油）						
油料种类名称	精炼菜油		精炼豆油	精炼花生油	玉米油	芝麻油
缸号	T209		T208	T211	T204	桶装
产品BOM组成（包材）						
包材名称	供应商名称		生产批号	到货日期	到货数量	
16L方罐	深圳××容器股份有限公司		20200225	2020-02-26	1300桶	
16L方罐	广东××包装有限公司		G221F413	2020-02-24	1800桶	
42mm红胶盖	佛山市××包装有限公司		20200110	2019-12-18	4500桶	

3.物流部负责追溯产品流向，反馈结果见表3。

表3　产品流向结果

品种	客户名称	送货订单号	出货日期	生产日期	发货
16L××调和油	深圳市××实业有限公司	1072870	2020-03-10	2020-02-26	500桶
16L××调和油	×××商业集团有限公司	1072831	2020-03-10	2020-02-26	171桶
16L××调和油	北京××餐饮配套有限公司	1072811	2020-03-10	2020-02-26	28桶
16L××调和油	惠州市××贸易有限公司	1072898	2020-03-11	2020-02-26	200桶
16L××调和油	上海××商贸有限公司	1072770	2020-03-14	2020-02-26	600桶
16L××调和油	深圳×××食品有限公司	1072889	2020-03-14	2020-02-26	500桶
总计					1999桶

四、小结

（1）本次追溯逆向能追查到原料批次、包装材料生产批次与供应商，追溯准确率达100%，无差错。

（2）产品流向追溯至经销商、零售商，已全部发出，追溯准确率达100%，无差错。

（3）本次演练17：02分发出追溯指令，17：45分最后一份资料收集完毕，准确率达100%。公司可以在发生食品安全危害时，迅速采取措施，将危害降至最低。

2020 年 9 月 2 日

本节内容可作为《食品生产监督检查要点表》中的条款8.2"实施不安全食品的召回，召回和处理情况向所在地市场监管部门报告"，条款8.3"有召回计划、公告等相应记录；召回食品有处置记录"，条款8.4"有召回食品无害化处理、销毁等措施，未发现召回食品再次流入市场（对因标签存在瑕疵实施召回的除外）"，条款12.1"建立并实施食品安全追溯制度，并有相应记录"，条款12.2"未发现食品安全追溯记录不真实、不准确等情况"，条款12.3"建立信息化食品安全追溯体系的，电子记录信息与纸质记录保持一致"，以及《广东省食品生产企业食品安全审计评价表》中的编号43"食品安全追溯制度"，编号53"食品召回制度"的检查技术要领应用。

二、检查依据

产品追溯和召回检查依据见表14-2。

表 14-2   产品追溯和召回检查依据

检查依据	依据内容
食品安全法	第四十二条 国家建立食品安全全程追溯制度，食品生产经营者应当依照本法的规定，建立食品安全追溯体系，保证食品可追溯。国家鼓励食品生产经营者采用信息化手段采集、留存生产经营信息，建立食品安全追溯体系。国务院食品药品监督管理部门会同国务院农业行政等有关部门建立食品安全全程追溯协作机制。 第六十三条 国家建立食品召回制度食品生产者发现其生产的食品不符合食品安全标准或者有证据证明可能危害人体健康的，应当立即停止生产，召回已经上市销售的食品，通知相关生产经营者和消费者，并记录召回和通知情况。

表 14-2（续）

检查依据	依据内容
GB 14881《食品安全国家标准 食品生产通用卫生规范》	11　产品召回管理 11.1　应根据国家有关规定建立产品召回制度。 11.2　当发现生产的食品不符合食品安全标准或存在其他不适于食用的情况时，应当立即停止生产，召回已经上市销售的食品，通知相关生产经营者和消费者，并记录召回和通知情况。 11.3　对被召回的食品，应当进行无害化处理或者予以销毁，防止其再次流入市场。对因标签、标识或者说明书不符合食品安全标准而被召回的食品，应采取能保证食品安全且便于重新销售时向消费者明示的补救措施。 11.4　应合理划分记录生产批次，采用产品批号等方式进行标识，便于产品追溯。
GB/T 22000《食品安全管理体系 食品链中各类组织的要求》	7.9　可追溯性系统：组织应建立且实施可追溯性系统，以确保能够识别产品批次及其与原料批次、生产和交付记录的关系。可追溯系统应能够识别直接供方的进料和终产品初次分销的途径。应按规定期限保持可追溯记录，以便对体系进行评估，使潜在不安全产品得以处理，在产品撤回时，也应按规定的期限保持记录。可追溯性记录应符合法律法规要求、顾客要求，例如可以是基于终产品的批次标志。

三、检查要点

（1）企业是否制定《食品安全产品追溯制度》和《产品召回制度》。

（2）企业是否建立食品安全产品追溯记录和产品召回记录。

（3）产品可追溯体系是否完善，能否进行有效地追溯。

（4）产品召回体系是否完善，能否进行有效的召回。

四、检查方式

（1）查看企业是否制定《食品安全产品追溯制度》和《产品召回制度》。

（2）查看产品从原材料采购、生产加工、出厂检验到出厂销售各个环节是否有效追溯。a）检查原料控制情况：检查食品原料、食品添加剂的采购和进货查验记录，食品原料、食品添加剂的领用记录、生产配料（投料）记录、生产数量和品种、原辅料厂家名称及产品批次等信息登记是否齐全。

b）检查食品的加工过程（包括工艺参数、环境监测等）及生产关键环节的控制情况：是否按照文件规定对生产加工的关键工序、工艺参数以及环境监测等情况如实记录；是否对设备的安装、调试、验收以及清洗、消毒、维护和保养的方法如实记录；是否对原辅料、半成品及成品的贮存方式及贮存条件如实记录；是否确定了产品的包装材料、包装方式、包装要求及防护措施。c）检查产品检验情况：检查各项检验的原始记录和检验报告，产品检验报告应含产品的检验批号、检验日期、检验人员、检验方法、检验结果等内容。d）检查产品留样情况：是否建立产品留样制度，现场观察是否有专设的留样室，留样是否按品种、批号分类存放，标识明确，查看各产品保质期前后及近期生产的产品批号。e）检查产品销售情况：是否如实记录出厂产品的名称、规格、数量、生产日期、生产批号、购货者名称及联系方式、检验合格单、销售日期等内容。可以从成品库中随机抽取 2～3 个有代表性的产品，追溯其检验记录、生产记录、原辅料记录、供应商记录等。

（3）如果企业采用信息化手段，以条码、二维码和电子标签（RFID）等先进技术为手段，实现食品生产电子化追溯的，可按上述方法进行检查，同时还要核对电子信息记录是否与纸质记录一致。

（4）当发现生产的食品不符合食品安全标准或存在其他不适于食用的情况时，是否立即停止生产，召回已经上市销售的食品，通知相关生产经营者和消费者，并记录召回和通知情况。对被召回的食品，是否进行无害化处理或者予以销毁，防止其再次流入市场。

五、常见问题

（1）企业没有制定《食品安全产品追溯制度》和《产品召回制度》，或制度不齐全。

（2）各个生产环节的记录不规范，无法追溯。

（3）存在销售不安全食品的情况，未按要求报告、召回并记录。

六、案例分析

案例 1　某糕点生产企业生产的鸡蛋火腿三明治由于被沙门氏菌污染，在供餐学校引起群体性食物中毒。在发现问题后，企业按照召回制度的要求制定召回计划，实行主动召回。

案例2　某肉制品生产企业生产的酱卤肉在流通环节的抽检中菌落总数不符合食品安全标准要求，监管部门责令该企业对批次产品实施召回。企业制度中规定对于召回的不安全食品应销毁并保存记录，企业称已对该产品实施召回，但记录丢失无法提供。

分析：糕点、肉制品、生鲜乳等产品由于保质期短，企业难以按照要求逐个进行出厂检验后再销售，这类食品生产企业更应制定完善的不安全食品召回制度，以便快速作出反应，实施召回。以上案例涉及不符合食品安全指标及危害人体健康的情形，判定为不安全食品，企业应按要求实施召回。检查时应查看企业的不安全食品召回制度是否完善，召回的措施一般包括：制定召回计划，停止生产经营活动，通知相关的经营者及消费者，记录召回的情况（含产品名称、商标、规格、数量、生产日期、生产批号等信息），将食品召回和处理情况向所在地县级人民政府食品药品监督管理部门报告。查看相关的召回记录，企业是否按照法律法规及制度要求对召回的食品采取无害化处理或者予以销毁，各项记录的信息（如产品名称、数量、批次等）是否一致，相关记录的保存期限是否符合要求。案例1能够按照要求实施召回并妥善处理；案例2企业记录丢失，难以证明其按照规定正确地实施了召回，显然其做法不符合要求。

案例3　某公司在核算前一天产品生产情况时发现物料不能平衡，公司对该情况进行自查后，发现可能存在部分生产批号为20210322（12：40—13：08）的鲜牛奶混有少量草莓味酸牛奶饮品的情况。公司立即启动食品安全应急预案，由公司董事长组织食品安全小组进行全过程追溯和排查，上午10时30分开始对该批次产品下架召回。

产品追溯情况：

（1）半成品罐到巴氏杀菌机：当天鲜牛奶半成品和草莓味酸牛奶饮品生产过程均通过107阀组，鲜牛奶由3号巴氏杀菌机进行杀菌，草莓味酸牛奶饮品由2号巴氏杀菌机进行杀菌。

（2）巴氏杀菌机到成品罐：当天鲜牛奶从3号巴氏杀菌机自动阀组进入成品罐，草莓味酸牛奶饮品从2号巴氏杀菌机自动阀组进入成品罐，产品从两台巴氏杀菌机出来后所使用的管线是相互独立的。分析工艺过程，当天鲜牛奶与草莓味酸牛奶饮品在12：40—13：08期间同时通过107阀组，存在交叉的可能。

（3）针对产品经过107阀组情况具体分析：a）鲜牛奶物料由储罐经107阀组通过3号巴氏杀菌机进入成品罐，生产时间段为11：08～13：08；b）草莓味酸牛奶半成品由储罐经 107 阀组通过 2 号巴氏杀菌机进入成品罐，生产时间段为 12：40—16：14；c）草莓味酸牛奶半成品罐与鲜牛奶半成品罐，在当天进入巴氏杀菌机时使用的输送管线均通过同一个阀组，鲜奶车间 2021 年 3 月 22 日生产报表《鲜牛奶车间低温消毒生产报表》中显示：鲜牛奶储罐与草莓味酸牛奶储罐在 12：40—13：08 的时间段同时生产并经过了 107 阀组。

结论：鲜牛奶产品混入草莓味酸牛奶饮品，出现混味的原因是生产时 107 阀组密闭性不足，导致草莓味酸牛奶饮品经 107 阀组阀渗入 3 号巴氏杀菌生产管线的鲜牛奶产品中，造成该时间段生产的鲜牛奶混有少量草莓味酸牛奶饮品。

处置：企业当天对不合格产品进行追回报废。关闭涉事的生产线，立即进行维修，修复后按照有关清洁程序进行清洗、消毒后再投入生产。

第二节 不合格产品管理检查

一、背景知识

（一）不合格和不合格品的概念

按照 ISO 9000 的定义，"未满足要求"就是不合格。如未满足产品要求，未满足工作要求，未满足质量管理体系要求等，都是不合格。

食品生产加工企业中存在的不合格，基本上可以分成两大类型，一是产品不合格，包括半成品、成品、原材料等不合格，一般称不合格产品或不合格品；二是工作不合格，包括管理工作不合格、技术工作不合格，或是过程不合格、体系不合格等。本节讨论第一类不合格即不合格品的管理。

（二）不合格品管理的目的

不合格品管理的目的在于对不符合要求的产品进行识别和控制。企业通过制定不合格品管理要求及处置措施，对生产过程中发现的不合格品，按照规定进行标示、隔离，防止错用、误用，并及时进行纠正或采取纠正措施。加强不合格品管理，一方面能降低企业生产成本，提高企业经济效益；另一方面，能降低食品安全风险，保证产品质量，提升顾客满意度，维护企业良好声誉。

（三）不合格品的分类

由于生产场所、设备设施、生产工艺、加工人员、管理能力以及限于生产成本，食品生产加工过程中往往会产生不合格品，包括在原辅料进货查验、过程检验、成品出厂检验等环节产生的不合格品，还包括出厂销售后因贮存、运输、交付不当造成的不合格品。不合格品包括生产过程中所产生的不合格原辅料、不合格半成品、不合格成品以及回收食品、过期食品等。

（四）建立不合格品管理制度

食品生产企业应当建立并执行不合格品管理制度。实际生产过程发现不合格品时，应及时分析不合格原因，及时采取相应的措施去纠正，同时建立和保存不合格食品原料、食品添加剂、食品相关产品、半成品和成品的处理记录；记录的内容应当真实、完整，保存期限不得少于两年。不合格品管理制度一般包含以下内容。

1. 不合格品的标示、存放和处置

不合格品应在划定区域存放，明显标示，及时处理。

在食品的生产过程中，一旦出现不合格品，需要及时进行标示，以便识别，确保不合格品得到控制。标示的形式可采用色标、标签、文字、印记等。

对不合格品标示后，要及时隔离存放，以防止不合格品进入下道工序或流入市场。企业应规定不得随意贮存、移用、处理不合格品。

应及时组织有关人员对划定区域内存放的不合格品进行评审和分析，查清不合格品原因，按对应的处理方式及时处理不合格品，并落实纠正和预防等改进措施。

2. 不合格品的处理流程

不合格品的处理流程应包括以下步骤：

（1）按照符合性判定原则，判定和识别不合格品；

（2）通过色标、标签、文字、印记等形式对不同类别的不合格品进行标示；

（3）及时隔离已标示的不合格品，防止非预期的误用误交付；

（4）建立不合格记录，确定不合格范围，包括生产时间、生产地点、产品批次、生产设备、相关责任人等；

（5）对标示和隔离的不合格品进行评审和分析，查清不合格品原因，按对应的处理方式及时处理不合格品；

（6）落实纠正、让步或报废等措施，跟踪、验证整改情况，预防不合格情况再发生。

不合格品处理流程见图14-1。

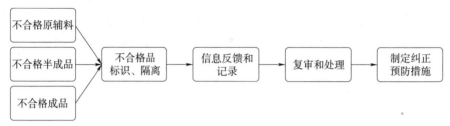

图 14-1　不合格品处理流程图

3. 原辅料不合格品的处理

对于不合格原辅料的处理方式可分为以下三种：

（1）让步接收：当不合格缺陷是轻微的，不会对食品安全、食品质量造成直接或间接的隐患，或者其不合格缺陷可以通过挑选、返工等方式消除时，可以根据实际情况采取让步使用。

（2）退回供应商：对于进货查验时发现的不合格原辅料，当不合格缺陷是严重的、恶劣的，将对食品安全及质量造成直接或间接的隐患时，应采取退回供应商的处理方式，退货或换货。

（3）报废：对于已接收的不合格原辅料，当不合格缺陷是严重的、恶劣的，将对食品安全及质量造成直接或间接的隐患时，应采取报废处理。

4. 半成品不合格品的处理

半成品不合格品的处理方式包括：返工、挑选、让步接收、降级、报废。

对于可以通过返工或挑选，消除不合格品的不合格现象时，应对不合格品进行相关操作，经重新检验判定合格后，方可进入下一个正常的工序。

对于部分不符合原有要求的半成品，可通过降级的处理方式，使其符合新的产品等级的技术要求，从而达到接收放行准则。

当出现批量不合格半成品时，应将异常信息反馈至生产、品管等相关部门，采取有效的纠正措施纠正不合格情况，跟进、验证措施落实情况并记录。

5. 成品不合格品的处理

对于成品不合格品的处理方式包括：返工、挑选、降级、报废、召回。

不合格品成品经返工或挑选的，应对返工或挑选过程进行连续监控，经检验和判定，确保消除了不合格品的不合格现象时，方可放行。

当出现批量不合格成品时，应将异常信息反馈至生产、品管等相关部门，由责任部门采取有效的纠正措施或应急措施，跟进、验证措施的有效性，并记录相关情况。

本节内容可作为《食品生产监督检查要点表》中的条款 7.3 "不合格品在划定区域存放，具有明显标示"，条款 8.1 "建立和保存不合格品的处置记录，不合格品的批次、数量应与记录一致"，以及《广东省食品生产企业食品安全审计评价表》中的编号 34 "不合格品管理制度"的检查技术要领应用。

二、检查依据

不合格产品管理检查依据见表 14-3。

表 14-3　不合格产品管理检查依据

检查依据	依据内容
GB 14881 《食品安全国家标准　食品生产通用卫生规范》	7.2.2　食品原料必须经过验收合格后方可使用。经验收不合格的食品原料应在指定区域与合格品分开放置并明显标记，并应及时进行退、换货等处理。 14.1.1　规定企业应建立记录制度，对食品生产中采购、加工、贮存、检验、销售等环节详细记录。记录内容应完整、真实，确保对产品从原料采购到产品销售的所有环节都可进行有效追溯。

三、检查要点

（1）是否制定了不合格品管理制度，内容是否完善。

（2）不合格品的存放是否符合要求。

（3）是否按照制度要求处置不合格品。

（4）针对不合格情况是否积极查找原因，并提出纠正预防措施。

四、检查方式

（1）查阅企业制定的不合格品管理制度。内容应包括对不合格原辅料、包装材料、半成品、成品的管理办法和相应的纠正措施并保留相关记录。

（2）查看仓库是否存放有不合格品，不合格品是否存放在指定区域内并有明显标记，其存放方式是否可以避免误用。

（3）查看退回记录与现场存放的不合格品的批次和数量是否一致。若不合格品已处理，则查看处理记录与制度要求是否一致，是否如实记录不合格品相关信息，例如产品名称、品种、生产厂家及联系人、规格、生产日期、批次、数量等。

五、常见问题

（1）不合格品的存放不符合要求。

（2）不合格品管理制度不完善，相关处置情况记录未能提供或信息不完整。

（3）不合格品处置不符合法律法规或者制度文件的规定要求。

（4）原料、包装材料及半成品的不合格处理要求不明确，原料、包装材料及半成品的不合格情况未进行记录。

六、案例

案例 1　20××年 11 月 2 日的日常监督检查中，监管人员发现某月饼生产企业的原材料仓库中存放中秋节后退回的月饼，标签标示生产日期分别为 20××0712、20××0820 及 20××0829，保质期三个月，另外有部分由于外包装破损被退回的产品无标签标识。现场未见物料标识卡或挂牌，企业声称该产品将回收用于老婆饼的制作，与其不合格品管理制度中的要求不一致。查看退回记录与现场存放的不合格品数量及批号不完全一致，企业称部分外包装破损的退回产品已更换包装重新销售或销毁，相关处理记录未能提供。

分析：季节性产品在节后剩余属于常见现象，同时由于应节食物对于外包装的要求较高，容易在销售环节视为不合格品被退回。按照国质检食监

〔2006〕619号文中规定，所有食品生产加工企业不得使用回收食品作为原材料生产加工食品，禁止使用回收食品（无论是否超过保质期）作为原材料用于生产各类食品，或者经过改换包装等方式以其他形式进行销售。企业在制定不合格品处理要求时应以法律法规的要求为前提，再结合自身的产品特性建立不合格品管理制度，包括：识别不合格的原料、半成品、成品，制定不同情况下不合格品处理要求并形成相应的不合格品处理记录。

本案例中退回的月饼属于回收食品，企业用于制作老婆饼显然违反了相关规定。另外企业对退回的产品/不合格品没有单独存放于指定位置，也没有标识和处置记录。

案例2 检查人员在某饮料企业的包材仓库中发现部分退回的不合格内包装玻璃瓶，但无相关记录。另外在查看其不合格品处理记录时发现，对于内包装间的不合格半成品虽有处理措施，但未查找不合格原因并提出纠正措施。

分析：原料、半成品及包装材料的不合格情况经常会被忽略，一是没有制定相应的不合格品识别要求，二是未对此类情况的处理措施作出规定并保留记录。历年来出现的毒大米、过期冻肉及包材塑化剂超标的案例屡见不鲜，可见原料及包材的不合格也与食品安全息息相关，应同样给予重视。本案例中不合格内包装玻璃瓶应该单独存放并做好标识和记录；不合格半成品及时处理后，还应分析原因，及时采取纠正措施，防止类似不合格情况再次发生。

第三节 食品安全自查制度检查

一、背景知识

食品生产经营企业作为食品安全的第一责任人，必须对所生产经营的食品安全负全责。为确保所生产经营的食品安全，必须按照法律、法规的要求，建立食品安全自查制度并实行。

1. 相关法律法规要求

食品安全法规定，食品生产经营者应当建立食品安全自查制度，定期对食品安全状况进行检查评价。生产经营条件发生变化，不再符合食品安全要求的，食品生产经营者应当立即采取整改措施；有发生食品安全事故潜在风险的，应当立即停止食品生产经营活动，并向所在地县级人民政府食品安全监督管理部门报告。

生产保健食品、特殊医学用途配方食品、婴幼儿配方食品和其他专供特定人群的主辅食品等特殊食品的企业，应当按照良好生产规范的要求建立与所生产食品相适应的生产质量管理体系，每年对该体系的运行情况进行自查，保证其有效运行，并向所在地食品安全监管部门提交自查报告。

2. 食品安全自查制度的建立与实行

（1）食品生产经营者的法定代表人或者主要负责人是本单位食品安全第一责任人，负责建立并落实本单位食品安全监督管理和自查制度，对本单位食品安全全面负责。

（2）食品生产经营者应当配备食品安全管理员或委托专业服务机构定期开展自查工作，包括监督本单位食品安全追溯体系建立和运行情况；查找、记录食品生产、运输和贮存等环节中存在的食品安全隐患，及时制止违反食品安全法律、法规的行为，提出改进措施并监督改进情况；建立自查档案，并记录食品安全核查信息和跟踪处理结果等。

（3）食品生产经营者发现生产经营条件发生变化，不再符合食品安全要求的，应当立即采取整改措施；有发生食品安全事故潜在风险的，应当立即停止食品生产经营活动，并向生产经营场所所在地食品安全监管部门报告。

（4）自查频次及要求：依据《深圳经济特区食品安全监督条例》的相关规定，食品生产经营者应当建立食品安全自查制度，根据本单位的生产经营特点，每年至少对食品安全情况进行两次自查，并形成书面记录。保健食品、特殊医学用途配方食品、婴幼儿配方食品和其他专供特定人群的主辅食品等特殊食品的生产经营企业的自查报告应当经第一责任人和食品安全管理员签署后，于每年十二月底前向生产经营场所所在地食品药品监管部门备案。

3. 自查报告的内容

依据《广东省食品药品监督管理局关于食品药品生产经营企业落实主体责任的规定》的相关要求，食品生产企业可使用《食品生产加工企业落实主体责任情况自查表》作为检查表格，定期自查并做好记录。

同时，《深圳经济特区食品安全监督条例》第七十四条规定自查应当包括以下内容：

（1）食品安全法律、法规和标准、规范的实施情况；

（2）食品安全追溯体系建立和运行情况；

（3）从业人员遵守操作规范和食品安全管理制度情况以及掌握食品安全知识和生产技能情况；

（4）从业人员健康管理情况；

（5）生产经营过程控制情况；

（6）设施设备配置运行情况；

（7）生产经营环境符合相关标准和规范的情况；

（8）食品安全隐患以及处理情况。

该节内容可作为《食品生产监督检查要点表》中条款 10.1 "建立食品安全自查制度，并定期对食品安全状况进行检查评价"，条款 10.2 "对自查发现食品安全问题，立即采取整改、停止生产等措施，并按规定向所在地市场监督管理部门报告"，以及《广东省食品生产企业食品安全审计评价表》中编号 42 "食品安全自查制度"的检查技术要领应用。

二、检查依据

食品安全自查制度检查依据见表 14-4。

表 14-4　食品安全自查制度检查依据

检查依据	依据内容
食品安全法	第四十七条　食品生产经营者应当建立食品安全自查制度，定期对食品安全状况进行检查评价。生产经营条件发生变化，不再符合食品安全要求的，食品生产经营者应当立即采取整改措施；有发生食品安全事故潜在风险的，应当立即停止食品生产经营活动，并向所在地县级人民政府食品安全监督管理部门报告。

三、检查要点

（1）企业是否建立食品安全自查制度，是否定期对食品安全状况进行检查评价。

（2）生产经营条件发生变化或者发生食品安全事故潜在风险的，是否按照要求进行处置。

四、检查方式

查看企业食品安全自查制度文件和自查记录，并结合现场检查的情况查验自查的有效性。

五、常见问题

（1）无食品安全自查制度文件。

（2）未定期对食品安全状况进行自查并记录和处置。

（3）生产经营状况发生改变，未及时整改或按照要求变更。

六、案例分析

案例1　现场检查某大米生产企业管理制度文件及记录时发现企业未能提供食品安全自查制度文件及自查记录。检查员询问企业相关负责人时，回答说不知道企业需要制定食品安全自查制度文件，并且认为企业生产的大米为非即食食品，食品安全风险低，产品品种单一，没有必要进行食品安全自查。

案例2　2020年12月监督检查某肉制品生产企业，发现企业制定的现行有效的食品安全自查制度规定每季度进行一次自查并记录，但企业现场只能提供2020年第一季度和第二季度的自查记录；检查员查看自查报告内容时发现2019年第四季度、2020年第一季度、2020年第二季度的3份报告问题内容记录完全一致，如：存在包装间纱网破损，洗手池水龙头漏水，车间刀具有锈蚀现象等，亦未能提供相应问题整改记录。

分析：根据食品安全法的规定，食品生产经营者应当建立食品安全自查制度，定期对食品安全状况进行检查评价。无论企业生产的产品风险高低，均应该建立食品安全自查制度并定期开展自查。

案例1企业的食品安全风险意识较差，没有关注学习最新有效的食品安全相应法律、法规，企业食品安全管理人员对法律法规不熟悉，岗位能力不足。案例2企业未按制度规定要求定期开展食品安全自查，2020年第三季度自查报告及记录缺失。3份不同时间段的自查报告问题内容记录完全一样，结合检查人员查看生产车间现场情况对比发现，部分问题如水龙头漏水及纱网破损问题仍存在，表明企业对食品安全自查重视度不够，已经发现的问题整改不到位或未进行整改。

第四节　食品安全事故处置方案检查

一、背景知识

食品安全事故指食源性疾病、食品污染等源于食品，对人体健康有危害或者可能有危害的事故。食源性疾病指食品中致病因素进入人体引起的感染性、中毒性等疾病，包括食物中毒。

食品安全事故处置是食品安全的最后一道防线，也是重要的补救措施。食品安全法规定，食品生产经营企业应当制定食品安全事故处置方案，定期检查本企业各项食品安全防范措施的落实情况，及时消除事故隐患。食品生产企业对其生产的食品安全负责，应当力争从源头上减少食品安全隐患，防止发生食品安全事故，发现其生产的食品引发食品安全事故时，应当积极采取有效措施予以处置。为有效防范和妥善应对食品安全事故，最大限度减少危害和损失，食品生产企业应当按照食品安全法的要求制定食品安全事故处置方案，方案至少应当包含如下内容：

（1）明确食品安全事故处置机构和职责。设立食品安全事故处置机构，指定主管领导和成员，明确机构职责、主管领导和成员的具体职责。

（2）建立食品安全事故防范机制。根据本企业和所生产食品的特点，找到食品安全事故易发生的环节和关键控制点，有针对性地制定防范食品安全事故的措施。定期检查各项食品安全事故防范措施的落实情况，及时消除食品安全事故隐患。

（3）建立食品安全事故信息收集、报告和处置机制。食品生产企业应当收集原料采购、原料贮存、投料等原料控制信息，生产过程、工具设备、产品包装等生产关键环节控制信息，原料检验、半成品检验、成品检验等检验信息，仓储运输、交付控制信息，以及客户、消费者反馈、媒体报道等信息，发现异常时应当进一步核查是否存在发生食品安全事故的风险，必要时启动应急处置程序。

（4）制定食品安全事故处置程序并对应急演练工作作出规定。食品生产企业应当依法及时向食品药品监管部门报告食品安全事故信息，对可能引发食品安全事故的食品、工具、设备和现场采取临时控制措施，组织救治因食品安全事故出现不良反应的人员，配合有关部门开展食品安全事故调查，必要时采取召回、销毁等减少危害后果的措施。食品生产企业应当根据本企业的情况，定期或者不定期地组织开展食品安全事故处置应急演练，保证食品安全事故发生时企业能够有条不紊地高效开展处置工作。

（5）保障应急处置人员、装备、经费等资源储备。为使食品安全事故防范和处置工作有效进行，食品生产企业应当提供应急处置所需的各项资源保障。一是要保障食品安全事故处置机构和人员的能力满足工作需要并具有权威性，保证其得到全面的信息、有效识别风险、监督防范措施的落实以及组织开展食品安全事故的处置工作；二是要畅通信息网络，保证相关机构、人员的通信设备、计算机装备等能够适应信息收集、汇总、报告的需求；三是要保证宣传教育方面的投入，通过在关键场所张贴宣传材料、严格培训考核、开展应急演练等措施，使相关人员明确一旦发生食品安全事故，如何在第一时间有效处置；四是为食品安全事故应急演练以及配合食品安全事故调查、组织患者救治等工作提供人员保障和必要的物资、经费等。

该节内容可作为《食品生产监督检查要点表》中的条款13.1"有定期排查食品安全风险隐患的记录"，条款13.2"有食品安全处置方案，并定期检查食品安全防范措施落实情况，及时消除食品安全隐患"，条款13.3"发生食品安全事故的，对导致或者可能导致食品安全事故的食品及原料、工具、设备、设施等，立即采取封存等控制措施，并向事故发生地市场监督管理部门报告"的检查技术要领应用。

二、检查依据

食品安全事故处置方案检查依据见表14-5。

表14-5　食品安全事故处置方案检查依据

检查依据	依据内容
食品安全法	第一百零二条　国务院组织制定国家食品安全事故应急预案。 县级以上地方人民政府应当根据有关法律、法规的规定和上级人民政府的食品安全事故应急预案以及本行政区域的实际情况，制定本行政区域的食品安全事故应急预案，并报上一级人民政府备案。 食品安全事故应急预案应当对食品安全事故分级、事故处置组织指挥体系与职责、预防预警机制、处置程序、应急保障措施等作出规定。

表 14-5（续）

检查依据	依据内容
食品安全法	食品生产经营企业应当制定食品安全事故处置方案，定期检查本企业各项食品安全防范措施的落实情况，及时消除事故隐患。 第一百零三条　发生食品安全事故的单位应当立即采取措施，防止事故扩大。事故单位和接收病人进行治疗的单位应当及时向事故发生地县级人民政府食品药品监督管理、卫生行政部门报告。 县级以上人民政府质量监督、农业行政等部门在日常监督管理中发现食品安全事故或者接到事故举报，应当立即向同级食品药品监督管理部门通报。 发生食品安全事故，接到报告的县级人民政府食品药品监督管理部门应当按照应急预案的规定向本级人民政府和上级人民政府食品药品监督管理部门报告。县级人民政府和上级人民政府食品药品监督管理部门应当按照应急预案的规定上报。 任何单位和个人不得对食品安全事故隐瞒、谎报、缓报，不得隐匿、伪造、毁灭有关证据。

三、检查要点

（1）是否具有食品安全事故处置方案，并定期检查本企业各项食品安全防范措施落实情况。

（2）对曾发生食品安全事故的企业，是否根据方案及时报告、召回、处置等，是否查找原因及制定有效措施，防止同类事件再次发生。

四、检查方式

（1）查看食品安全处置方案，是否有定期检查食品安全防范措施的记录，是否有定期排查食品安全风险隐患的记录。

（2）对曾发生食品安全事故的企业，查阅企业事故处置记录、企业整改报告，检查其是否查找出原因及制定有效措施。

五、常见问题

（1）未制定食品安全事故处置方案。

（2）未按照企业制度要求定期排查食品安全风险隐患，或者没有相关记录。

（3）发生食品安全事故后未认真查找原因，未制定有效的改正措施。

六、案例

案例1 日常监督检查中，某食品企业的食品安全事故处置方案未能提供，也没有定期排查食品安全隐患的记录和报告，亦未建立及落实食品安全防范措施。

分析： 在实际的生产活动中，部分企业对食品安全事故处置方案的重视程度不高，往往流于形式并未按照规定落实。检查时首先查看企业的食品安全处置方案，处置方案的内容应包括对可能引起食品安全事故的食品、工具、设备和现场采取临时控制措施，组织救治食源性疾病或因食用了被污染食品发生不良反应的人员，配合有关部门开展食品安全事故调查，对不安全食品进行召回处置并查找原因等；其次查看企业是否定期开展食品安全隐患排查，是否有相关的记录，记录的内容是否完整。企业应根据自身所生产的食品的特点及工艺，识别容易出现食品安全事故的环节及关键控制点，制定相应的防范食品安全事故的措施，并对食品安全防范措施的落实进行自查，及时消除隐患。另外，食品生产企业还应当根据本企业的情况，定期或者不定期地组织开展食品安全事故处置应急演练，保证食品安全事故发生时企业能够有条不紊地高效开展处置工作。

案例2 某食品生产企业在发生食品安全事故后未主动向相关部门报告，擅自破坏食品加工现场，销毁剩余不安全食品，不配合有关部门进行调查，且该企业未按要求制定食品安全事故处置方案。

分析： 该企业的做法属于有可能被追究与食品安全事故处置有关的法律、法规责任的情况。食品生产经营者不履行相关法定义务，不及时报告，销毁有关证据，不配合有关部门进行调查，有可能造成事故扩大，错过最佳的处置时机，造成更多的人员伤亡、财产损失及不良社会影响。食品安全法第一百二十六条中规定：食品生产经营企业未制定食品安全事故处置方案的，由县级以上人民政府食品药品监督管理部门责令改正，给予警告；拒不改正的，处五千元以上五万元以下罚款；情节严重的，责令停产停业，直至吊销许可证。第一百二十八条规定：事故单位在发生食品安全事故后未进行处置、报告的，由有关主管部门按照各自职责分工责令改正，给予警告；隐匿、伪造、毁灭有关证据的，责令停产停业，没收违法所得，并处十万元以上五十万元以下罚款；造成严重后果的，吊销许可证。第一百三十三条规定：拒绝、阻挠、干涉有关部门、机构及其工作人员依法开展食品安全监督检查、事故调查处理、风险监测和风险评估的，由有关主管部门按照各自职责分工责令停产停业，并处二千元以上五万元以下罚款；情节严重的，吊销许可证；构成违反治安管理行为的，由公安机关依法给予治安管理处罚。

　　食品安全事故处置方案应对工作程序作出规定，明确食品安全事故处置领导小组及其职责，制定报告的程序及报告时限。接到食品安全事故或者疑似食物中毒事故报告后，有关人员应当及时到达现场进行调查处理。对造成食品安全事故的食品或者有证据证明可能导致食品安全事故的食品采取临时控制措施，例如封存可能造成食品安全事故的食品、原料或食品用工器具，按照《不安全食品召回制度》对不安全食品进行召回及相应的处置（最好在监管部门的监督下进行无害化处理或销毁），并保留相关记录。

　　发生了食品安全事故，说明生产中可能存在着重大风险，食品安全防范措施落实不到位。发生食品安全事故时及时排查原因可以锁定引发事故的环节，尽早确定解决方案，争取最佳的处置时机；事后制定相应的预防及纠正措施，防止类似事故再次发生。

参考文献

［1］袁杰，徐景和.《中华人民共和国食品安全法》释义 [M]. 北京：中国民主出版社，2015.

［2］李福荣，廖沈涵 . 食品安全管理人员培训教材　食品生产 [M]. 北京：中国法制出版社，2018.

［3］樊永祥，丁绍辉，刘奂辰 . GB 14881—2013《食品安全国家标准　食品生产通用卫生规范》实施指南 [M]. 北京：中国质检出版社，2016.

［4］张靖，马纯良，徐景和 . 食品生产许可管理办法及审查通则　政策解读 [M]. 北京：法律出版社，2016.

［5］王竹天，张俭波，王华丽 . GB 2760—2014《食品安全国家标准　食品添加剂使用标准》实施指南 [M]. 北京：中国质检出版社，2015.

［6］赖芳华 . 食品安全生产规范检查案例分析 [M]. 昆明，云南科技出版社：2020.